内 容 简 介

　　丝绸是明代工艺美术的重要门类。丝绸不仅用作高档的服用面料,并且体现等级、传播文明,牵动农业、手工业、商业、交通等诸多领域,反映着明代社会的变迁。本书以实物和历史文献为基础,参证相关图像,梳理了明代丝绸的生产机构、产地分布、流行品种、装饰纹彩、等级意义、使用习俗、审美风尚等,力图从多个角度呈现明代丝绸的风貌及演变,并对其成因做出解说。

图书在版编目(CIP)数据

明代丝绸研究/熊瑛著. —北京:清华大学出版社,2020.10
(清华大学优秀博士学位论文丛书)
ISBN 978-7-302-54571-2

Ⅰ. ①明… Ⅱ. ①熊… Ⅲ. ①丝绸－丝织工艺－研究－中国－明代
Ⅳ. ①TS145.3

中国版本图书馆 CIP 数据核字(2019)第 290411 号

责任编辑:梁　斐　高翔飞
封面设计:傅瑞学
责任校对:刘玉霞
责任印制:宋　林

出版发行:清华大学出版社
　　　　　网　　址:http://www.tup.com.cn,http://www.wqbook.com
　　　　　地　　址:北京清华大学学研大厦 A 座　　　邮　　编:100084
　　　　　社 总 机:010-62770175　　　　　　　　　　邮　　购:010-62786544
　　　　　投稿与读者服务:010-62776969,c-service@tup.tsinghua.edu.cn
　　　　　质量反馈:010-62772015,zhiliang@tup.tsinghua.edu.cn
印 刷 者:三河市铭诚印务有限公司
装 订 者:三河市启晨纸制品加工有限公司
经　　销:全国新华书店
开　　本:155mm×235mm　　印　张:15　　　　　字　　数:251 千字
版　　次:2020 年 10 月第 1 版　　　　　印　　次:2020 年 10 月第 1 次印刷
定　　价:89.00 元

产品编号:076292-01

　　本书受到中央高校基本科研业务费项目华东师范大学精品力作培育项目（Fundamental Research Funds for the Central Universities，批准号 2019ECNU-JP001）资助。

　　本书为国家社科基金艺术学项目"明代织绣史"（19BG126）的阶段性成果。

一流博士生教育
体现一流大学人才培养的高度（代丛书序）^①

人才培养是大学的根本任务。只有培养出一流人才的高校，才能够成为世界一流大学。本科教育是培养一流人才最重要的基础，是一流大学的底色，体现了学校的传统和特色。博士生教育是学历教育的最高层次，体现出一所大学人才培养的高度，代表着一个国家的人才培养水平。清华大学正在全面推进综合改革，深化教育教学改革，探索建立完善的博士生选拔培养机制，不断提升博士生培养质量。

学术精神的培养是博士生教育的根本

学术精神是大学精神的重要组成部分，是学者与学术群体在学术活动中坚守的价值准则。大学对学术精神的追求，反映了一所大学对学术的重视、对真理的热爱和对功利性目标的摒弃。博士生教育要培养有志于追求学术的人，其根本在于学术精神的培养。

无论古今中外，博士这一称号都和学问、学术紧密联系在一起，和知识探索密切相关。我国的博士一词起源于 2000 多年前的战国时期，是一种学官名。博士任职者负责保管文献档案、编撰著述，须知识渊博并负有传授学问的职责。东汉学者应劭在《汉官仪》中写道："博者，通博古今；士者，辩于然否。"后来，人们逐渐把精通某种职业的专门人才称为博士。博士作为一种学位，最早产生于 12 世纪，最初它是加入教师行会的一种资格证书。19 世纪初，德国柏林大学成立，其哲学院取代了以往神学院在大学中的地位，在大学发展的历史上首次产生了由哲学院授予的哲学博士学位，并赋予了哲学博士深层次的教育内涵，即推崇学术自由、创造新知识。哲学博士的设立标志着现代博士生教育的开端，博士则被定义为独立从事学术研究、具备创造新知识能力的人，是学术精神的传承者和光大者。

---

① 本文首发于《光明日报》，2017 年 12 月 5 日。

博士生学习期间是培养学术精神最重要的阶段。博士生需要接受严谨的学术训练，开展深入的学术研究，并通过发表学术论文、参与学术活动及博士论文答辩等环节，证明自身的学术能力。更重要的是，博士生要培养学术志趣，把对学术的热爱融入生命之中，把捍卫真理作为毕生的追求。博士生更要学会如何面对干扰和诱惑，远离功利，保持安静、从容的心态。学术精神，特别是其中所蕴含的科学理性精神、学术奉献精神，不仅对博士生未来的学术事业至关重要，对博士生一生的发展都大有裨益。

独创性和批判性思维是博士生最重要的素质

博士生需要具备很多素质，包括逻辑推理、言语表达、沟通协作等，但是最重要的素质是独创性和批判性思维。

学术重视传承，但更看重突破和创新。博士生作为学术事业的后备力量，要立志于追求独创性。独创意味着独立和创造，没有独立精神，往往很难产生创造性的成果。1929 年 6 月 3 日，在清华大学国学院导师王国维逝世二周年之际，国学院师生为纪念这位杰出的学者，募款修造"海宁王静安先生纪念碑"，同为国学院导师的陈寅恪先生撰写了碑铭，其中写道："先生之著述，或有时而不章；先生之学说，或有时而可商；惟此独立之精神，自由之思想，历千万祀，与天壤而同久，共三光而永光。"这是对于一位学者的极高评价。中国著名的史学家、文学家司马迁所讲的"究天人之际，通古今之变，成一家之言"也是强调要在古今贯通中形成自己独立的见解，并努力达到新的高度。博士生应该以"独立之精神、自由之思想"来要求自己，不断创造新的学术成果。

诺贝尔物理学奖获得者杨振宁先生曾在 20 世纪 80 年代初对到访纽约州立大学石溪分校的 90 多名中国学生、学者提出："独创性是科学工作者最重要的素质。"杨先生主张做研究的人一定要有独创的精神、独到的见解和独立研究的能力。在科技如此发达的今天，学术上的独创性变得越来越难，也愈加珍贵和重要。博士生要树立敢为天下先的志向，在独创性上下功夫，勇于挑战最前沿的科学问题。

批判性思维是一种遵循逻辑规则、不断质疑和反省的思维方式，具有批判性思维的人勇于挑战自己，敢于挑战权威。批判性思维的缺乏往往被认为是中国学生特有的弱项，也是我们在博士生培养方面存在的一个普遍问题。2001 年，美国卡内基基金会开展了一项"卡内基博士生教育创新计划"，针对博士生教育进行调研，并发布了研究报告。该报告指出：在美国和欧洲,培养学生保持批判而质疑的眼光看待自己、同行和导师的观点同样非常不容易,批判性思维的培养必须成为博士生培养项目的组成部分。

对于博士生而言,批判性思维的养成要从如何面对权威开始。为了鼓励学生质疑学术权威、挑战现有学术范式,培养学生的挑战精神和创新能力,清华大学在 2013 年发起"巅峰对话",由学生自主邀请各学科领域具有国际影响力的学术大师与清华学生同台对话。该活动迄今已经举办了 21 期,先后邀请 17 位诺贝尔奖、3 位图灵奖、1 位菲尔兹奖获得者参与对话。诺贝尔化学奖得主巴里·夏普莱斯(Barry Sharpless)在 2013 年 11 月来清华参加"巅峰对话"时,对于清华学生的质疑精神印象深刻。他在接受媒体采访时谈道:"清华的学生无所畏惧,请原谅我的措辞,但他们真的很有胆量。"这是我听到的对清华学生的最高评价,博士生就应该具备这样的勇气和能力。培养批判性思维更难的一层是要有勇气不断否定自己,有一种不断超越自己的精神。爱因斯坦说:"在真理的认识方面,任何以权威自居的人,必将在上帝的嬉笑中垮台。"这句名言应该成为每一位从事学术研究的博士生的箴言。

提高博士生培养质量有赖于构建全方位的博士生教育体系

一流的博士生教育要有一流的教育理念,需要构建全方位的教育体系,把教育理念落实到博士生培养的各个环节中。

在博士生选拔方面,不能简单按考分录取,而是要侧重评价学术志趣和创新潜力。知识结构固然重要,但学术志趣和创新潜力更关键,考分不能完全反映学生的学术潜质。清华大学在经过多年试点探索的基础上,于 2016年开始全面实行博士生招生"申请-审核"制,从原来的按照考试分数招收博士生,转变为按科研创新能力、专业学术潜质招收,并给予院系、学科、导师更大的自主权。《清华大学"申请-审核"制实施办法》明晰了导师和院系在考核、遴选和推荐上的权力和职责,同时确定了规范的流程及监管要求。

在博士生指导教师资格确认方面,不能论资排辈,要更看重教师的学术活力及研究工作的前沿性。博士生教育质量的提升关键在于教师,要让更多、更优秀的教师参与到博士生教育中来。清华大学从 2009 年开始探索将博士生导师评定权下放到各学位评定分委员会,允许评聘一部分优秀副教授担任博士生导师。近年来,学校在推进教师人事制度改革过程中,明确教研系列助理教授可以独立指导博士生,让富有创造活力的青年教师指导优秀的青年学生,师生相互促进、共同成长。

　　在促进博士生交流方面,要努力突破学科领域的界限,注重搭建跨学科的平台。跨学科交流是激发博士生学术创造力的重要途径,博士生要努力提升在交叉学科领域开展科研工作的能力。清华大学于 2014 年创办了"微沙龙"平台,同学们可以通过微信平台随时发布学术话题,寻觅学术伙伴。3年来,博士生参与和发起"微沙龙"12 000 多场,参与博士生达 38 000 多人次。"微沙龙"促进了不同学科学生之间的思想碰撞,激发了同学们的学术志趣。清华于 2002 年创办了博士生论坛,论坛由同学自己组织,师生共同参与。博士生论坛持续举办了 500 期,开展了 18 000 多场学术报告,切实起到了师生互动、教学相长、学科交融、促进交流的作用。学校积极资助博士生到世界一流大学开展交流与合作研究,超过 60% 的博士生有海外访学经历。清华于 2011 年设立了发展中国家博士生项目,鼓励学生到发展中国家亲身体验和调研,在全球化背景下研究发展中国家的各类问题。

　　在博士学位评定方面,权力要进一步下放,学术判断应该由各领域的学者来负责。院系二级学术单位应该在评定博士论文水平上拥有更多的权力,也应担负更多的责任。清华大学从 2015 年开始把学位论文的评审职责授权给各学位评定分委员会,学位论文质量和学位评审过程主要由各学位分委员会进行把关,校学位委员会负责学位管理整体工作,负责制度建设和争议事项处理。

　　全面提高人才培养能力是建设世界一流大学的核心。博士生培养质量的提升是大学办学质量提升的重要标志。我们要高度重视、充分发挥博士生教育的战略性、引领性作用,面向世界、勇于进取,树立自信、保持特色,不断推动一流大学的人才培养迈向新的高度。

邱勇

清华大学校长

2017 年 12 月 5 日

丛书序二

·

以学术型人才培养为主的博士生教育,肩负着培养具有国际竞争力的高层次学术创新人才的重任,是国家发展战略的重要组成部分,是清华大学人才培养的重中之重。

作为首批设立研究生院的高校,清华大学自 20 世纪 80 年代初开始,立足国家和社会需要,结合校内实际情况,不断推动博士生教育改革。为了提供适宜博士生成长的学术环境,我校一方面不断地营造浓厚的学术氛围,一方面大力推动培养模式创新探索。我校从多年前就已开始运行一系列博士生培养专项基金和特色项目,激励博士生潜心学术、锐意创新,拓宽博士生的国际视野,倡导跨学科研究与交流,不断提升博士生培养质量。

博士生是最具创造力的学术研究新生力量,思维活跃,求真求实。他们在导师的指导下进入本领域研究前沿,吸取本领域最新的研究成果,拓宽人类的认知边界,不断取得创新性成果。这套优秀博士学位论文丛书,不仅是我校博士生研究工作前沿成果的体现,也是我校博士生学术精神传承和光大的体现。

这套丛书的每一篇论文均来自学校新近每年评选的校级优秀博士学位论文。为了鼓励创新,激励优秀的博士生脱颖而出,同时激励导师悉心指导,我校评选校级优秀博士学位论文已有 20 多年。评选出的优秀博士学位论文代表了我校各学科最优秀的博士学位论文的水平。为了传播优秀的博士学位论文成果,更好地推动学术交流与学科建设,促进博士生未来发展和成长,清华大学研究生院与清华大学出版社合作出版这些优秀的博士学位论文。

感谢清华大学出版社,悉心地为每位作者提供专业、细致的写作和出版指导,使这些博士论文以专著方式呈现在读者面前,促进了这些最新的优秀研究成果的快速广泛传播。相信本套丛书的出版可以为国内外各相关领域或交叉领域的在读研究生和科研人员提供有益的参考,为相关学科领域的发展和优秀科研成果的转化起到积极的推动作用。

感谢丛书作者的导师们。这些优秀的博士学位论文,从选题、研究到成文,离不开导师的精心指导。我校优秀的师生导学传统,成就了一项项优秀的研究成果,成就了一大批青年学者,也成就了清华的学术研究。感谢导师们为每篇论文精心撰写序言,帮助读者更好地理解论文。

感谢丛书的作者们。他们优秀的学术成果,连同鲜活的思想、创新的精神、严谨的学风,都为致力于学术研究的后来者树立了榜样。他们本着精益求精的精神,对论文进行了细致的修改完善,使之在具备科学性、前沿性的同时,更具系统性和可读性。

这套丛书涵盖清华众多学科,从论文的选题能够感受到作者们积极参与国家重大战略、社会发展问题、新兴产业创新等的研究热情,能够感受到作者们的国际视野和人文情怀。相信这些年轻作者们勇于承担学术创新重任的社会责任感能够感染和带动越来越多的博士生,将论文书写在祖国的大地上。

祝愿丛书的作者们、读者们和所有从事学术研究的同行们在未来的道路上坚持梦想,百折不挠!在服务国家、奉献社会和造福人类的事业中不断创新,做新时代的引领者。

相信每一位读者在阅读这一本本学术著作的时候,在吸取学术创新成果、享受学术之美的同时,能够将其中所蕴含的科学理性精神和学术奉献精神传播和发扬出去。

清华大学研究生院院长

2018 年 1 月 5 日

导师序言

    这本书原为熊瑛的博士学位论文,讨论的主题是明代的丝绸。古代丝绸的研究如今颇为清寂,但当年却备受关注。

    在古贤的笔端,有句话时常出现,这就是:"一夫不耕,或受之饥;一女不织,或受之寒。"它的后一半就是在强调纺织的重要。而在中国古代的纺织品里,丝绸是主流,也因之最受关注。中国是发明丝绸的国度,并且长期以之饮誉天下,但这纯粹是今人热议的话题,古人从来不说。古人看重丝绸另有缘由,那是基于经济、政治、艺术的考量。

    经济上,男耕女织是中国延续了几千年的基本经济形态,就是说,大约有一半的古代人口在从事纺织,而他们所织的往往是丝绸。因此,在古代中国的手工业里,丝绸的从业人口最多,产值最高,地位最显赫,其荣枯盛衰直接牵动着国计民生。政治上,古代中国长期是个等级社会,人们所服所用都有严格的等级限定,仅从"释褐""布衣"等常用的语词,就能判断上层人物的服装,尤其是官服大抵以丝绸为面料。而丝绸的品种、颜色、纹样,乃至纹样的大小,都成了辨尊卑、别贵贱的基本视觉标志,体现着等级制度,联系着社会秩序。艺术上,丝绸大多用以裁造服装,服装于人,不可或缺,着装不仅为了遮羞保温,还要展示着装人的审美趣味。这样,丝绸又因最富展示性,其美妙的新样式也就时时被主人炫耀、被他人仿效。大量的研究已经证明,包括色彩、纹样在内的丝绸装饰是新样式最快捷的传播者,其出现、风靡和演进往往牵动工艺美术的全局,引领着装饰艺术的潮流。

    古今同理,重要的事情记载多,重要的文献存留多。丝绸既然地位如此重要,古代文献的存留量也就最大。按照材质,工艺美术可以分为六个门类:丝绸等织物、陶瓷器、金属器、玉石器、漆木器与其他(如玻璃器、象牙器、竹器等)。如果系统地阅读过古代文献,就一定能够发现,在工艺美术领域里,记录丝绸的文献最多,甚至那五个门类的文献相加,文字量也不及一个丝绸。

    尽管中国古代的丝绸如此重要,可惜,当代的研究却与其历史地位太不相称：确有建树的学人为数寥寥、可以信赖的著述屈指可数。在有心人那里，这已经成了长久的痛。想来，有两个重要的原因导致了研究的困顿。一为实物相对匮乏，丝绸易腐难存，时代越早，遗物越少。二为学界努力不够，相关专家大多不肯在资料，特别是古代文献上用大力气、拼硬功夫。几十年来，信手捋扯材料、乱发议论的做法，居然傲然独霸古代丝绸研究的主流。

研究古代工艺美术，资料不外实物史料、文献史料和他人成果三类。学术史在反复证明，资料是研究的基础，有多少资料才配说多少话。熊瑛深明此理，为了写作博士论文，她把绝大多数的时间和精力投进了搜集、整理和研读资料。对于实物史料，熊瑛遍读了相关的考古文物书刊，并且尽其可能，四处观摩考察，以获取真切的认识。对于文献史料，熊瑛潜心苦读了大批的明代典籍，所读不仅有《明实录》《大明会典》等基本文献，还有重要的方志、笔记、诗文集等。对于时贤的成果，熊瑛更做到了"一网打尽"、搜罗无遗，纳入其视野的，绝不止于丝绸，乃至艺术，还有政治、经济、地理、文化、民俗等等。书后附录的"参考文献"对其努力有充分的展示，仅仅被她征引的文献便有 350 种之多。

对于明代丝绸的研究，熊瑛占有的资料已经远远超出一些时贤。有了这些资料做基础，她就能够原原本本、有根有据地匡正旧误，阐发新说。由于人在高校，熊瑛无缘像文博、考古工作者那样，亲近古物、详审细节，她提供的新知主要是依靠文献史料获取的。这些新知包含了产区变迁的原因、若干品种的辨析、著名作品的时代、装饰演进的缘由、等级制度的影响等。

年代考订是艺术史的核心工作之一，《明代丝绸研究》于此贡献不小。如果举例，那么改机出现的时代考证或许格外引人关注。《万历福州府志》称，改机由弘治年间（1487—1505）的林洪创制，专家历来据以认定改机肇始于明孝宗时代，从无异说。而熊瑛则依据《明英宗实录》里的两则文献，证实最晚在景泰年间（1450—1457），改机已经归入了御用的段匹。古文贵简，文献的记录难得详尽，名词的真义时而难以捕捉。因此，考订名实也是艺术史的重要内容，熊瑛于此也有重要的推进，于此，可仍以改机为例。改机是哪种丝绸？专家众说纷纭，或相信是双层锦，或认为属彩缎，或称是"用缎机织出的平纹、斜纹或二者的变化组织"。熊瑛则依据《正德福州府志》《宋氏家规部》和江西南城明墓里的成造敛衣清单等，指出改机应为线绸。

倘若满足于考据，研究一定鄙陋。而熊瑛此著尽管不乏考据，同时又展示出充分的宏观把握。她没有把丝绸视为单一的工艺美术或者手工业现象，还努力寻觅并梳理出丝绸和时代背景、社会风气、造作体系等的内在联系,进而指出了丝绸现象出现的原因和演进的根由。能够显露学术视野的还有,熊瑛的讨论固然以丝绸为核心,但她又尽量以其他门类的作品,甚至绘画、版刻为参照,这令其核心讨论获得了更多支撑,因此,也就越发深入、更可信赖。她相信,制作丝绸虽然与陶瓷器、金银器、玉器、漆器等使用了不同的材质、采用着不同的技术,但它们都是同一个时代的产物,都在服务于那个时代的人,纵然品类不同,而其间必有千丝万缕的联系,共同受到艺术以外的种种制约,因此,她对其他工艺美术门类也有足够的关注,引入相关艺术现象,以支持丝绸的讨论。正是由于对资料的大力搜集、充分理解,又有开阔的器局、宽广的视野,《明代丝绸研究》的成绩才能高出既有的明代丝绸著述。

初识熊瑛是在 2007 年的夏日,当时,在去西安不远的秦岭里,西安美院受托办了一个师资培训班,我来讲,她去听。课上,她听得走心,课下,多次发问。几年后,她成了我的博士研究生。按规定,读博士要发表论文,而我从资料做起的方法在学科内又似乎独特,所以她最先拿来的文章不对路,染上了时下流行的种种习气。我一通狠批,她几番痛改。熊瑛不仅勤奋坚韧,还能揣摩、善改过,几年后的博士论文已经十分成熟。熊瑛的学术前路还很长,几年已能大变,日后还有几十年,她应该有大发展。未来将会证明,这个判断不错。

尚　刚

清华大学美术学院

2020 年 4 月 21 日

摘　要

　　丝绸是明代工艺美术的重要门类，丝绸产品不仅是高档的服用面料，并且体现等级、传播文明，牵动农业、手工业、商业、交通等诸多领域，反映着明代社会的变迁。本书以实物和历史文献为基础，参证相关图像，借鉴时贤成果，匡正流行歧见，力图从生产、品种、装饰、使用等多角度呈现明代丝绸的风貌及演变，并对其成因做出解说。

　　明代丝绸生产的分布北弱南强、西弱东强，主要产地集中在苏、松、杭、嘉、湖五府，帝王御用的高档品则主要出自苏、杭、南京三地。经济重心南移、气候转寒等加剧了丝织业分布的不平衡。明代中期之后，匠籍制度松动，推动了民间手工业的发展，机户以领织的方式代替了部分官局生产，丝织业呈现前所未有的官弱民强格局。

　　官府对民间使用丝绸禁限颇多，而棉织物在明代已经普及，因此丝绸转而向精致化发展，主要为上层服务。纻丝、纱、罗等高档品种比例增加，规格提升，织金妆花成为流行装饰。明代丝绸种类丰富，织物的长阔、厚薄、起绉变化灵活，新出现的品种有改机和起绒丝织物。民间丝织技术日益成熟，以潞绸为代表的地方品种不断出现，甚至成为宫廷用品。

　　明代丝绸无论是官府造作还是民间制品，都延续了中国传统风格，较少受到外来因素影响，这与明初的肃清胡风及中期的海禁政策密切相关。花卉题材虽是丝绸图案的主流，但由于补服制度确立，具有等级意义的动物纹样更受时人关注。吉祥图案的使用极为广泛，明末有泛滥之势，是丝绸装饰世俗化的表现。露香园顾绣是明代晚期闺阁刺绣的代表，风格清隽雅逸，是文人审美趣味在织绣上的表现。

　　明代前期海外交流频繁，晚期开禁之后，海外贸易增加，丝绸作为最重要的商品，将中国的纺织科技、审美意趣、风俗习尚输出海外。以苏、杭、南京为丝织中心的分布格局，为清代所承袭，直至今日也未曾改变。

Abstract

Renowned of being one of the important categories of arts and crafts in the Ming dynasty, silk is a prestigious type of fabric. It represented social status, and also acted as a media to communicate civilization. The silk industry affiliated closely to agriculture, handicraft industry, commerce, transportation etc. , and reflected the changes of the society in Ming dynasty. Based on existing object materials, and with the aid of historical documents and relevant images, this book strives to present the style and evolution of silk in the Ming dynasty from the perspective of production, varieties, decoration, usage and so forth, and to makes reasonable explanations of the causes.

The distribution of silk manufacturing in the Ming dynasty presented a situation that "It is scarce in the North and West and common in the South and East". Production concentrated in Suzhou, Sungkiang, Hangzhou, Jiaxing and Huzhou regions. Top-graded silk products used by emperors were mainly from Suzhou, Hangzhou and Nanjing. As economic development moved south, and colder climates emerged, there was an unbalanced distribution of silk weaving industry. Regulations for qualified craftsman became less stringent from mid Ming, which encouraged the development of folk handicraft industry, official workshop production were replaced by the loom owners, the situation was uniquely described as "weaker officially owned and stronger private" workshops.

The government had a lot of rules prohibiting ordinary folks to use silk, whereas cotton was already a very popular fabric in the Ming dynasty. This forced the silk industry to develop high-graded and refined fabrics aiming at the high-end market. Therefore production in satin, voile, leno and other high-graded varieties increased, quality requirements also rose. Brocade with gold threads and supplementary wefts were popular decorations. Gaiji and silk velvet were new varieties emerged in the Ming dynasty; they were relatively thick, which reflected the trend of silk varieties. With the gradual maturity of folk silk weaving technology, the local varieties represented by Luchou appeared constantly and even supplied to the royal palace.

As far as silk in the Ming dynasty is concerned, traditional Chinese styles were maintained in both official products and folk products, and external influences were insignificant. This is closely related to the "resistance to the minority culture" movement in early Ming, and ban on Maritime Trade in mid Ming. Even though floral theme is the mainstream for silk patterns, with the establishment of the clothes badge institution, animal patterns with a level of significance attracted more attention. The auspicious patterns were extensively used in the Ming dynasty, which is a manifestation of the secularization of silk decoration. Gu Embroidery of Luxiang Garden is a representative of Boudoir Embroidery in the late Ming dynasty, and its style is delicate and pretty, and it is the revelation of literati's aesthetic interest in silk.

A lot of overseas culture exchanges were conducted in early Ming, and after the abolition of ban on Maritime Trade in late Ming, foreign trade increased. Silk, as the most important export commodities, carried China's textile technology, aesthetic taste and customs to foreign countries. Suzhou, Hangzhou and Nanjing continued to be silk weaving centers in the Qing dynasty, and inherited until today.

目　录

第1章 引 言

1.1 丝绸与时代

  明代承元启清,是中国最后一个由汉族统治者建立的王朝,也是封建社会晚期的变革阶段。立国之初,明太祖朱元璋改革中央与地方官制,颁布律法,甄别等级,加强对社会的控制;以轻徭薄赋,鼓励农桑生产,休养民生;损毁蒙元旧物,革除旧习。为创造安定的外部环境,朝廷在洪武四年(1371年)开始全面海禁,仅余朝贡贸易。在思想文化领域,程朱理学备受尊崇,传统伦理得以维护,文化氛围趋于保守。这一系列举措使被连年战乱破坏的经济得到恢复发展,衣冠秩序重归严整,社会风气朴实敦厚。在这样的政治经济文化环境中,明初丝绸造作一改元代精美华丽、胡风弥漫的面貌,转为端庄典雅、朴实沉稳,汉地传统风格重新成为主流。

  明成祖朱棣迁都北京,对内削弱藩王势力,对外扩大贸易往来。明成祖时,与明朝建立朝贡关系的国家有六十余个,交流日益频繁,郑和下西洋开辟了亚非海上航道,使官方贸易空前发展。朝贡贸易中,丝绸最受青睐,销往海外的丝绸,将华夏之风的纹彩传播开来,促进了中西方的文化艺术交流。中国的丝织技术也随之输出亚洲诸国、非洲东南部乃至欧洲,推动了世界纺织技术的进步。

  正统至正德间,国家财富逐渐积累,然而外敌屡犯边关,朝贡贸易衰落,海上贩私兴起,"六民"地位悄然消长,社会异象浮动。思想和文化领域出现了逆反传统的潮流,王阳明创立的"心学"风靡学林,求新求异之风初露。宫廷使用丝绸开始铺张,帝王赏赐的段匹、衣服渐多,章服制度开始松懈,风气逐渐由俭入奢。嘉靖至万历之时,朋党林立,政治衰象已现;财政匮乏,百业萧条,经济面临危机。而海外市场刺激了沿海与内地的手工业生产,随贸易顺差流入的财富对社会生活产生冲击。帝王用度奢侈,赏赐频繁,高档丝绸传入民间,引发了民众的向往和追求,在经济与技术发展的条件下,民间丝绸种类繁多,花样翻新,贸易兴盛,丝绸普及程度大大提高。世人崇尚奢华,尊卑秩序混乱,新趣味、新风尚此起彼伏,延至明末。

　　工艺美术受世风影响,又常常成为风气传播的载体,这在明代丝绸上体现得尤为典型。丝绸服装的题材、构图、色彩、图案大小,既体现着等级制度,又因最具展示性,往往引领着时代装饰的潮流,指示着审美风尚的变迁。[1]91 在明代,丝绸不仅是高档的服用面料,还广泛使用于社会生活中。居室之中,帐幔衾褥、书函画卷都用丝绸装点;出行之时,伞盖、丝绸旗纛的纹彩是区分尊卑的标识。丝绸与经济密切相关,丝织业是明代最为重要的手工行业,官民作坊分布广、数量多,远非其他行业可比。丝织业需要蚕丝作为原料,又可带动桑蚕生产,促进农业发展。丝绸还常常作为实物货币,出现在税收、赏赐及朝贡贸易中,成为流通的财富。

　　丝绸关乎制度,传递文明,牵动着农业、手工业、商业、交通等诸多领域,因而备受明代官府的重视。《明实录》和《大明会典》中关于丝绸的记录远远多于其他工艺美术种类,官府对丝绸织造和使用的规定也尤为详细具体。明人笔记小说中关于丝绸衣物、巾帽、段匹的记述极多,节庆、婚嫁、礼赠使用丝绸的风俗被描述得生动鲜活。尽管明代官营丝绸作坊的数量不及元代,但产量大大提高,品种也较宋元更丰富。明代丝织生产呈现出区域性、密集化发展的趋势,重心落在江南一隅,这种格局延续至清代。

1.2　研究综述

1.2.1　考古发现

　　研究古代丝绸最重要的标本是出土丝织物,因墓葬纪年可为断代提供依据,故出土丝织物的科学价值较高。尽管明代文献记录颇丰,但因丝织物易腐难存,明墓中出土的丝绸较少,加上早年技术的限制,一些织物出土后未能存留,实为憾事。另有一些考古收获的明代丝织物,因难于清理而久存库房,未见发表。现今可查阅的大批出土丝织物主要来自级别较高的墓葬,这也符合明代各阶层对丝绸的占有情况。

　　最重要的明代丝绸出土物来自帝陵,定陵的发掘使大批精美的袍服和匹料重见天日。匹料腰封上的墨书文字是重要的研究资料,也是辨别名物的可信依据,一些原本只见于文献的名称,如"纻丝""孔雀妆花",终于有了实物的印证。考古报告《定陵》[2]对出土的丝织物做了详细的分类登记,并提供了大量纹样线描图,为研究明代后期丝绸品种和图案提供了最可靠的材料。藩王墓的发掘亦有不少斩获,其中出土丝绸较多的是江西南城益宣王朱翊鈏墓,《江西明代藩王墓》[3]对此墓出土的补服有详细的介绍,是了解明代藩王补服图案的重要资料。山东邹县鲁荒王朱檀墓[4]为洪武间入葬,出土袍服虽不多,却是研究明初藩王冠服的珍贵样本。宁夏冯记圈明墓出土的丝织品由中国丝绸博物馆的专家负责鉴定,报告《盐池冯记圈明墓》[5]提供了各类丝绸彩图和织物组织图,赵丰、阙碧芬、万芳、徐峥等分别就明代的兽纹品官花样[6]148-159、丝织技术[7]160-172、女子头巾[8]173-181、斜纹提花丝织物[9]182-190的问题发表研究文章。赵丰在《纺织品考古新发现》[10]175-203中,对南昌宁靖王夫人吴氏墓出土的丝绸衣物和匹料做了织物组织的分析,并提供了品质上佳的图样。较重要的还有北京南苑苇子坑明墓[11]、南京徐俌墓[12]、苏州王锡爵墓[13]、泰州徐蕃墓[14]、泰州刘湘墓[15]、泰州森森庄明墓[16]、常州王洛家族墓[17]、浙江嘉兴李湘墓[18]、上海顾东川墓[19]59-65、上海潘允征墓[20]、上海诸纯臣墓[21]、福州马森墓[22]、广州戴缙墓[23]等。这些墓葬中出土的丝绸形式多样,有衣裙袍服、巾帽鞋袜,也有完整的段匹,质料包括缎、绫、罗、绅、纱等,能够在一定程度上展现明代丝绸的面貌。相关的考古报告有《上海明墓》[19]、《张懋夫妇合葬墓》[24],简报则散见于《文物》《考古》《南方文物》《江汉考古》《四川文物》《东南文化》《东方博物》等期刊。

1.2.2　传世收藏

明代国祚较长,去今不远,尚有不少丝绸存世。收藏明代织绣最多的是故宫博物院,藏品多为清宫旧藏,其中既有官府造作的精品,也有从各地采办的织物,其质量之高、类别之全,海内外绝无仅有。部分故宫藏品已刊布于《明清织绣》[25]、《织绣书画》[26]、《经纶无尽——故宫藏织绣书画》[27],其中包括袍服、匹料、经书裱封、刻丝、刺绣等类别。北京艺术博物馆收藏有2000余件明代织绣,品种多样,其中一批经面已经发表于《明代大藏经丝绸裱封研究》[28]。辽宁省博物馆所藏明代刻丝和顾绣数量较多,藏品可见于《宋明织绣》[29]和《华彩若英——中国古代刻丝刺绣精品集》[30]。上海博物馆收藏有数套顾绣册页及长卷,其中不乏典范之作,集中刊布于《海上锦绣:顾绣珍品特集》[31]。南京博物院藏有一批明代刻丝和顾绣,分别见于《织绣》[32]、《南京博物院珍藏大系·历代织绣》[33]图册。山东博物馆主编的《斯文在兹——孔府旧藏服饰》[34]收录有数十件明代丝绸袍服,保存完好,极为难得。中国丝绸博物馆收藏的明代织绣品种最为齐备,重要藏品图像可见于该馆官方网站,另有部分藏品被选入《织绣珍品》[35]一书。清华大学美术学院收藏的明代织绣数量不少,大部分为佛经裱封,部分作品发表于《中国丝绸科技艺术七千年——历代织绣珍品研究》[36]。此外,首都博物馆、南京云锦博物馆等也藏有传世的明代织绣,藏品图片散见于《北京文物精粹大系·织绣卷》[37]、《中国织绣服饰全集 1·织染卷》[38]、《中国织绣服饰全集 2·刺绣卷》[39]、《中国织绣服饰全集 3·历代服饰卷(下)》[40]、《中国美术全集·工艺美术编 7·织绣印染(下)》[41]。

西藏博物馆、布达拉宫、罗布林卡和众多寺院中藏有大量明代唐卡和官府诰命,唐卡的织绣画心、裱边都是可供研究的资料,藏品图片可见于《西藏博物馆》[42]、《扎什伦布寺》[43]、《金色宝藏——西藏历史文物选粹》[44]等图册和《文物》等期刊。台北故宫博物院收藏有多件明代刻丝、刺绣和经面裱封,收录在日本学研社出版的《缂丝》[45]和《刺绣》[46]两卷中,并各配有一册藏品解说,部分经面裱封见于《大汗的世纪——蒙元时代的多元文化与艺术》[47]。

海外收藏明代传世织绣的主要是日本东京博物馆和京都博物馆,大部分是丝绸残料,其中有不少织金织物,这两家博物馆官网上有部分藏品图片及说明。另外,美国纽约大都会艺术博物馆藏有一批明代刻丝和刺绣,保存较好,官网图片质量上佳。美国费城艺术博物馆也藏有一批明代经书织绣裱封,可与国内所藏做对照之用。

传世丝织物经历辗转流传,保存至今的多是精美之作,其色彩、品相较出土物更优,艺术价值较高。然而传世品断代困难,研究价值不如出土物,且传世品以织绣书画、经卷裱封居多,衣物段匹较少,难以完整呈现明代丝绸的用途。因此传世品与出土物应结合利用,互补有无。

1.2.3　与丝绸有关的图像

尽管丝绸实物是本书最重要的研究资料,然岁月久远,现存者仅为当时织造的冰山一角,难以全面解说使用的情况。所幸绘画、雕塑及其他工艺美术品中还存有不少与明代丝绸相关的图像,可弥补实物不足的缺憾。

帝王出行、游乐图卷既有风俗画性质,又有政治意图,也是研究丝绸图案的资料,故宫博物院收藏的《明宣宗行乐图》、国家博物馆收藏的《明宪宗元宵行乐图》[48]、台北故宫博物院收藏的《出警入跸图》[49]等展现了明代帝王出行的种种排场,画中各色人等的袍服对研究丝绸纹彩的等级有较高参考价值。宫廷画师笔下的帝后像、官员肖像则是研究补服花样的珍贵资料。

明代风俗画中常有丝绸生产和贸易的场景,仇英款《清明上河图》[50]中绘有绸缎铺、染坊、裁衣铺等,从中可见明中期丝绸在民间的普及。

有些明代寺观壁画和塑像保存较好,人物的衣饰彩绘清晰,可作为研究丝绸图案和色彩搭配的参考。如北京大慧寺明代观音殿[51]中的维摩诘像,身着绿地团花广袖袍,配以红地描金游龙袖缘,为研究服饰丝绸色彩搭配提供了依据。

同一时期的工艺美术造作,尤其是宫廷制品,往往因共同的花样来源和审美趣味而具有相似的装饰风格。明代陶瓷、金属器、漆器等的图案,都可能受到丝绸的影响。丝绸实物欠缺的遗憾无法避免,但可借助其他工艺门类的遗存对其图案变化探究一二。

1.2.4 既往研究

工艺美术通史著作中往往包含对明代丝绸的研究,如田自秉在《中国工艺美术史》[52]第十章中对明代染织工艺做出细致的总结,并概括出“端庄、敦厚”的时代特点。尚刚先生在《中国工艺美术史新编》[1]第九章中对明代丝绸的产地、品种、图案等都有详尽的论述。

在丝绸专门史中,朱新予的《中国丝绸史》[53]分为通论和专论两部分,是较早的丝绸专门史。通论第八章结合文献史料与纺织科技理论,对明代丝绸的发展做了梳理,不足之处在于实物引证较少。赵丰主编的《中国丝绸通史》[54]是对中国古代丝绸研究较全面的著作,其第七章“明代丝绸”详细论述了丝绸产地、作坊、品种、技术、色彩等,勾画出明代丝绸生产与科技的面貌,运用传世实物较多,文献的证据略显薄弱。赵丰的另一本著作《织绣珍品》[35]在明清部分对织绣纹样做了系统的梳理和分类,并附以图片解说。黄能馥、陈娟娟的《中国丝绸科技艺术七千年——历代织绣珍品研究》[36]汇集大量明代丝绸图片,从科技史角度阐释明代丝绸的品种与织造方法,兼及色彩与图案分类,内容丰富。钱小萍主编的《中国传统工艺全集·丝绸织染》[55]主要从工艺与技术角度详细阐释了丝绸织染的整个过程,并对不同品种丝绸的织造分类讲解,可谓精微而完善,然而未有对丝绸纹样的论述。范金民、金文的《江南丝绸史研究》[56]论述范围虽然仅限于江南,但对明代丝织生产格外重视,大量篇幅涉及官营及民间丝织作坊、丝绸贸易以及因丝绸而兴盛的江南市镇,文献征引丰富,论断中肯,因此引用率较高。赵承泽主编的《中国科学技术史·纺织卷》[57]则对中国丝织业的发展做出了整体概述,并对织成、绫、起绒织物、改机以及丝绸外传等问题做了深入考证。

目前学界对明代丝绸的断代研究多有限定的实物范围,如故宫博物院的清宫旧藏、定陵和几座藩王墓中的出土物等,呈现出范围小、针对性强的特点。阙碧芬的博士论文《明代提花丝织物研究》[58]着力探讨了提花丝织物的种类和织造工艺,对丝绸图案也做了归纳整理,但因刻丝、刺绣、染缬和素面织物不在选题范围之内,因此还未能全面体现明代丝绸的面貌。穆朝娜的《明代丝织品的发现、收藏与研究》[59]3-13 综述了明代丝绸存世情况和研究成果,《明代大藏经丝绸裱封的图案》[60]对北京艺术博物馆收藏的丝绸经面做了题材和图案组织形式的梳理。王淑珍、刘远洋则在《明代大藏经丝绸裱封的织物种类》[61]49-64 中归纳了同一批丝绸经面的品种。在服饰史研究中,有些会涉及明代丝绸的色彩、图案和使用。王熹的《明代服饰研究》[62]系统地总结了明代宫廷、官员及庶民的服饰演变,并深入探讨了其历史原因,对礼制与社会风俗尤为关注。董进的《图说明代宫廷服饰》系列文章[63]主要关注明代宫廷冠服制度,其中有关于礼服、常服、吉服花样及其使用的内容。王渊在《补服形制研究》[64]中梳理了明代补服的发展历程,并对比了明清补子的异同。还有一些研究更关注丝绸流通与贸易,如吴明娣的《明代丝绸对藏区的输入及其影响》[65]、朱鹏的《试论明代前期中国与东南亚的丝绸贸易》[66]等。

在有关明代丝绸的既往研究中,典型个案备受关注,有些文章专门讨论品种或纹样,如包铭新等的《闪缎》[67]、阙碧芬的《明代起绒织物探讨》[68]、赵丰的《天鹅绒》[69]、芦苇的《潞绸技术工艺与社会文化研究》[70],薛雁的《明代丝绸中的四合如意云纹》[71]、廖军的《试论明代锦缎纹样的艺术形式及发展》[72]等。也有对单件织物的研究,如包铭新的《"天鹿锦"或"麒麟补"》[73]、陈娟娟的《明缂丝〈瑶池集庆图〉》[74]164-166 等;或是针对某个墓葬丝绸的研究,如王秀玲的《明定陵出土丝织纹样》[75]、《明定陵出土丝织品种》[76]、《定陵出土丝织品颜色》[77]、郭寰伯的《明代户部尚书马森墓出土丝织品的研究》[22]、何继英的《上海明墓出土补子》[78]等。

国外对中国丝绸的研究多为通史性质,如日本西村兵部的《中国の染织》[79],参考了日本京都国立博物馆、东京国立博物馆、龙谷大学、清凉寺、东福寺、知恩院等的一百余件收藏,系统介绍了上起汉代、下迄清代的日藏中国丝织物,其中包括明代织绣。永积洋子的《唐船输出入品数量一览1637—1833 年》[80]332-353 虽不是专题的丝绸研究,却十分关注明末丝绸外销日本的情况,可为本书提供重要的数据。

关于明代丝绸，国内外的研究已有不少，也取得了可观的进展，然而多是作为丝绸通史中的一环，尚未见到专题著作。并且，现有研究所参考的大多为丝绸实物，而实物总有缺失，唯有通过文献的补充，才可能更加接近真实。因此，本书希望结合文献及实物，梳理明代丝绸发展演变的线索，归纳其时代风格，并探究风格形成的原因。

1.3 文 献 综 述

记录明代丝绸的文献类别众多、卷帙浩繁，资源十分丰富。今将价值较高的文献大致归类，分述如下。

1.3.1 基本史料

《明实录》[81]，明代官修编年体史书，3045 卷，时间跨度自太祖至熹宗（建文朝内容附于《明太祖实录》，景泰朝内容附于《明英宗实录》），根据明代档案文书、邸报、起居注、日历、钦录簿、六曹章奏等材料修撰而成。该书循年逐月，将当时的政令、赋税、征战、赏贡、灾异等历史原貌一一详载，内容之丰富非一般史籍可比，明代众多官修及私修史书均视之为史料渊海。其中农业、手工业、赏赐、贸易、外交等方面的内容与工艺美术史研究关系较为紧密，但所载造作品种和数量往往有失详尽。书中对丝绸记载的篇幅居于各门类造作之首，历朝政事中多有与织造、服用相关的事例，涉及织造数目、滥服花样、机户领织等内容，对于丝绸研究意义不小。此外，帝王对亲贵、大臣、外夷的赏赐中不仅有具体的丝绸品种和数量，且对色彩、装饰亦有描述，是了解高档丝绸种类与等级对应关系的重要资料。

明代其他史籍往往由于转引而难免疏漏，尤其是年月日，时常有误。以《明实录》校正其他史料，往往可使错讹涣然冰释。由于官方修书无法规避的局限，《明实录》存在不少曲笔之处，内容主要为帝王言行。其中《太祖实录》曾经三修，聚讼尤多。现有研究对《明实录》的利用尚不够充分，引用条则相对集中，时间上多聚于太祖、世宗、神宗等几朝。

《明史》[82]，清代官修纪传体史书，332 卷，体例严谨，叙事简明，编排得当，是了解明代社会的基本史料。与丝绸牵连较多的记载集中于舆服、食货志，内容均详见于《明实录》或《大明会典》，因此《明史》作为丝绸史料的重要性并不突出。但丝绸地位特殊，每每与等级关联，凡见载的丝绸织造与花样服用事例都不容忽视，若非因其变革重大，便是缘于政治意图。《明史》的内容较为简略,偏重政治史,缺乏社会经济、科学技术方面的内容,现有研究对《明史》的引用率不高。

《大明会典》,明代官修综合性法典,今存两种版本:

最初的《大明会典》[83],180卷,弘治十五年(1502年)修毕,正德年间重校,正德六年(1511年)颁行。以《诸司职掌》为基础,总括了行政法规,并附加有变更事例,时间截止于弘治十五年(1502年)。引用有《大明令》《大诰》《大明集礼》《大明律》等十二种书,均注明引用书目。

重修本《大明会典》[84],228卷,万历十五年(1587年)颁行,将原书中大部分引用书目略去,加上律令所出年份,增补了弘治十五年(1502年)至万历十二年(1584年)间的户口、赋役等项。重修本《大明会典》时间跨度长,内容更丰富,因此使用率高于之前诸版,学界引用时未注明版本的多是指重修本《大明会典》。

在本书中,最初版《大明会典》被称为正德《大明会典》,重修本《大明会典》被称为万历《大明会典》,以为区分。

《大明会典》大致以六部为纲,详述其职掌及历年事例,所记典章制度最为详细完备。其中礼部舆服和工部织染等卷与丝绸造作联系甚多,涉及服用等级、纹彩禁限、监督措施、工匠管理、惩罚条例等诸多方面,是了解明代官府丝织机构及造作基本情况的重要史料。现有研究对《大明会典》引用颇多,但往往未注明版本。因不同版本的《大明会典》卷次差别较大,所用事例也未必完全一致,使用时应互作对照,引用也须注明版本。

1.3.2　地方志

地方志是系统记载各地自然、人文资料的文献,编纂目的在于"存史资治",故而所载录的信息丰富而翔实,堪称地方性的百科全书,具有很高的史料价值。明代地方志多是根据各地方有关文献汇编而成,能够较为全面地反映该地区的社会历史状况,对桑蚕分布、丝织生产形式、丝绸品种都有详细的记录,可作为正史之补充。

《大明一统志》[85]是明代官修地理总志,分区详述了天顺年间两京及十三布政使司各府州建置沿革、山川、风俗、土产、宫室、寺观、人物、古迹等情况,并绘有全国总图和各布政使司分图,是展现明代前、中期各地概貌的珍贵史料。现存其他明代方志成书多在正德以后,对研究明中后期各地物产、风俗变迁、商业经济具有不可替代的作用。

现有研究对明代地方志的引用率较高,对于丝绸研究较为重要的是江

南的方志,如《嘉靖吴江县志》[86]、《万历杭州府志》[87]等。学界援引较多的
地方志辑刊是上海书店出版社 1981 年重印的《天一阁藏明代方志选
刊》[88],收录 107 种;另有上海书店出版社 1990 年出版的《天一阁藏明代方
志选刊续编》[89],收录 109 种。

1.3.3　笔记

现今存留的明人笔记数量极多。笔记一般无严谨的体例,作者身份各
异,多杂记各类见闻。明代笔记的内容异常丰富,涵括社会生活的各个层
面,叙述一般较为具体,可与官方史书互为印证和补充。与方志的情况类
似,笔记成书多为正德之后,对研究明代中后期助力尤大。不少笔记生动记
录了手工业生产、风俗变易,是工艺美术史研究的珍贵史料。其中较多涉及
丝绸的有《松窗梦语》[90]、《万历野获编》[91]、《酌中志》[92]等。

明人治学之风不甚严谨,笔记时有内容空洞之病,转抄时也缺乏严密考
证,品质良莠不齐。加之私人修书难免夹杂传闻与志怪等内容,纵然史料丰
富,使用却比较麻烦。利用笔记史料,作者的身份较为关键,一般来说,仕宦
谙熟政令律法,对大事件的记录较为可信;隐逸的文人,对一方风俗的记述
尤为具体鲜活。唯有细择明辨,引证对照,才可较好地实现笔记的史料价
值。现有研究对明代笔记的利用往往限于十余种,其中一些条目数十年来
被反复引用,少有新材料的发现。

明代笔记集中见于《明代笔记小说大观》[93],而包含明代的笔记辑刊,
较为常见的有《元明史料笔记丛刊》[94]、广陵古籍版《笔记小说大观》[95]、新
兴书局版《笔记小说大观丛刊》[96]等。

1.3.4　文学作品

久享盛誉或标志新风的工艺美术品往往会出现在文学作品中,且不乏
描述与评价。明代的现实题材小说创作十分活跃,留下不少可供参阅的作
品,其中《金瓶梅词话》[97]、"三言二拍"[98]等小说对时人的服装描述极为丰
富,还出现了丝绸交易等内容,对了解明代社会的服用风尚、丝织品种、纹
彩、运输、贸易很有帮助。诗词中也不乏对丝织物的描述和赞美,明末清初
的吴梅村在两首《望江南》中便描述了明代织锦[99]11 和刺绣佛像[100]16。

文学作品描述的可靠性不一,尤其是小说,难免有虚构的成分。但作者
不可能超越时代而创作,因此作品对于理解彼时风尚仍然有十分积极的意
义。诗词中的描写因类比、用典而较为晦涩,但仍可反映一些丝绸纹彩的流

行,朱檀、黄省曾、王世贞、秦兰征、唐宇昭、王誉昌等均有多首明宫词传世[101],是了解宫廷丝绸使用的重要材料。现有研究对文学作品的重视尚有不足,仅《金瓶梅词话》中的服饰描述得到较多关注。

明清和近代其他书籍中还有不少可供研究使用的史料。如:《天工开物》[102]系统总结了古代的各项技术,对织机有着详细的分类图解;《三才图会》[103]附有大量插图,形象地记录了明代的宫室、器用、服制、仪仗等;《天水冰山录》[104]对抄没严家物品中的丝绸衣物和段匹作了详细的归类,并将具体名称——罗列;《石渠宝笈》及续编、三编[105]中载录有明代观赏性刻丝;近人朱启钤的《丝绣笔记》[106]和《存素堂丝绣录》[107]亦记录了明代刻丝、刺绣和织佛像等。

1.4 研 究 意 义

丝绸是明代最大宗的工艺美术造作,其生产和贸易反映了经济的发展,织造工艺体现了纺织科技的进步,使用情况包含着等级制度和世情风俗,纹彩装饰则折射出时代的审美风尚。可以说,丝绸从各个角度反映了明代社会风貌。

目前学界对明代丝绸的专题研究主要依据实物,侧重点在工艺和图案分析,而丝绸的实物货币、服用面料、等级标志等意义并未得到足够重视,丝绸的研究价值也尚未被充分发掘。现存实物仅为明代丝绸产品中极小的一部分,出土物又具有偶然性,依据实物的分析往往会缺失全局观。并且,现有研究选取的实物样本在等级、时段、地域上均有局限,并不能体现明代丝绸的整体情况。

本书结合文献与实物,关注明代丝绸的生产格局及分布情况、丝绸品种的盛衰、装饰手法的使用、色彩与图案的演变以及丝绸中所体现的审美趣味,力求解说丝绸与明代社会生活的关系,梳理出明代丝绸发展演变的线索,归纳其时代风格,并探究形成这种风格的历史原因。

1.5 研究方法与特点

对于古代工艺美术史研究,获得尽可能全面的材料是基本前提。与研究相关的材料分为两大类——实物和文献,其中实物是研究的直接对象,也是材料的核心。明代传世丝织物数量较多,保存也相对完好,然而不易断代,研究价值较低。出土丝织物基本来自明墓,其中保存完好、纪年确切、丝绸丰富的墓葬少之又少。考古发掘具有偶然性和不确定性,不易建立起完整的时间序列,且出土丝绸往往色彩褪变、质料残朽、花纹漫漶,可供研究使用的数量十分有限,因此,出土物和传世品须结合利用。对照同类出土物,可以帮助确定传世品的年代;借助相似传世品的色彩图案,可以帮助还原出土物的本来面貌。

绝大多数明代丝绸随着时间积累而湮灭无踪,现存实物的数量、品种及纹彩都不足以反映当年丝绸全貌,仅凭实物也难以知晓丝绸的使用情况。工艺美术史研究的目的不仅是单纯以作品分析艺术风格,还应关注政治、经济、科技、民族、地域、风俗、审美等对造作的影响,解释风格演变的深层原因。因此,以文献资料补充实物的不足便是唯一可行且有效的途径。本书所使用的文献资料包括各种文字记载,也包括与丝绸相关的图像。正是有了这些材料,实物的缺失才得以弥补,风尚习俗才可以解说。因此,本书用文献调查法梳理史料,以观察法辨析实物和图像,以比较研究法寻找丝绸与其他工艺美术门类间的关联。针对不同材料,研究的方式也不同,所做的研究大致可概括为以下几点:

第一,取样典型实物。传世丝绸的数量难以估计,且不易确定时段,少数时代明确且能代表丝织水平的织物是最佳的研究样本。在研究出土物时,尽可能选取有纪年、等级高的墓葬中的丝绸为样本。

第二,甄别校勘文献。明代的文献数量庞大,品质良莠不齐,分清源与流是认知史料价值的关键,筛选时须格外留意文献的年代、作者生卒时间、文献刊刻版本等信息,尽可能使用最原始的材料。为避免古籍中的讹误,在使用重要条则时,尽量以其他版本的文献校勘。

第三,实物与文献互补。工艺美术研究立足于对文献和实物的占有与解读,尽可能多地利用原始资料是完成本书的基本条件。尽管文献和实物资料都难免缺失,但将两者相结合,互补有无,尽可能串连起较完整的时间序列,并在其中选取典型样本深入分析,便能够把握明代丝绸发展演变的线索,还原其历史样貌。

第四,划分时段和地域。明代中晚期社会发生了较大的变革,官府和民间丝织生产的组织方式也不断变化,这必然影响丝绸生产的区域、数量、品种乃至艺术风格。针对这个问题,可进行分期研究,并对比各地区的生产消长,以便更好地展现其演变的脉络。只有以时间和地域两条线索为经纬,梳理串连文献和实物,才能在纷乱的材料中摸索出规律,把握明代丝绸发展的脉络,将生产重心迁移、产量增减、纹彩变化、使用风气更替的深层社会原因阐释清楚。

与社会史、科技史、考古学的视角不同,本书是以工艺美术史的方法来研究明代的丝绸,因此会有如下特点:

第一,打破材质界限。同时代的工艺美术品总会呈现出共有的时代风貌,各门类之间也会相互借鉴和影响。门类史研究一旦有实物缺失,同时期其他门类的造作就显得分外重要,因此打破材质的界限,以全局的视野来对比各个门类的作品,才能更完整地把握时代特征。

第二,关注历史地位及影响。丝绸在明代工艺美术中具有较为特殊的地位。在域内,其色彩和装饰题材常常为其他门类造作所借鉴;对海外,无论是永乐宣德时期的郑和下西洋,或是隆庆以后的海上贸易,丝绸的大批输出都必然传递着彼时中国的艺术风格。通过这些研究,可以了解明代丝绸对后世的影响,衡量其在丝绸史上的地位。

第三,突出学科特点但不拘泥于学科界限。在现有对明代丝绸的研究中,有相当一部分来自考古、纺织、经济等学科,这些研究或提供了详细的数据,或鉴定了工艺,或探讨了丝绸对明代经济的作用。本书可以参考这些成果,以工艺美术史研究的方法,着眼于对明代丝绸艺术风格的总结,并探究风格形成的原因。

第 2 章 丝织生产

概况

元末,雄踞一方的朱元璋就曾劝课农桑。明朝立国后,明廷实行轻徭薄赋的休养之策,在帝王的大力倡导之下,明初的桑蚕生产遍及南北。洪武二十四年(1391 年),全国所产的䌷、绢、布共计 646 870 匹。[108]3166 朱元璋出身寒苦,崇俭恶奢,认为织造之事重在蔽体御寒,力斥华丽之作,禁止庶民衣锦绣[108]2663,规劝贵族子弟节制服用。[108]3687 帝王尚俭如此,民间风气亦归淳朴。明初,工艺复杂、耗时费力的高档织绣被认为是“机巧之作”,没有得到充分发展。

织造是明代官府生产之大宗,在万历《大明会典》记录的各类工匠中,从事丝绸染织的多达 30 余种。政府对织造质量要求极高,丝织物的化色、幅宽、经纬密度都须经过织染局官员的严格检查,若不合格,则追责惩罚。[84]2703 宣德五年(1430 年),朝廷将大批工匠从南京、浙江调往北京,由工部管理,为住坐人匠。成化时,工部工匠定额为 6 000,到了嘉靖十年(1531年),工部有 12 255 名住坐工匠。[84]2572 而进京的轮班人匠,自正德时起,便达到近 13 万人。随着财富的积累,上层对丝绸的使用已远不如明初克制,自天顺起,官府开始加派、改织段匹,不断提高官织丝绸的数量和档次,以应所需。[82]1997 嘉靖至万历间,派造最为频繁,官府织染局难以维系,大量使用民匠,促使了民间丝织技术的提高。从《天水冰山录》和众多文人笔记中可知,帝王亲贵占有了数量惊人的高档丝绸,定陵以及江西一批藩王墓中的袍服和匹料则是实物对证。

明人育蚕治丝的技术已达到相当高的水平,织机种类也颇为齐全,一些农业、手工业书籍的刊印对丝织科技传播意义重大。《农政全书》《便民图纂》(图 2.1)和《天工开物》(图 2.2)均附有插图,对丝织生产的各环节有详细介绍。除了前代已有的腰机、刻丝机等之外,明代还广泛使用构造复杂的大花楼织机,用来制作织成袍料。明人不断改进织机、热衷创新,得到各种适用的品种,如锦机改织阔绫、经上加丝织出凸显花纹等,技术运用十分灵活。[109]9

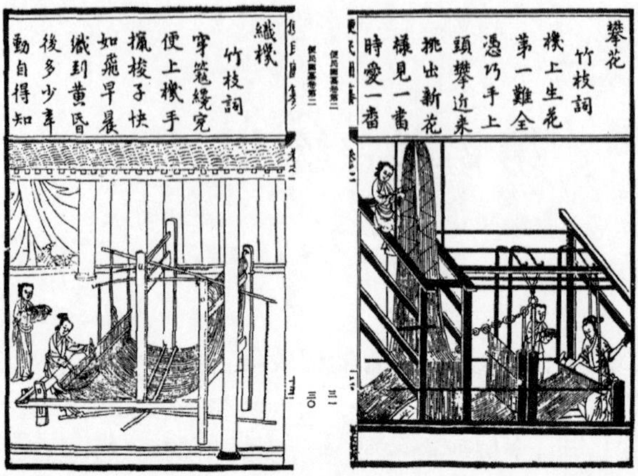

图 2.1　《便民图纂》中的织机插图

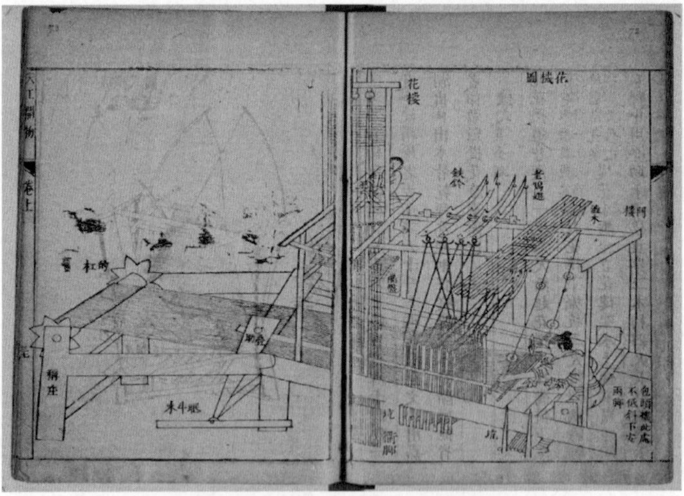

图 2.2　《天工开物》中的织机插图

　　织造提花丝绸,最难莫过于挑花结本,结花本有类似"结绳记事"的功能,是由图样过渡到织物花样的关键环节。匠人依照预设的图案,按一定规律把经丝编成很多组,并结集成一股股绳线,形成储存图案的花本。织造时,什么地方该起花,只要循着悬挂于花楼的花本,拽提脚子线,织工就可以投梭织花。[110]217织造时,须两人配合,花楼上的提花工按花本提起衢脚,下面的织工即使不知所织花样,只要依式抛梭,就可织出花纹。[102]36高档丝绸图案复杂、色彩多变,其花本因信息量大而十分繁复沉重,有的竟可达几十公斤,长度远远超过织物本身,必须分段使用。挑花时须分外仔细,假若花本有误,就会导致织物图案差错,沦为次品。提花工匠也要经过训练才能辨识花本,配合织工。丝绸图案从设计图样,到挑花结本,再到上机提花,无不需要专门匠师的参与,这是伴随丝织技术进步而产生的细化分工,已非小规模经营所能完成。万历《大明会典》中所载的织染局匠人分工多达 32 种,织作之精细可以想象。

尽管明代丝织生产有诸多进步,但与棉织业相比,仍有渐趋衰落的趋势,这与气候、环境的变化有着密切的关系。从 14 世纪开始,中国的气候进入了一个寒冷时期,其中成化六年(1470 年)至正德十五年(1520 年)之间是一个冷峰。[111]北方天气较南方更为寒冷恶劣,不少地方志中都记录了霜冻、大风、冰雹、大雪等灾害,对桑蚕生产十分不利,加之粮食作物受损,饥民砍伐桑枣换取食物,桑园破坏严重,育蚕治丝之业逐渐荒废。而草棉比桑树更能适应北方的寒冷,即使受灾害影响,次年仍能栽种收获。明代植棉十分广泛,“其种乃遍布于天下,地无南北皆宜之,人无贫富皆赖之,其利视丝枲盖百倍焉。”[112]969植棉获利丰厚,且棉织生产相对简单,因此很多蚕桑之乡转而从事植棉织布。棉布在明代成为民间最主要的衣着面料,棉絮也代替了丝绵用来填充棉衣,致使北方对丝绸的需求量下降,丝织生产渐趋衰落。

南方的水土气候适合植桑育蚕,丝织生产不断发展,以苏、杭、南京为代表的江南成为丝织业的中心。明代中后期,因宗藩壮大、官员扩充、互市需求等原因,官府的赏用众多,丝绸需求量不断增加,北方丝织业又渐趋萎缩,官府便将增加的织造主要派给江浙。江浙不仅生丝品质优良,织造技术发达,还有成熟的水陆运输和贸易市场。正德到嘉万之间,江浙和东南沿海出现了一批丝织重镇,且形成了产丝、织造、贸易的行业分化,这是民间丝织业进一步发展的标志。

2.1　主　要　产　区

2.1.1　江南①

丝绸织染受桑蚕生产的制约,季节性强,对地理环境要求较高。江南气

---

　　① 本书中的江南,指的是长江以南隶属于江苏省的苏州、镇江、常州、江宁、松江各府及太仓直隶州,以及浙江布政司下辖的杭州、嘉兴、湖州三府所属各县。

候温和,水土丰美,适宜植桑育蚕,唐代即出产著名的缭绫、吴绫等。安史之乱后,丝织生产逐渐南移,宋代在润州有织罗务,湖州有织绫务,徽宗崇宁元年(1120 年),在苏、杭置局造作器用,所制织绣"曲尽其巧"。[113]505 南宋定都临安,宫廷织造机构也就设在杭州,江南兼有中央和地方的官府织染机构,主要生产御用和高档赏赐用丝绸。到元代,丝织重心南迁的趋势更为明显,南京、镇江、杭州、嘉兴等地均设织染局,且产量远超宋代。元初来华的意大利旅行家马可·波罗曾在游记中描述道:"(苏州)居民生产大量的生丝制成的绸缎,不仅供给自己消费,使人人都穿上绸缎,而且还行销其他市场。"[114]174 而杭州大多数居民,总是"浑身绫罗,遍体锦绣"。[114]178 此外,他还记录了常州、南京等地的丝绸生产和普及情况。可以说,元代江南丝织的发展为明清高度发达的织造业奠定了良好的基础。

　　数百年的丝织重心南移是个漫长的过程,然而历经数朝,大趋势却未曾改变。究其原因,无非是顺应《考工记》中"天时、地气、材美、工巧"四个手工业生产的条件,前三者可谓得之自然,后者则与官府作坊的设置有关。宋元明三代植桑虽广,然而优良生丝的产地总集中于太湖流域。坐拥最好的生丝产地,江南丝织可谓得天独厚,生产成本也较其他地区更低。官府织染局的规模大,分工细致,工匠选自各地,技艺精湛,且唯有官家织造才能不计成本,务求精良。明代江南主要归属南直隶和浙江布政使司,22 所地方官府织染局中有 15 所设在这里,每年官府额定织造的七成以上也出自江南(后文中表 2.4 可反映出各地织造的比例)。因此明代丝绸生产重心落在江南一隅,有其历史必然性。

　　苏州、杭州、湖州、嘉兴、松江、镇江等府以及南京是明代的丝织业中心。洪武时,都城、府治有大规模的官府丝织生产,民间丝织尚未完全恢复。宣德间,生产扩大至县城,"邑民渐事机丝"。成化、弘治时,丝织辐射至乡镇,"土人亦有精其业者";嘉靖之后,分工明晰的丝织市镇不断涌现,乡人"尽逐绫绸之利",丝织生产逐渐深入民间。[115]176 明代丝织业的一个重要特点就是出现了诸多地方丝绸品种,一些甚至发展为上供宫廷的高档品,享有很高的声誉。

　　苏州及周边县镇是丝织业最为密集的地区。苏州在唐代时已经开始贡绫,入明,苏州府的丝绸品种丰富。洪武时,除了纻丝、细花绫、素纱、暗花纱、天净纱之外,还能织出集"绢边、纱地、克丝花"于一身的"三法纱",[116]1723-1724 或许是对《梦粱录》中"三法暗花纱"的继承和改良。明初帝王用度节制,一些因元末明初战乱而废止的靡费之作一直没有恢复,正统时宫廷仍少见刻丝,仅苏州民匠偶有为之。[117]3214 成化、弘治间,手工业制作逐渐发达,奢靡造作重新出现,苏州刻丝已十分精巧。[118]42 正德时,苏州织锦工巧之至,不仅有海马、云鹤、宝相花、方胜等纹样,还有织书画、词曲帷障,也有专供装裱的紫色和白色落花流水锦,水平不下于蜀锦。这里还是纻丝的重要产地,品种有光素、提花、织金、妆花,形制不同但皆极精巧,“四方公私集办于此”,颇具声名。苏州亦多轻薄丝料,素色无花的银条纱类于唐代的“轻容”,可为夏衣或衬里;鸾鹊纹薄绫用于装裱书画,幅宽而细密的薄绢则为绘画之用。[119]963 嘉靖间,苏州机房出产纱、绫、锦、纻丝、罗、绸等多种丝织物。[120]113 隆庆时,苏州城西风俗浮华,而城东风气则较为质朴,聚集着众多的民间丝织作坊,称为“机房”。[121]35-36 万历时,苏州城已是“家杼轴而户纂组”,可见彼时丝织业之兴盛。[122]6714

明朝时,苏州府下辖吴县、长洲县、常熟县、吴江县、昆山县、嘉定县和太仓州,都是丝织良乡,州县中一些坊巷名就由织绣而来,如长洲县有“绣锦坊”“衮绣坊”“绣衣坊”[121]323-324。这种情形也见于其他州府,如扬州的“纱坊桥”[123]55,嘉兴的“织云坊”[124]119,也应是昔时丝绣行业的汇聚之处。

苏州府境内还有不少丝织乡镇,如吴江县的盛泽、震泽在明后期成为丝绸织造和贸易的专业市镇。丝织业的发达带动了丝绸贸易的繁荣,富商大贾数千里辇万金而来,袂接肩摩,区区小镇竟繁华得如同都会。[115]382《醒世恒言》也描写过明末的盛泽镇:“那市上两岸绸丝牙行约有千百余家,远近村坊织成绸匹,俱到此上市,四方商贾来收买的,蜂攒蚁集,挨挤不开,路途无伫足之隙”。[125]248

“浙江桑麻遍野,茧丝锦苎之所出,四方咸取给焉。”[90]83-84 万历《大明会典》中,浙江布政使司的额设织造数量大约是南直隶的 1.5 倍(详见表 2.4),可见其丝织的发达。浙江出产纻丝、绫罗、绸绢、缇绣等,且不乏名品,“其特产而良者”有杭州水纬罗、嘉兴云绢、湖州丝绵与绫、宁波画绢、绍兴萧绢、台州兼丝葛、温州绸。[126]919-920、923-924

杭州丝织业与苏州齐名,“虽秦、晋、燕、周大贾,不远数千里而求罗绮缯币者,必走浙之东也”。[90]84 杭州府仁和县的塘栖镇、临平镇,以及海宁县的长安镇、硖石镇等都是明后期兴起的丝织和贸易的专业市镇。杭州出产的七种丝织物包括绫、罗、纻丝、纱、绢、绸、縠(俗名绉纱),皆有提花、光素二种,且以杭州城所织为最佳。另外,杭州还织丝棉混纺的兼丝布。[87]2454 万历时,杭州风俗奢靡,民间丝绸衣裤常效仿上供袍服,以大量金箔装饰,追求华丽效果[87]1358,嘉靖时,这种奢侈风气已经存在。[127]1070 杭州丝绸行销天下，即使川滇之地，"虽僻远万里，然苏、杭新织种种文绮，吴中贵介未披而彼处先得"[128]302。

湖州府素多桑柘，以蚕业闻名，所产优质生丝不仅供给江南，并且远销北方及海外。曾为湖州推官的谢肇淛记载过当地植桑的盛况："湖民力本射利，计无不悉，尺寸之堤，必树之桑，环堵之隙，必课以蔬，富者田连阡陌，桑麻万顷，而别墅山庄求竹木之胜无有也。"[129]1778 湖州的生丝极为著名，湖桑叶厚力大，"蚕食之，茧厚而丝无疵颣"，因此织造上好的丝绸必资湖丝。[130]96 湖州生丝也有高下，菱湖、洛舍的生丝质量最优。蚕食头叶者谓之头蚕，其丝上佳；其下还有柘蚕丝、合罗丝、串五丝、肥光丝。[131]87 乌程县南浔镇以细韧的"七里丝"（又名"辑里丝"）而闻名，其价虽昂却远销异乡，可织帽缎，颇受丝织行业看重。[132]44 质量较低的蚕丝韧度低，不堪织造，仅能做丝绵。

湖州丝织品中最著名的是起于明代的"湖绉"，即绉纱，分为花素二种，素织湖绉曾大行于时。织绉纱须先打经线，即捻经线，正反捻成的经线间隔排布，可使织物形成自然的绉纹，如风过春水，别有意趣。清光绪年间，湖绉依然是湖州产量最大的丝织物，广受青睐，盛行于世。[133]441 湖州的乌程县擅长织绸，如水绸、纱丝绸、斜纹绸、棉经丝纬绸等，品种达十余种，所织的线绫则"练染柔滑，光彩异于他处"。绢的品种也较多，除了长而阔的官绢外，还有纳贡用的狭小绢，此外还有生绢、包头绢，织造局可织五色绢。纱有六种，绫有四种，罗有三种，品种可谓丰富。[134]302

嘉兴府织染局有织机 62 张，其中纻丝机 32 张，细绸机 4 张，绢地纱机 8 张，包头纱机 1 张，银丝纱机 10 张，[135]14 可以推想，局织的品种不少。崇祯间，嘉兴县多出纱罗绸绢类丝绸。[125]419 嘉兴府濮院、王江泾、石门、王店等镇是明后期新兴的丝织和贸易的专业市镇。桐乡县濮院镇在宋代便出织锦，弘治、正德年间"机杼之利，日生万金"，隆庆年间，濮院机房"改土机为纱绸"，织造极为工致，"濮绸"之名遂远近闻名。[136]1065 万历时，镇中屋宇楼阁鳞次栉比，繁华异常，"机杼声轧轧相闻，日出锦帛千计，远方大贾携驼群至，众庶熙攘，于焉集往"。[137]177-178 秀水县王江泾镇在万历年间"多织绸收丝缟之利，居者可七千余家"。[138]561 崇德县石门镇的蚕丝，嘉兴县王店镇的诸绸、画绢亦远近闻名。

环太湖地区桑林被野，地无旷土，优越的自然条件造就了密集的桑丝产业，一批市镇因丝绸而繁盛。它们将丝绸业串连起来，形成治丝、织造、贸易的整个环节，推动江南民间丝织生产的进步。

明初南京即设中央官府织造作坊，成祖迁都后，南京的织染机构依然存在,且大量织造。明中叶以后,南京及周边民间丝织更为繁盛,江宁县的各种铺行中,涉及丝绸的就有十几种,如缎子、裱绫、丝绵、布绢、绒线、改机、腰机、包头、手帕、纻丝、罗、纱、绉纱、金箔、金线、销金等铺行,颜料、染坊等铺行亦与丝织有关。[139]723 江宁县还擅治各类妆花织物,缎、罗、纱、绢皆可金缕彩妆,制作颇为精致,这在县一级的造作中十分少见。[139]726

2.1.2 北方

北方气候干燥寒凉,桑蚕生产条件不及江南,但因官府大力鼓励桑蚕,也在山西潞安府、陕西西安府等地形成了几个较为著名的丝绸产地。

从洪武至嘉靖,山西、山东、河南等地的织染局先后被废止,原本就分布稀疏的北方官营丝织业几乎停滞,然而,山西民间的潞绸却从兴起走向繁荣,是个较为反常的例子。洪武十四年(1381年),山西布政司织染局废止之后,潞泽的民间丝织仍在发展,品种以绫、绸为主。[140]164 洪武二十四年到弘治五年间(1391—1492年),潞州的桑树一直保持在八九万株。《弘治潞州志》的土产中有生丝,既然列于货品,产量应该不小,这是早期潞绸生产的基本条件。[141]10-11 永乐六年(1408年),沈简王朱模就藩于潞州,带来一批织染工匠,为王府服务,技术传于民间,是潞绸生产的技术条件。[142]125 天顺五年(1461年),宣宁王、隰川王迁至泽州,这些定居潞泽的宗藩对当地丝织业起了关键的推动作用。[143]6708 嘉靖七年(1528年),潞州改为潞安府,潞绸产量增多。潞绸主要产自潞安府的长治县和泽州的高平县,生产最盛时,有绸机 13 000 余张。[144]100 但明中期之后,北方的寒冷气候和灾害天气严重影响了桑蚕生产,《万历潞安府志》中记录了自成化八年(1472年)至万历四十年(1612年)的灾情(表 2.1)[145]386-389,自然灾害对桑蚕生产极为不利,原本就不宜植桑的潞安府在明代中期之后,桑蚕生产逐渐衰落。

表 2.1 《万历潞安府志》卷一五记录的自然灾害

灾害\年号	冰雹	霜冻	大旱	大雪	大风	雨涝	地震
成化	1		1			1	
弘治			1				
正德		1	2		2		
嘉靖	4			1	1		1
隆庆			1				
万历	4	1	2				1

万历年间的官员郭子章曾概括过明代后期的丝织格局:"今天下蚕事疏阔矣。东南之机,三吴、越、闽最夥,取给于湖茧。西北之机,潞最工,取给于阆茧。"[112]616 说明嘉万之际的生丝产地已大为缩减,以浙江湖州和四川阆中为主,潞绸仍有声名,与阆中丝质优良有关。

潞安府未设官府织染机构,亦无专门监督织造的官员,丝织生产由当地官员负责。定陵出土有一匹"大红闪真紫细花潞绸",其腰封上有墨书题记(图2.3、图2.4),[2]44 详细记录了督造的各级官员姓名、匹料尺寸、机户姓名,以便检验与追责。可知,万历间上供潞绸的织造由山西布政使司、潞安府、长治县负责。总理、辨验、督造提调、经造、监造等官由地方官员充任,另有中央监察官员和地方司法官员负责监督各个环节。墨书中还有"机户辛守太"字样,说明万历间潞安府并非役使官匠,而是雇用民间机户织造上用段匹,明代未设局的地方官府织造管理办法应大致与此相同。

『机户辛守太』

图 2.3　定陵"大红闪真紫细花潞绸"　　　图 2.4　定陵潞绸墨书题记

明代中期以后,北方气候寒冷且时发灾害,加上棉纺织的冲击,潞安府的桑蚕产量持续衰减,生丝主要来自他方,织造成本提高。[145]42 随着明代晚期官府增织丝绸渐频,潞安府的织造任务加重,且官府收买的价格远远低于成本,致使织造愈多,损失愈大,不少机户无奈而改业或迁徙。[145]210 万历时,加派最多,致使官员愤而抵制。[82]6122 明末手工业生产大幅衰退,即便如此,潞安府尚余绸机两千张,而战祸之后,清初仅余三百张织机。[146]51-52 潞绸生产的变化可谓明代北方丝织业兴衰的缩影,起于民间织造,盛于官府扶植,衰于加派过多。

万历《大明会典》并未记载陕西有织染局,但羊绒织造却总由陕西承担。羊绒并非纯粹的毛织物,而是丝毛混纺所成,且如高档丝绸一般,可织各式新样花色。弘治时,官府就频繁降下花样,令陕西、甘肃镇巡官负责织造。生丝买自湖州,挑花匠人雇自南京,城中新设机房,[147]1162 异常靡费。杨一清在《悯人穷以昭圣德疏》中痛陈织造绒袍之害,提及织局设在西安,羊绒取自临洮、兰州。[148]148《皇明两朝疏抄》中,请求停止差遣内臣织造的奏疏竟有八篇,据此推测,嘉靖、隆庆之时,织造羊绒已经成为惯例。据《明神宗实录》所记,陕西织局隆庆末停织,几近废弃,万历间重派,每年织羊绒四千匹,致使巡抚陕西兵部右侍郎吕鸣珂上奏请求宽限。[122]5339

明代前期,山东丝织业也有一定的发展,且原料颇具特色,有桑蚕丝与山蚕丝之别,产品用途也有不同。桑蚕丝织主要分布在兖州府、东昌府、济南府以及青州府的部分州县;山蚕丝织则集中于鲁中地区和山东半岛的山区。山蚕饲养与桑蚕不同,产量较低,丝的纤维较粗硬,可织茧绸,虽不及桑蚕丝绸光滑柔软,却有挺括厚实、耐磨经用的优点。由于山蚕丝产量不大,丝质欠佳,因此茧绸始终属于中低档的丝织物,难以普及。正统间,济南府岁织纻丝七百余匹,并无其他丝绸品种,[143]413 是所有布政司中任务最轻的。嘉靖七年(1528 年)后,不善织造的江西、湖广、河南、山东,获准折银代纳岁造段匹。[84]2708 万历年间的东昌府"阖境桑麻,男女纺绩以给朝夕",织造虽普遍,然优质者不多,"紬纩唯有濮州及冠县之清水称良",另有临清"工组帕幔,备极绮丽,转鬻他方"。[149]245-246

总体而言,北方丝绸的产地远不如江南密集,质量也较逊色,主要为民间使用。生产规模较大的地区往往有地方性名品,高档丝绸可与江南比肩,亦为宫廷所用。

北方蚕熟次数少,生丝产量低,质量也不佳,织造高档丝绸只能依赖湖州、阆中等地的生丝,致使织造成本高于江南,失去了竞争力。加上官府派织的定价低,机户亏损严重,弃机而逃者甚众,潞绸因之走向衰落。不少北方丝绸品种都曾经辉煌,然而最终沉寂,原因也与潞绸相似。这最终导致丝织集于江南,北方丝绸逐渐销声匿迹。

自元代以来,棉布便成为平民的主要服用面料,对民间丝绸生产有较大影响。曾有文人吟咏棉花:"采采西风雪满篮,御寒功已倍春蚕。"[150]899 气候寒冷的北方植棉日渐增多,平民阶层对中低档丝绸的需求相对减少。在与棉织物的竞争中,丝绸并无价廉耐用之优势,因而逐渐转向高档丝绸的织造,中低档丝绸的生产趋于缓落。

2.1.3　福建及其他地区

明代的福建是东南著名的丝绸产区,据《八闽通志》记载,有六府一州出产丝织物。郭子章认为,"东南之机,三吴、越、闽最夥"[112]616,将福建与吴越并称,可见其地位之高。福建的山桑不及湖桑,饲蚕得茧较薄,缫丝多额,仅可织绋绸之类较为粗硬的丝绸,织高档精美品种必须使用湖丝。[130]126 红花、苏木、靛青、紫草等染料在福建广为种植,是染造丝绸的必备原料。[130]105

明前期的福建丝绸质量不佳,民间的上供段匹常不如法,为此官府加强了督织管理。[151]795 福州曾在苏杭购买充贡的各类丝织物,后本地虽可织造,但水平依然远逊。[152]512 福建人多工巧,善治器,陶瓷漆木皆精,织造技术也有创造。福州的林洪精于织造,将五层的缎机改为四层,以改善闽地丝绸不及吴地重锦密实耐用的缺憾。[153]349(据《万历福州府志》卷三七《食货志·物产》所记,弘治时林洪创制了改机,但从《明实录》的记录来看,景泰年间官府已经织造改机,详见第三章3.3改机。)明末福州人薛怀南能织"怀素纱",自出匠心,"以铁柱分综,故双映生云"[154]156。天启、崇祯年间,宫廷流行以怀素纱制成袍服,以浅色里衣衬之,内外掩映,形成如同"水之波、木之理"般的效果。[155]57 织造工具和技术的改进提高了福建的丝织水平,闽地的高档丝绸不仅在国内流通,也远销海外。[156]50-51 福建的丝绸主要产在福、漳、泉、建四府,均为重要的港口城市,这里货物集辏,贸易发达,丝绸生产带有文化交流的印记。

福州府设有官府织染局,岁造上供段匹。正德间,岁造缎425匹,[157]179 分派在各县织造,土产中还有绸、绢、绫、缎、纱、罗和改机,[157]212 可见丝织生产具有一定的规模。《万历福州府志》记载的物货比正德时少了绫和罗,[153]349 万历时福州人王应山提到了本地出产草缎、帽缎之属,间有漳绢、莆绢,然而因丝质不佳,难及吴纨、蜀锦之美[158]190-191。

在福建,漳州府丝织生产最集中、品种最丰富,明代前期,漳州丝绸生产并不突出,弘治时仅产绸,正德时有较粗简的绋、绸和较精细的绢、纱、罗。嘉万时的王世懋在《闽部疏》中列举福建商品,第二位便是"漳之纱绢"[159]12,可见在明代晚期,丝绸已成为漳州的重要货物。漳人擅长模仿,多学吴地织法,还能仿制外来织物。天鹅绒是以桑丝为原料的起绒织物,织法传自域外,[69]14 漳州工匠仿制之,以铁线做假纬,织成后抽出铁线,将线圈割断成绒,亦可织金妆花为饰,工艺极为精巧。天鹅绒的织造技术自漳州传往泉州等地,后扩散到江浙,清人称其为漳绒。漳人还仿织潞绸,粗看真假难辨,比真潞绸稍薄,称为"土绸"或"土潞绸"。漳纱曾具声名,后学吴地纱之织法与花色,不仅肖似,且更耐久。其他的罗绮之类,亦学吴中,不及纱之精美。[160]1833-1834 作为出口商品,漳州纱绢与"饶之磁器,湖之丝绵、松之棉布"并称,为日本所重。[156]50-51

正统时,泉州府设织染局,[143]1052 岁办纻丝、线罗,[161]511 但成化之后,多在南京等地采买充贡[162]2035-2036。起初,民间丝织业并不发达,弘治时,土产仅有绢,[152]540 嘉万之时,织造渐盛,出产绢、纱、布、罗、土绸等,亦能织天鹅绒,但水平逊于漳州[161]268。

建宁府的丝绸种类并不少,但一直未得到研究者的足够重视。北宋时建宁就能织草锦,并且技艺不输蜀地工匠,曾为徽宗织升降龙柱衣,合纹严整。草锦在明代称为"花毯",以红绿二色为主,建阳县所出。[163]301 福建的刻丝产自建安县,有数种,其厚者可及湖湘同类织品。弘治时建宁除了锦和刻丝,还有绫、纱、绢,生产较为发达。[152]534《嘉靖建宁府志》中,花毯、刻丝、土绫、土绢、土纱被列为府产货品,应仍有较大产量。[164]754 然而建宁府的丝绸并未有大的影响,应该是建宁无沿海港口,贸易不及福、漳、泉便利的缘故。

明代丝织业发展的一个重要特点,是汇聚于交通便利的都会或港口城市。发达的丝绸贸易促进丝织技术的交流,便利的交通能降低运输消耗,这些地方的丝织生产可谓占尽地利。而相比之下,蜀地的丝织业就缺乏这种便利条件。

川蜀丝织历史悠久,蜀锦在东汉已享盛誉。明代,蜀锦名气仍然很大,诗文常以蜀锦代表华美之物,杂剧、小说中也频频出现。而明代蜀地丝织业却并不景气,蜀锦花色无多且价格昂贵,常人不易得到。[165]14《天水冰山录》所记的 218 匹织锦中,仅有蜀锦 18 匹,还不足一成。(但应留意的是,《天水冰山录》中丝绸的名称规范并不统一,纹样、颜色、装饰、产地等都可出现在名称中,或许除了这 18 匹蜀锦外,另有蜀地织锦以其他方式命名。)蜀锦在明代由蜀王府负责织造,不传于民间,[128]302 产量必然不大。四川布政司设有织染局,岁造仅有阔生绢四千余匹,[84]2706 从生产数量和织物种类上都难以和苏浙相比。尽管《金瓶梅词话》中曾提到过"娇滴滴紫葡萄颜色四川绫汗巾儿"[97]636,但与书中频繁出现的"潞绸""湖绸""杭绢"等相比,显然并不常见。这意味着川蜀织造渐趋衰落。尽管如此,蜀地在丝织业中的地位仍不容忽视,因为这里的生丝质优量大,仅次于湖州。潞绸依靠阆茧,漳泉二府的倭缎亦使用蜀地生丝。蜀地在明代丝织格局中的地位下降,逐渐沦为原料产地,原因主要是江浙丝织业的密集发展,技术先进,花色日新月异,超越了蜀地织锦,[119]963 占领了绝大部分市场。而川蜀交通不便,运输困难,成本相对高昂,难以满足官民对丝绸的大量需求,在竞争中居于劣势。

总体来看,明代丝绸生产呈现出明显的南强北弱格局,且随时间推移而愈益明显。据明代各地方志对物产的记录中可知,民间织粗绸的地方很多,但除了江浙、潞安府、西安府、漳泉二府、成都府之外,再无他处能生产高档丝织物。明末北方丝织生产衰微,优质丝绸均来自生丝产地、交通发达的都市或港口城市,并且形成了专事丝绸产销的市镇,这是行业优化的体现。浙江除了杭州的丝绸品种较多之外,其余各府县主要织造轻薄织物,江苏的丝织技术最发达,丝绸品种多样,织造复杂精细,对南北影响极大,其中苏州和南京是典型代表,上层所用高档丝绸大部分产自这两地。丝绸包含着色彩和图案,袍料中还有既成样式,这些丝绸成品运往各处,极易传播艺术风潮。正因如此,上层的趣味、江南的喜好,才得以迅速传往各地。明末的丝织生产格局已勾勒出清代苏、杭、江宁三大织造的雏形,自此以后,中国的丝织分布再无大的改变。

2.2　生　产　机　构

明代手工业中,丝织业规模最大,按其组织形式可分为官府和民间两类。官府织染机构有中央和地方之别,各设有大使、副使等官员,专为帝王和朝廷服务。民间作坊为私人经营,其产品主要供平民消费。

2.2.1　官府织造机构

元代官府丝织规模空前,仅《元史·百官志》中记录的中央性官府丝织作坊就有 67 所。[1]47 相比之下,明代官府织造规模缩减,被万历《大明会典》记载的官府作坊仅 28 所,主要分布于东南部。

2.2.1.1　中央

明代中央官府作坊有六处,两京均设内、外织染局,内织染局为内府八局之一,由宦官管理,染造御用及内廷所需段匹。[82]1997 北京的内织染局曾独立承担帝王衮服、皮弁服的织造,隆庆时,始派南京内织染局织造龙袍。[84]2704-2705 朝阳门外有内织染局的外厂,专门浣濯宫中袍服,城西又有蓝靛厂,为此局外署。[92]111 南京内织染局,又称"南局",额设机三百余张,工匠三千余名,织造上用段匹和官员诰敕。[84]2772 外织染局亦称"织染所",隶属工部,设大使、副使、典史、司吏等官员,负责督织勘验,所织各类段匹备帝王赏赐。

南京另设神帛堂和供应机房,神帛堂隶属司礼监,额设织机四十张,工匠一千二百余人,万历时,仅剩八百余人。[84]2771-2772 织造郊祀、奉先、展亲、礼神、报功制帛,"苍、白、青、黄、黑,各以其宜"[84]2708,每段制帛用"串五细丝"十七两。据范金民先生的研究,一些富户多投内监神帛堂以逃避沉重的徭役负担,主管太监也不断奏增食粮人户以作弊弄奸,嘉靖时,先后两次革去数百户,到万历时,经过屡次清查革退,仅存 800 余名。[166]

供应机房隶属南京工部,但由内承运库太监督管,机房在废汉王府邸,又称"汉府织造"。[92]113 南京供应机房的生产规模长期不为学界所知,国家图书馆善本阅览室收藏的《南京工部执掌条例》对此有记录。在弘治间,供应机房设机 200 张,正德年间,又添 170 张,共 370 张,[167]卷三 其规模并不算大,这也与史料所记相合,供应机房原为"不时织造"而设,岁造无定数,主要承办御用匹料及袍服。[122]9212 既是织造御用袍料,规模必然不大,至嘉靖时,工部官员的记录中仍然保持着这个格局。隆庆二年(1568 年),穆宗"钦降花样"付南京供应机房织造,属于常例之外的加派,招致了工部官员的反对。[168]562-563 万历年间,机房织造"数多而工重",时任南京工部主事的骆问礼以"库藏空虚,措置无路"为由,上疏陈请减缓。[169]卷二三 定陵曾出土一匹妆花纱,腰封上有墨书"南京供应机房织造上用纱柘黄织金彩妆缠枝莲花托八吉祥一匹宽二尺长四丈"[2]242,类似墨书腰封的段匹还有多件。

另外,南京还有诰敕堂,因较少见于文献,容易为研究者忽略。[170]186 诰敕堂与洪武年间所设的"官诰堂"[171]102 应为同一机构,专门织造官诰、命轴。嘉靖时,南京工部每年送八名工匠至诰敕堂上工。[166]卷一 万历时,每有传织诰敕,官匠织总额的四成,送南京印绶监装裱,工部另雇工匠织其余六成,自行装裱(表 2.2)。

中央官府织染局的工匠以住坐人匠为主,很多工匠来自南方,宣德五年(1430 年),一批工匠奉旨自南京、浙江等处迁至北京,附籍于大兴、宛平二县。[84]2572 景泰、天顺时,官府调拨苏、松、杭、嘉、湖五府织挽巧匠至内织染局。[143]6623 嘉靖四十四年(1565 年),又迁来苏、松两地织罗匠各二十名。[84]2704 据万历《大明会典》记录,嘉靖至隆庆间,内织染局官匠人数总在一千三四百名之间。"南匠北调"一方面说明了明代南方的织造水平普遍高于北方,需要多次从南方调遣工匠,以补充北京内府和工部匠人的缺编,另一方面说明了官府丝绸需求不断扩大,尤其是宫廷内需大大增加。

调用南方工匠、向南局委织龙袍、神帛堂工匠减少,这些说明官府对丝绸的消耗日益增加,而住坐匠人反而流失甚多。这种情形终明一代都在持续,导致了中央官府织染机构所占的生产份额不断减少,重要性在下降。明代中后期,地方官府织染机构与民间作坊承担了越来越多的丝绸生产。

表 2.2 明代中央官府织染机构规模及造作任务

地点	机构	隶属	职官(人)	织造任务	工匠(人)	织机(张)
北京	内织染局	内府	大使 1 左 右 副 使各 1	上用十二章衮服、皮弁服、龙袍、御用及宫内应用段匹绢帛之类;上用段匹并洗白、腰机、画绢	嘉靖十年 1317 嘉靖四十年 1461 隆庆元年 1343	
	织染所	工部	大使 1	赏赐用段匹衣服、染内承运库所用色绢	永乐间额设 758 成化八年 200 余 嘉靖十年 195	
南京	内织染局	内府	大使 1 副使 1	上用段匹、龙袍、文武官员诰敕、双马、单马起关符验	3 000 余	300 余
	织染所	工部	大使 1	赏赐用段匹衣服、御览等历日销金包袱,合用柘黄线罗、变染红蓝阔生绢	万历四十三年 40 余[171]103	
	神帛堂	内府司礼监		制帛	1 200 余	40
	供应机房	工部		不时之需		370
	诰敕堂	工部		官诰、命轴	8	

注:内容来自万历《大明会典》和《明太祖实录》《明宪宗实录》《南京工部执掌条例》《嘉靖事例》。

2.2.1.2 地方

万历《大明会典》记载的各处官营织染局有 22 处,分别是南直隶镇江府、苏州府、松江府、徽州府、宁国府、广德州,浙江杭州府、绍兴府、严州府、金华府、衢州府、台州府、温州府、宁波府、湖州府、嘉兴府,福建福州府、泉州府,山东济南府,江西布政司,四川布政司,河南布政司。洪武初,山西也曾有织染局,后因俭政而废止(表 2.3)。[172]卷一一 一些地方虽明初未设织染局,却也承担了不少的织造任务,例如,内廷冬季使用的羊绒袍料总由陕西承办,弘治时,西安府为此临时设局雇匠。[147]1162 嘉靖时,小规模的织造由陕西杂造局代办。[173]431 万历时,陕西的织造规模最大,仅二十五年(1597 年),龙凤袍料就有五千余匹,原额设织机 534 张,又新设 350 张,新旧织匠 800余名、挽花匠 2 300 余名,此外还有挑花、络丝、打线匠 4 200 余名。[174]59-60 从这些数字来看,万历年间西安府应该也有织局,并且规模不小。江南未设织染局的不少地方,如湖广布政司,以及南直隶的常州、扬州、太平、池州、安庆等府,也有数额不等的织造任务,这些地方应也设有官营作坊,以应对每年的上贡。[84]2706-2707

表 2.3　明代地方织染局设置及废止时间

省份	地方	始　　设	废　　止	职官(人)
南直隶	苏州府	洪武元年	崇祯元年	内官
	松江府	洪武初	崇祯初	
	镇江府		嘉靖十四年征价赴苏杭领织	
	徽州府	至正二十一年初设	洪武二十一年停织,永乐十五年复设	大使 1 副使 1(嘉靖三十九年革)
	宁国府	明初		大使 1 副使 1(嘉靖三十九年革)
	广德州		万历四十年	
浙江	杭州府	洪武二年	崇祯元年	大使 1 副使 1(隆庆元年革)
	湖州府			
	嘉兴府	永乐年间		
	绍兴府	洪武八年	嘉靖十年	大使 1(嘉靖十年革)
	严州府	洪武中		大使 1、副使 1(皆嘉靖十年革)
	金华府	至正十八年		
	衢州府	洪武二十四年	嘉靖十年	大使 1、副使 1(皆嘉靖十年革)
	台州府	洪武时		
	温州府	至元间		
	宁波府			大使 1(嘉靖十年革) 副使 1(弘治九年革)

续表

省份	地方	始　设	废　止	职官(人)
福建	福州府	洪武八年		
	泉州府	正统四年	嘉靖十年	大使1(嘉靖十年革) 副使1(嘉靖六年革)
山东	济南府	正统元年	嘉靖三十一年	大使1(嘉靖三十一年革)
江西布政司			隆庆元年	
四川布政司				
河南布政司			嘉靖三十七年	大使1(嘉靖三十七年革)
陕西布政司*		弘治五年	嘉靖末曾停织,万历 四年重新开始	镇巡三司、内臣督造
山西布政司*		洪武初	洪武十四年	

注：内容出自万历《大明会典》、《明实录》、明代诸种省志及府州志,参考了罗丽馨《明代匠籍人数之考察》[175]的研究数据。

* 陕西有织房无织染局,山西织染局洪武间即已废止。

官府对地方织染局管理严格,工匠和织机数量、织造任务、材料使用等项,均有备案。局织的段匹成品须腰封编号,注明督织提调官员及工匠姓名,以便追责。[84]2707 定陵出土的多件段匹上可见腰封,其上写有织物名称、匹料尺幅、用途、织造机构、工匠姓名等,如"上用青闪黄红绿白八宝朵朵梅菊花织金团狮子绢地纱一匹长四丈阔二尺"(W97),还有的在匹料机头部分写出相关信息,对于今人确定织物品种、用途和产地具有关键意义。

地方织染局以存留工匠为主,属于轮班匠,依工种不同,按照限定时间赴局服役。自成化二十一年(1485年)允许"班匠征银"之后,匠人可纳银代役,放松了对工匠的人身控制,对民间丝织的发展具有不容忽视的推动作用。嘉靖四十一年(1562年),轮班匠通行征银代役,不许私自赴部上工。[84]2569-2570 这无疑是匠籍制度松动的表现,官府对工匠的控制减弱,推动了民间手工业的发展,官营手工业则渐趋衰落。

明代的官府织造迭经演变,洪武时,帝王用度节制,不时罢免岁织,赏赐仅给绢帛,地方织局不难应承。永乐、正统间,增设地方织局,官府织造规模扩大。明代帝王的赏赐极为繁密,凡登基、皇子诞生、册封中宫、东宫、祭祀诸事,皆循例行赏。修实录、修玉牒、经筵、视学等事完毕之后,也要赏赐相关人员。对进贡的番夷,一向薄来厚往,赐物丰富。帝王赐予各色人等的丝绸规格各有差别,以区分等级,明代中期之后,赏赐更频,对袍服和段匹的需

求量大增。官府原本额设的岁造数量已远远不能满足需求,加派、增织不可
避免。天顺四年(1460 年),官府委派内臣至苏、松、杭、嘉、湖五府,增造彩
段七千匹,为增织坐派之始。弘治初,曾一度停免苏、杭、嘉、湖及南京五地
的织造,后又复织。再次大批派织发生在正德元年(1506 年),由于内库各
式高档袍料已钦赏殆尽,苏、杭、南京等地被委派织造七千余匹,直至世宗即
位时也未能织完。嘉靖初,派中官至苏、杭、南京、陕西督造,隆庆时,召回后
又派遣。万历时,加派愈重,数量既增,尺幅还要加大,北方潞安府、济南府
及南方诸州、府均受其累。[82]1997-1998

　　据万历《大明会典》卷二〇一,各地每年实征岁造二万八千余匹,其中,
浙江占四成多,南直隶各州府近三成,四川、福建、山西相加不到三成。额设
岁造中,纻丝占据近九成,绫、罗、纱、绸较少(表 2.4)。嘉靖七年(1528 年),
江西、湖广、河南、山东因不善织造,令折价缴银,[84]2708 由此推测,这四省的官
营作坊或此前便已名存实亡。这一政令顺应了丝织向江南收缩的趋势,并加
速了其进程。万历、天启时,除了额设岁造外,不定期的加派、坐派、改织主要
在南京、苏州、松江、杭州等东南地区,即使保守估算,分摊至每年的数量也
不低于岁造。[176]甚至往往远超于岁造。例如,山西额设岁造仅绫绢各 500
匹,然而万历三年至十八年(1575—1590 年)的 15 年间,竟四次坐派潞绸达
一万五千匹,大臣吕坤就此上疏神宗,力请停造。[177]4502

表 2.4　万历《大明会典》所记各织染局的织造数目统计(单位:匹)

织局 \ 品种	纻丝	线罗	生平罗	绫	纱	阔生绢	绢	绸	小计	实征
浙江布政司	10 402	520	1 000		366			528	12 816	12 662
南直隶 苏州府	1 534									1 534
松江府	1 167									1 167
镇江府	1 440									1 440
常州府	200									200
徽州府	721									721
宁国府	796								8 549	796
广德州	240									240
扬州府	131					701	300			931
太平府						500				500
池州府						211				230
安庆府						608				608

品种 织局	纻丝	线罗	生平罗	绫	纱	阔生绢	绢	绸	小计	实征
四川布政司						4 516			4 516	4 516
福建布政司	2 392								2 392	2 258
山西布政司				500			500		1 000	1 000
江西布政司	2 802								2 802	银 10 651 两
湖广布政司	1 939								1 939	银 7 526 两
河南布政司	800								800	银 3 169 两
山东布政司	720								720	银 2 178 两
合计	25 284	520	1 000	500	366	6 536	500	828	29 273	28 803、 银 23 524 两

注：按照正常年份计算，数字取整舍零。

　　官府对各级织染机构的控制十分严格，地方织染局亦隶属于工部，设大使。未设织染局然而有较多织造任务的地方，则可能由地方衙署管理。定陵出土的潞绸墨书题记就体现了这种管理方式，上供潞绸的织造由山西布政使司、潞安府、长治县三级政府负责，督造、辨验等质量监察由布政司、府、县官员充任，还会有中央委派的监察官员和地方司法官员来监督。[2]44

　　由于气候和地理条件的差异，各地方织染局的规模不一，地位也不同，最为重要的是苏杭二局。苏州"财赋甲他郡，水壤清嘉，造色鲜美，矧蚕桑繁盛，因产丝纩，迄今更盛"[178]13-14。苏州织染局建于洪武元年（1368 年），最初委任地方官管理，永乐间始遣内官督织，名为地方织局，却仅造上用段匹袍服，赏赐用段匹、绫纱、黄白绢和采买等则由苏州府承办，故而此局的规模不大，机张和工匠也不多。苏州局设有东、西纻丝堂，纱堂，横罗堂，东、西后罗堂，六堂的织机共一百七十三张。[179]17-18 岁造上用纻丝 1534 匹，闰月加 139 匹，"皆青红二色，花素相半"，是南直隶诸局中任务最重的（表 2.4）。[119]998

　　浙北的杭、嘉、湖三府的额定织造也相当多，其中以杭州局为最，岁造段匹 3 694 匹，闰月加 165 匹。[126]887 杭州局"规制宏敞，堂宇共百余楹"，"虽郡属而实织造御用袍服"。[87]2695 与苏州局相似，杭州局也由内臣掌管，据现藏于杭州碑林的经纶堂碑记载，嘉靖四十一年（1562 年）提督苏杭织造的是尚衣监太监郭秀。事实上，苏杭二局常并称，帝王钦派的督织内官称"苏杭织造太监"，有敕谕关防，地位堪比秉笔太监。[92]100
美国费城艺术博物馆藏有一片织有"杭州
局"字样的机头，属于当年带有织款的官营作
坊产品（图 2.5、图 2.6、图 2.7）。[180] 由此可
见，苏杭二局实别于地方织局，首先，苏杭二
局织造的是御用袍服而非赏用段匹；其次，
二局的真正管理者是钦派的内官，而非工部
官员。苏杭织染局实际上是内织染局的延
伸和扩张。

图 2.5　《经纶堂记》碑头拓片

图 2.6　《经纶堂记》碑文拓片

图 2.7　"杭州局"机头

　　明代官府织造中有一个特殊的现象，即内官督织。内廷所需的袍服段
匹，从题造数量、花样上呈，到监督辨验，都主要由内官负责。两京内织染局
隶属内府，由内官监管，当帝王向地方织染局派造御用及内府供用袍服时，
往往也派谙熟宫廷服饰的内臣前往督织，以保证花样如式。在永乐帝迁都
之前，南京与苏杭距离较近，织造也并不频繁，督织之事不为工部所抗、科道
所劾，也就不见于实录。迁都之后，始遣内官南下督造，弘治末年，曾一度革
除，后时遣时革。以苏州织造局为例，自永乐起，除了景泰一朝，其余帝王都
曾派遣内臣督织，累计达三十余人，致使机户劳苦、民力匮乏。[179]1-2 织造内
臣还被派往杭州、南京、松江、陕西等地，最初只督造上用段匹，万历间权力
扩张到兼管地方织局的岁造和改织。[122]9452-9453 工部官员常对织造内臣不
满，万历七年（1579 年），部臣请求皇帝召回织造内臣，神宗则以"织造不精，
谁任其责"反驳。[122]1843 由于造作中有"上用龙袍及各样新出细巧花样颜色，
总非民间所易知"，苏杭工匠并不熟悉袍服制式，难以胜任，工部不得不请皇
帝再派发"精巧官匠"，以保证织造如式。神宗怒其迁延，派司礼监太监李佑

管理浙直织造,以保证段匹规范合用。[122]2266 最典型的例子是司礼监太监孙隆,万历四年(1576年)奉命督造苏杭,直至万历三十四年(1606年),还进"纻彩三千三百四十六匹",为神宗服务了三十年之久。[122]8008 在《明实录》和官员文集中,记录了大量内臣织造事例,从中可以看出,织染局内官频繁乞造,苏杭织造内官克扣银两、中饱私囊。虽屡遭机户抵制,大臣也对其弹劾不断,竟不能免,可见帝王对丝绸需求之迫切。

御用及宫内供用丝绸织造大多委任内臣管理,原因主要有两个。一是内臣熟悉御用及内廷袍服样制,由其督织可确保丝绸花样和制式规范合用;二是内臣仅对皇帝负责,并不顾惜当地民生,不会如部臣、科臣般反复上疏劝阻。因此终明一代,内臣督造极为常见,这种现象在官府烧造瓷器中也很典型。由于花样时时翻新,加派连绵不绝,作坊几无宁日。到苏杭等地督织的内臣常年驻留,竟无归期。南京供应机房原为不时之需而设,本应一行即止,织毕内臣即返,然而到了明末,供应机房督织太监俨然已成了刘若愚笔下"内承运库外差"这一固定职位。

丝织生产虽然主要分布在南方,但织造水平却参差不齐,织金妆花等高档丝绸主要产自苏松杭嘉湖五府,其余地方虽能织造,却少有佳制。因浙江省金华府、衢州府、温州府、台州府,以及南直隶常州府、镇江府等地的工匠不善织造提花丝绸,嘉靖十四年(1535年),官府令匠人纳银代役,各府到苏杭等处寻找民间机匠领织,以完成各府额设岁造段匹。[181]3740 可见在嘉靖年间,南方一些地区的官营丝织逐渐衰落,而苏杭等地的民间机房则日益壮大,甚至承担起官府织造的任务,此消彼长,对比鲜明。

明初,建立起一套官府织造机构,并设立各级官员监督辨验,目的在于保证产品从染色、织纹到质料、尺寸都合乎规范。官府生产必然汇聚高手,不吝物料,"天时、地利、材美、工巧"悉备,以保证制作精良。从文献记录看,明代前期的官织丝绸也确实符合这个预期。嘉靖时,阁臣夏言曾上疏称,永乐年间所织的织金蟒龙和鸟兽段匹"颜色鲜明、金缕致密","非近年织造者可及"。[182]2132-2133 明末文人谈及书画装裱时,曾赞美宣德年间所织的绫,称其"佳者胜于宣和"[109]9。但随着官营手工业的衰退,越来越多的工役由民匠承担,尽管有工部和内臣监管,但并不能保证优良如初。且织造内臣多贪婪,以次充好、曲言欺上之事时有发生。万历末年,科臣曾上疏揭露内臣鲁保和机户王一卿勾结,称:"昔年段匹造之有司,即美者犹以为恶;近日专之盐监,即恶者亦以为美。散之夷人,哗然谓不堪用。"[122]9452-9453 因此,尽管明代中后期民间丝织业逐渐发达,花色繁多,品种丰富,却未必能带来丝绸品质的提升,也再难达到永宣的造作水平。

2.2.2　民间丝织作坊

　　明初,为了发展受战争破坏的农业和手工业生产,帝王推行重农抑商、轻徭薄赋的政策。经过一段时间的恢复,民间桑蚕业已有起色,江南出现了小规模的民间丝织作坊,徐一夔所描写"饶于财者,率居工以织"的杭州机房,仅有机杼四五张、工匠十数人,作坊主本人也从事生产,[183]3-4 这是家庭手工业扩大延伸的表现。成化、弘治时,民间织纴渐多,有的机户从一张织机起家,因织造甚精,备受欢迎,因此获利丰厚,最后竟能成有织机二十余张的丝织作坊主。[90]119 成化年间,曾有暹罗、安南的贡使通过"经纪""揽户"向南京机户私下揽织各色违禁华丽段匹,先签订合同,预支定银,待织造完成后收回成品。[184]卷四 这说明成化时民间机匠的技术已有较大提高,能织造类似官方外贸中的高档品。正德时,江宁县也已能生产各类织金妆花丝绸,且织造工致。[139]726

　　民间丝织业的发展与匠役制度分变化有密切关系,成化二十一年(1485年)起,各地允许轮班匠人纳银代役,[84]2569-2570 这是官府放松了对工匠人身控制一种表现,无疑对民间手工业的发展具有极大的推动作用。虽然服役的轮班匠减少,但官府的造作量并未削减,反而时时加派增织,人匠数量必然不足。官府便支用班匠银两,将部分用于赏赐的公用段匹转交民间机户织造。成化时,苏州已经有民间机户"领织"官府造作丝绸。[185]301 嘉靖时,苏杭机户领织的丝绸已经不限于本地造作,还有其他地方的官织任务。[181]3740 此时,拥有"织帛工及挽丝佣各数十人"的较大机坊也在织造中心城市出现。[186]76-77 在全面实施纳银免役的政策之后,官府对轮班匠人再无约束,大量自由工匠的存在促使民间丝织快速发展。万历时,部分御用段匹也由民间机户织造,定陵中出土了一件"大红长安竹潞绸",匹料一端有墨书题记,其中有"机户辛守太"字样,应是由山西潞泽地区的民间机户所织。隆庆、万历间,民间机坊产品在诸多禁限之下仍花样百变,名目繁多,"宋锦禁而汉锦出",并不忌惮官府的约束。[187]746

　　中国丝绸博物馆有一件深紫色团龙暗花缎头巾,出自江西九江荷叶墩康熙年间万黄氏墓中,头巾两端有织款,中间一行是"南京局造",循环四次,角上还织有"声远斋记""清水"印记,可能是当时官方委托民机代织的实例。织物出土于清初墓中,但由于墓主人为明代诰封恭人,而且南京局是明代的名称(清代已改为江宁),因此可知此缎为明末所织(图 2.8)。[35]276 "声远斋"

应为民间机坊的商号,"清水"则可能代表了所用质料的种类。离南京不远的苏州所生产的纻丝分为高下几类,其上品即名清水。[119]964

图 2.8　"南京局造"款暗花缎

明代机坊主要分布于江南,最先出现于都会城市,后蔓延到府县,再扩散至乡镇,富者雇人生产,贫者自挽自织,相沿成俗,[115]176 这是民间丝织业的普遍现象。崇祯时,湖州府双林镇的包头绉纱有各种面料、尺寸和加绉样式,图案则多达十几种,以迎合不同年龄和身份顾客的需要。[188]621 有趣的是,一些官员也兼营丝织业,双林镇曾出一位姚姓金事,专门经营包头绉纱,还新创了加重、加阔、加绉、放绉等品种,通名"姚本",[189]84 显然已经具有品牌的性质。类似的例子还有"倪绫",为双林镇倪姓人家所织,专用于装裱奏本,为了保密,其技艺传媳不传女,世代沿袭。到了清代,倪家某代无子,才将织法传给女儿,而倪绫之名仍广为流传。[190]564

明代民间织工擅长改进技术、按照需求灵活织造,这在官府生产中难以见到。明中期福建林洪改缎机为四层,织出的织物遂名改机。[153]349 明末江南一些机房可根据顾客需要定制特殊样式的段匹,如嘉兴织工用锦机改织绫,阔二尺,专用于装裱书画;南京所产的绫也可用于装潢,所惜花纹没有凹凸的肌理效果,须"经上加一丝织为妙"。[109]9 产自福州的怀素纱为薛怀南所创,以铁柱分综,故而"双映生云"。[154]156 林洪、薛怀南等人的生平事迹并不见于文献,但应是民间擅治机丝者,这些创造使得各地丝绸的分类更细致、产品面貌更丰富,是丝织科技进步的表现。

尽管明代中后期匠役制度有所松动,民间织造业得到较快发展,但随着万历时官府丝绸需求的增加，领织机户所受盘剥日重，工价不抵料银，生计难以维系。万历间，潞安府上供潞绸匹价二两五钱，官府仅发价八钱，甚至不足工食，文人粟金宪不由悲叹："杼轴安得而不空，地方安得而不敝哉！"[145]209-210 万历时，内臣孙隆对苏州征以重税，致使往来商旅渐稀，机户杼轴日减。万历二十九年(1601 年)，苏州机户因传言每张织机税银增至三钱，皆闭门罢织。[122]6741 然而机户与机工相依为命，"大户一日之机不织则束手，小户一日不就人织则腹枵"[191]53，生存之本皆毁于此，终于引发民变。此时苏州织工和染工都有数千人，民变体现了官府对民间手工业的干扰和破坏。万历三十一年(1603 年)，杭州也出现了督织内官将至，机户闻风逃窜的事件。[122]7229-7230 依照手工业的特点，机户织工唯不忧生计，才能有良品佳制，若人心惶恐，即便产量日增，却难有精品，这预示着民间丝织业的衰微。到崇祯时，领织机户工值之低几乎无法维持生存。[192]402

2.3　小　　　结

明代丝织业的发展呈现出四个大的趋势。首先，自然条件令丝绸产地趋于集中，主要分布在苏松杭嘉湖五府，城市为中心带动周边地区，形成大片以丝织为主业的乡镇，出现不少地方名品。其次，由于织造技术的提高、棉织物的竞争和源于上层的奢侈风气日盛，中期之后的丝绸向高档化、精巧化发展，织金、妆花的华丽织物增多。再次，官营织造规模不断收缩，不善织造之地可折银代替岁造，轮班匠逐步纳银代役，工匠获得了更大的自由，为民间织造的发展创造了条件。最后，丝绸不仅是高档的服装面料，还是实物货币，在帝王赏赐、朝贡贸易中不可或缺。随着帝王用度靡费、宗族人口扩大、海外需求增加等，加派增织现象渐多，给官民丝织业带来沉重的负担，不但直接影响了丝绸的品质，还阻碍了民间织造的发展。

第3章 著名品种

概况

明代丝织技术随时代发展,织机不断改进,丝绸品种有所增加,分类更加细化。由于民间丝织业繁荣,地方性丝织品种频繁出现,且风行一时,这是明代丝绸的一个重要特点。然而时至今日,对于明代丝绸品种的划分原则,学界并未形成统一的标准。定陵考古报告将出土纺织品分为"妆花、缎、织金、锦、纻丝、纱、罗、绫、绸、绢、改机、绒、布"十三类,[2]44 其中妆花、织金可见于多类丝绸品种,属于装饰手段,其余的十一类却又按照织物组织和材料来划分,标准并不一致。另外,一些纺织科技史著作主要关注织物组织结构,忽视了丝绸品种在古代的用途和文化意义。今人所依据的纺织学分类标准科学而严谨,但未必能上溯延用于古代。唯有将研究对象还原到历史环境中,才能更好地梳理其发展演变的轨迹,并解说现象背后的原因。

丝绸质料的厚薄疏密主要由织物组织决定,因此对古代丝绸品种进行分类,标准应为织物的地组织。绝大部分丝绸是实用物,质料不仅关系着用途,也体现了等级。缎的光滑、纱的轻薄、绒的暄暖,各有所长,适应四时气候。帝王赏赐的段匹、衣服,依据不同身份,质料高下有差,其等级含义不言自明。

明代丝绸中,纻丝、绫、罗的等级较高,绸、绢的等级较低。立国之初,官府对平民使用丝绸的规定从宽松走向严苛,洪武元年(1368 年),士庶妻衣服可用纻丝、绫、罗、绸、绢,[108]525 而洪武三年(1370 年)规定有变,庶民男女衣服不许使用锦绮、纻丝、绫、罗,许用绸、绢。① 洪武十四年(1381 年)又定,农民之家中若有一人从商,全家不许用绸、纱,只可穿绢、布。[84]1070-1071 除了

---

① 《明太祖实录》卷三〇《洪武元年二月壬子》中记录了这条规定,《皇明泳化续编》卷一五《冠服》对此规定的记载时间与《明太祖实录》相同,但万历《大明会典》卷六一《冠服二·士庶妻冠服》却记为"洪武三年",与同卷中出现的"洪武三年定,士庶男女衣服并不得僭用金绣、锦绮、纻丝、绫罗"的内容相悖。王熹在《明代服饰研究》(224~225 页)中将其作为存疑备考。相比《明实录》,万历《大明会典》修成较晚,内容转摘可能有个别讹误之处。本书依照《明太祖实录》的记载,将此规条令视为洪武元年二月所定。

衣服之外,官民使用帐幔的标准也不同,洪武元年(1368 年)时,职官帐幔皆用纱、罗,庶民用纱、绢。洪武三年(1371 年)改定,一品至五品官员用绫、罗、纱,被褥用纻丝、锦绣;六品至九品许用纱、绢,被褥用绫、罗、绸、绢;庶民则只许用绸、绢、布。[84]1075 比较前后变化,可以发现官府在刻意拉开丝绸品种的使用权限,以舆服面料作为身份的标识,因此,讨论丝绸品种的发展变化,必然也要联系生产比例和使用情况。本章中,仅以织物的地组织形式作为分类标准,第 4 章则专门讨论丝绸的装饰手段。

3.1 纻丝与缎

明代的纻丝属于五枚缎组织的丝织物,因表面浮线较长,故而较其他丝织品种更为光亮,其织造技术在元代已经成熟。"纻丝"与"缎"的概念在学界长期没有清晰的划分,这里先梳理一下二者的异同。万历《大明会典》记载的官府岁造纻丝、纱、罗、绫、绢共计 35 436 匹,并没有出现缎。[84]2706 清人汪日桢曾说:"纻丝俗名'段',因造'缎'字。"[189]84 据此,研究者多认为"纻丝"等同于"段",但这个看法恐怕过于简单,因为在一些文献中,二者并存。洪武本与永乐本《碎金》中都将纻丝与段子并列,可以推断,在明初,它们是两种不同的织物(表 3.1)。《成化杭州府志》记录的丝织物种类里,既有"段",也有"纻丝"。[193]261 明末清初文人王誉昌曾在崇祯宫词的注解中将"纻靴"与"缎靴"并举,可见即使在明末宫廷中,二者也并不相同。[101]95-96

表 3.1 洪武本与永乐本《碎金》中的织物品种对比

书名 品种	洪武本《碎金·彩帛篇第十八》	永乐本《碎金·彩帛篇第十七》
锦绮	川锦、草锦	
匹段	鲛绡、隔织、木锦、縠子、纺丝、剋丝、圈泉、鹿胎、透背、毛段、纴丝、段子、丝绸、绵绸	纳石失、青赤间丝、浑金搭子、通袖、膝襕、六花、四花、缠项金段子、暗花、细发、斜纹、衲夹、串素纻丝、毯子、紫绒、兜罗绵、斜褐、剪绒、段子、绒锦、草锦、剋丝作、縠子、隔织、剋丝
罗	番罗、素罗、定罗、春罗、梅花、瓜子、象眼、椎罗	御罗、嵌花罗、番罗、素罗、三梭罗
纱	暗花、直纱、三法、金条、莲花、四紧、撺纱、天净	密娥纱、夹渠纱、观音纱、银绿纱、鱼水纱、三法纱、金纱、花纱、绒纱、挑纱、土纱

续表

书名 品种	洪武本《碎金·彩帛篇第十八》	永乐本《碎金·彩帛篇第十七》
绫	大花、万字、柿蒂、水波、鹘眼、蛇皮、叠胜、大床、交梭	大绫、小绫
绢	赵村、德清、光州、吉绢、昇绢、川黄花绢、唐绢、幡绢、桃皮、生槌	南绢、北绢
紬	水紬、家机、双览	攒丝紬、乱丝紬、绵紬、水紬
布	吉贝、虔布、茧布、麻布、蕉布、葛布、苎布、黄草、蒸纱、兼丝、单穿、诸暨、□洲、吉阳、将乐、番布、碁子、白叠、纻綀、絺绤	毽丝布、铁力布、葛布、蕉布、竹丝布、生苎布、熟苎布、木棉布、番绵布、土麻布、碁布、草布

造成纻丝与缎混淆的原因之一是纻丝与缎的组织结构相似。纻丝为五枚缎组织，与明代的缎类相同，所用织机与织法皆类同，因此容易被认为是同一种丝织物，但其实二者所用原料略有差异。定陵段匹中腰封墨书注明为纻丝的有 11 匹，均花纹细小，幅宽内排列 36 组图案，题材为龙或凤，厚实挺括，保存较好，专家对织物组织分析后认为经线加强捻，纬线较粗。[2]73-74 参与鉴定的陈娟娟经过仔细观察后，认为纻丝应为丝麻混合纤维所织。[36]233 除了纻丝，定陵仍有大量缎类织物，出土的残存腰封墨书却并没有“缎”，尽管有些袍料被鉴定为缎组织，腰封上却注为“紬绢”，原因不得而知，考古报告遂将纻丝和缎并列。北京艺术博物馆收藏的明代大藏经的丝绸经面中，有 5 件为纻丝，花纹边界不太整齐，研究人员也认为属于丝麻混合纤维的织物，[28]52 其经线同样经过强捻，地纬为三股并用，明显较粗，与定陵纻丝组织特点吻合（图 3.1）。[28]259 这几件纻丝题材为龙或凤，图案纤小，其龙纹与定陵“W121 黄织金细龙纻丝”图案极为相似（图 3.2）。明代仍称麻为“苎”，《康熙字典》释“苎”云：“又通作纻”[194]1141。纻丝之名宋代已见，从名称看，容易令人联想到丝麻混合纤维织物。由于丝麻混纺比较挺括，缎组织的浮线较长，因此纻丝表面光整，常用于制作礼服、诰命等。明代也有五枚缎组织的纯蚕丝织物，略薄，质地更为柔软，《成化杭州府志》中所记的“段”就属此类。记录嘉靖时严府抄没物品的《天水冰山录》中，有“段”而无“纻丝”，似乎很可疑，必须考虑的一个因素是，此书经清人重抄，可能有缺漏，也可能一些品种被更改为清代常用称谓。

图 3.1　绿地织金细龙纻丝局部　　　　图 3.2　定陵黄织金细龙纻丝局部

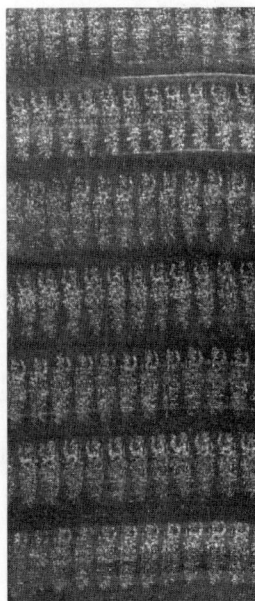

　　纻丝与缎概念不清的原因之二是"段"字使用的演变。明代官修史书、典籍中只有"纻丝","段"仅作为量词,并不代表织物种类,而民间则常用"段"指代缎类织物。《正德江宁县志》记载:"纻丝俗称为段子,有花纹,有光素,有金缕彩妆,制极精致。"[139]726《崇祯吴县志》中记录有纻丝的种类,有清水、帽段、倒挽、丈八头,另外有一种"彭段","即纻丝之类,充袍服诸用"。[195]799-800 可见由于纻丝与普通缎类织物的外观相似、织法相同,民间往往将二者混为一谈。嘉靖五年(1526 年),工科左给事中张嵩上疏劝阻陕西织造羊绒时,将其与苏杭"纻段"相比,称纻段"切于用",而羊绒则"固可缓",[196]468 似乎"段"已成一个丝织品种,而"纻段"为其中一类。明代文集和笔记小说中,偶见"缎"字,但用法都与表示数量的"段"相同。(明代史料的清刊本、抄本中有较多"缎",应是清人据当时使用习惯改动所致。)初刊于崇祯十年(1637 年)的《天工开物》则把"缎"明确作为一个丝织品种,将其解释为"先染丝而后织"的织物,未作更多解说,而这时明代已行将结束。

　　综上所述,纻丝是明代官方的称呼,指含麻纤维的高档缎组织丝织物,然而因为其外观与一般缎类丝织物较为相似,民间统称二者为"段子"。明末"缎"字出现,专指缎类丝织物。

今见纻丝实物还有官诰,明代的诰命以五色纻丝制成,前端织"奉天诰命"字样,以升降龙纹左右盘绕。[84]2708 西藏博物馆藏有多件的册封诰书,从永乐十一年(1413年)、成化五年(1469年)、嘉靖四十一年(1562年)的三件看,与万历《大明会典》规定的样式一致,五色纻丝的质料致密挺括,但颜色并非如其他缎类丝织物一般均匀,而是呈现出丝缕深浅不一的效果,这或许与丝麻纤维呈色不匀有关(图3.3~图3.5)。由定陵纻丝实物来看,官府应一直保留着丝麻混合纤维的传统,然而织造数量并不大。

图3.3　永乐十一年(1413年)诰命局部

图3.4　成化五年(1469年)诰命局部

图3.5　嘉靖四十一年(1562年)诰命局部

纻丝厚实,常做冬衣面料,宫廷自十月初四,至次年三月初三穿纻丝衣服。而在隆重的婚庆典礼场合,即使是夏秋季节,也要穿纻丝,[92]166 可见其档次高于其他丝织物。南昌弘治间宁靖王夫人吴氏墓出土了一件大衫,虽素面,却是命妇礼服,则其"素缎"的面料即应为纻丝。[197] 官府对纻丝的使用一直有严格限制,洪武时便禁止庶民男女使用。正德元年(1505年),又规定僧道、隶卒、下贱之人不许使用纻丝。[84]1070 明代中期之前,民间对官府的规定遵从得较好,然而成化之后,风气渐奢,民间争相服用高档丝绸,嘉靖间有文人曾慨叹世风之变:"旧时妆饰多朴素,今皆珠翠锦绣矣……旧时生儒不戴巾,今则皂隶帽皆纻丝矣。"[198]60

明代缎类织物基本是五枚缎,明末出现了八枚缎,表面更为光亮。[36]227 明缎有很多种类,按装饰手法,可分为素缎、暗花缎、二色缎、织金缎、妆花缎、闪色缎。素缎为单色,光素无纹,最能体现缎组织的光滑平整,但对丝线要求甚高,多额或粗细不匀的丝线形成的瑕疵体现得最为明显。明代素缎的数量较多,出土物中可见素缎长袍、褶裙、头巾等,因其视觉效果单一,故时见与提花织物拼接使用。暗花缎即本色提花缎,以经面缎和纬面缎互为花地而呈现出隐约的花纹效果,是明代缎类织物中最常见的一种,数量极多,使用最广。二色缎也称花缎,是纬二重提花缎织物,纬线分为两组,地纬与经线同色,纹纬为另一色,织成花地异色的醒目效果(图 3.6)。织金缎是织入金线的五枚缎织物,以片金线显花,或以捻金线满地织金,仅留暗纹,效果华丽热烈。片金线与红、蓝、绿等饱和度高的颜色搭配,显金效果最佳(图 3.7)。妆花缎是以小梭盘织的方法织出彩色图案的缎织物,其纬线有两类,一类是地纬,另一类是各种彩线、金银线组成的彩纬,因此妆花织物显花部分较厚,背面常有浮起的彩线。妆花缎是明代缎类中最为热烈华美的一种,其色彩极其丰富,多的能达到十余种,突破了通梭织物的色彩限制,最能体现明代丝绸的装饰特点(图 3.8)。闪缎是经纬异色的缎织物,是通过采用对比强烈的异色经纬来取得的。其经纬的色彩对比,主要表现在色相和明度的对比上。[67]22 由于经线或纬线浮点未能被完全遮盖,在不同方向看去,匹料会呈现出双色错杂闪动的效果,常见的闪色搭配有红闪绿、黄闪紫等。

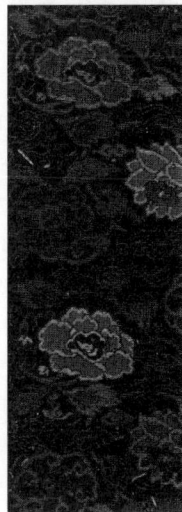

图 3.6　大红地缠枝莲
　　　　两色缎

图 3.7　大红地桃实
　　　　纹织金缎

图 3.8　蓝地缠枝花卉
　　　　妆花缎

3.2　潞　　绸

绸是明代民间普及的丝织物,庶民与卑贱人等不许使用高档丝绸,但可服绸绢,可见从质料上来说,绸属于低档丝绸。[84]1070《说文解字》释"绸"为"大丝缯也",说明它较粗厚。[199]648明代文献有时可见"䌷"字,长久以来,学界将"䌷"视为"绸"的通假字,或认为明代的"䌷"在清代改写为"绸"。但在一些地方志中,䌷与绸同列,说明二者仍然有区别。《正德漳州府志·物产》援引《闽中记》的说法,认为福建桑叶薄,蚕丝多颣,用以织绝䌷,另有一种用茧壳缲丝织成,称为绸。[200]612《嘉靖惠安县志》在记述当地所产"土绸"时提到,生产绫、段、䌷、绢之类丝织物,须将蚕茧经过清水澡濯使其洁白,之后"絪缊为绵",再"细绎其绵"才可织造。但当地的土蚕茧薄,缲出的单根丝线较短,致使丝线接头多、欠匀净,"只可为粗绸尔"。[130]126从这两则材料中可以看到,明代福建对䌷和绸的区分是很明显的,绸比䌷更加粗糙,为土蚕丝所织。清人倪涛也认为,䌷是专指丝织的用字,由"䌷绎"之意而来,不应以"绸缪"之绸字代替。[201]621既有此说,就必然已有二字混用的情况在先。明末民间或已将䌷和绸混用,到了清代,基本统一为绸,两类丝织物因皆属于较粗的类别,也就不再区分。

绸为低档丝绸,对蚕丝要求不高,南北方皆有生产,因其地域不同各有名称,如云绸、潮绸、潞绸等,其中产于潞泽的潞绸最为著名。潞绸始织于明初,元末明初的杂剧作家贾仲明在《李素兰风月玉壶春》中便描写了一位贩卖三十车羊绒、潞绸到嘉兴的山西平阳商人,[202]6527可见潞绸在明初时已经大量生产,并且输入浙江地区,足见其声名之盛。

作为明代北方丝绸的代表,潞绸被赞誉为"机杼斗巧,织作纯丽,衣被天下"。[203]830绸"士庶皆得为衣",因而行销各方,河北宣府(今宣化)还出现了专营潞绸的店铺。[204]224甚至在东南沿海,潞绸与"苏段""杭货""福机"比肩而售,广受欢迎。[205]857潞绸在民间颇负盛名,官府也将其作为上供之物,时常降旨坐派以供应上用,还被用于和外夷番邦之间的贸易。[145]42曾任刑部侍郎的吕坤历数了万历十八年(1590年)之前的四次坐派,共向潞安府派织潞绸一万五千匹。[177]4501-4502《天水冰山录》中列有41件潞绸,大部分为织金妆花的名贵段匹,图案有云蟒、麒麟、仙鹤、锦鸡等,皆属上层的华异服色,显然是官府定制的袍料。这类织成袍料技术十分复杂,不仅需要挑花结本,还需要大花楼织机进行生产,因此官府定制提高了潞绸的品质,将"庶民衣料"

升格为帝王华服。定陵的一匹绸,腰封墨书题记为"大红闪真紫细花潞绸",匹料一端的墨书又有应为明代著名的闪色织物,但因年久褪色,这匹潞绸呈赭红颜色。其图案由折枝形态的竹叶和梅花组成,是明代丝绸图案中较为疏朗优雅的一类,腰封墨书仅称其纹样为"细花",并未详解,专家便以五代十样锦中的"长安竹"为之命名(图 3.9)。墨书绸"长五丈六尺,阔二尺二寸五分",实测则匹长 20.67 米,幅宽 0.845 米,较定陵中其他段匹更宽更长。[2]44-249《明食货志·上供采造》中记录了万历初潞绸长度的改变,由旧制的三丈五尺,改为四丈二尺,或许万历末年又有增加,成为墨书中的五丈六尺。[172]卷一一

　　故宫博物院收藏着数件明代潞绸,其中一件亦为长安竹纹样,不仅有竹叶、梅花,还添加了月季花和八宝,图案更具几何化倾向,艺术水平显然不及定陵的出土物(图 3.10)。故宫还藏有"木红地桃寿纹潞绸"(图 3.11)及"流云纹潞绸",为花地异色,与长安竹类似,另有一类则为本色提花的暗花织物,如"香黄地桃榴纹暗花潞绸""木红地折枝玉兰花纹潞绸"等。定陵中所出的绸类经纬线都为弱捻,地纹组织结构有平纹和三、四枚斜纹,织造较为紧密,因表层浮线较短而无明显光泽,潞绸也有相同的特征。从外观上看,潞绸的质料厚实,组织致密,结实耐用,适合在寒凉的北方使用,而明代气候转冷,又成为潞绸广泛行销于南方的契机,因此在晋商转运南北的货品中,潞绸总是份额极大的一宗。《金瓶梅词话》中描写了大量女眷所穿的潞绸裙

图 3.9　长安竹潞绸　　　　图 3.10　长安竹潞绸　　　　图 3.11　木红地桃寿
　　　摹绘图　　　　　　　　　　　　　　　　　　　　　　纹潞绸

服,有"丁香色潞䌷雁衔芦花样对衿袄儿""沙绿潞䌷裙""蓝潞䌷绵裤""青潞䌷纳脸小履鞋"等,还有整匹的"鹦哥绿潞䌷",可见在万历时,民间使用潞䌷相当普遍。潞䌷名气之盛、行销之畅,还招致效仿,万历时,福建漳州府就生产"土潞绸",外观与真潞䌷十分相似,但不及真品厚实致密。[160]1833-1834

万历年间的频繁加派和明末战乱破坏了潞䌷的生产,潞安府机户大半逃亡,所存无几。清初,潞安府虽然恢复了织造,然而当地官员对潞䌷评价并不高,认为其"䌷匹粗硬",无论是质地,还是花色,都无法和江南绫缎相提并论。[142]215 显然,潞䌷在生产和艺术上的盛期已经过去。

3.3　改　　机

改机出现在明代中期,文献中时常可见其名称,却缺乏详备的解释,又无确切的实物可对证,曾引发学界长期的关注与讨论。现今所知的文献中对改机解释最为清楚的是《万历福州府志·物产》:"改机,故用五层。明弘治间,有林洪者,工杼轴,谓吴中多重锦,闽织不逮,遂改段机为四层,故名改机。"[153]349 研究者对改机的推断多从这短短几十字中得来。学界目前的看法主要有三种,其一称改机为双层锦,其二称其为多彩的缎类,其三认为改机是用缎机织出的平纹、斜纹或二者的变化组织。[206]从《天水冰山录》所列的改机段匹来看,有一部分是单色织物,如"大红改机六匹""青素云改机一十九匹""绿云素改机一十三匹""蓝云改机三匹"等。这就说明,改机至少不是多彩的锦类,也不是多彩的缎类,因此前两种说法并非真解。

其实,在学界较少留意的方志中,早有对改机的解释。《正德福州府志·物产》罗列了福州所产的丝织物品种,其中注"改机"为"䌷类,有双熟,经面,生丝之品。"[157]212 结合《万历福州府志》的解释,基本可以认定,改机和䌷的组织结构相同。江西南城的明代郡王墓中出土了一份纸质墨书的敛衣清单,其中有"绿六云改机䌷衬摆一件",遗憾的是这件改机实物并未保存下来。[207]不过,"改机䌷"之名证实了改机属于䌷的一类,它之所以不完全等同于䌷,显然是因为并非用䌷机所织,而使用其他经过改进之后的织机生产的。持第三种看法的纺织史研究者认为,林洪"改段机为四层"是指将五片棕片的缎机改造为四片棕片,织出的是平纹、斜纹或二者的变化组织,这种组织形式与䌷相同,但因以缎箔织造,经线密度高于一般的䌷,故名改机。[206]这个结论与《正德福州府志》的记录和南城墨书清单上的名称能够对应,对其组织结构的分析是可信的。但此说并不能很好地解释"吴中多重锦,闽织不逮"与林洪改织之间的关系。

南城墨书清单中的"改机绸"是明代民间对改机的叫法,在一些官方文献中也能见到这个名字。嘉靖时,倭寇进犯福州,劫掠库银数万两及改机绸数百匹。[181]7729 天启初,大臣周起元曾上奏疏,恳请减少应天、苏松等地织造只孙纻丝、通袖膝襕、改机绸的数量。[208]277 对于改机绸,弘治时的文人宋诩已有过简单的解释,称"改机绸,即线绸",属于"丝重之帛"[209]53,但未详述织法。清人汪日桢援引康熙间的《仙潭文献》,将线绸解释为"绞丝成缕而织",这种织物"裁为衣衾,可数十年不敝"。[189]82 康乾间的农学家杨屾曾亲见线绸的织法,叙述也最为清楚:"以二丝相合,上纺车成线,织成坚重线绸"[210]131,坚重二字,最能体现这种织物结实耐用的特点。可见,改机绸其实就是双丝合绞成线而后织成的绸类,因质地厚实致密,十分坚牢耐用,是乘舆、军备的常用物料。嘉靖时,工部曾大规模补造年久损坏军器,其中明铁铠甲皆由纻丝绦和改机绸绦系缚。[211]372

学界对改机的误解多半因为《万历福州府志》所记"吴中多重锦,闽织不逮",认为林洪模仿重锦的花色效果。重锦为多重经纬组织的丝织物,不仅花色繁丽,且质地厚重密实,因其织造极其复杂耗时,故不常制为实用品,多见于佛像、书画挂轴等形式。明代中期,比重锦更流行的是华丽多彩的妆花织物,其适用性更强,多制为衣物。如果仅为追摹重锦纹彩,仅将缎机稍做改造,并不能达到花色繁多的效果,林洪要实现的,是在最常见的缎机上织出厚实质料,以弥补福建丝绸轻薄不经用的缺陷。因此他改进缎机,绞丝成线来织造线绸,从而获得一种既如重锦般结实耐用、织造上又省时节力的新品种。

学界对改机出现于弘治间并未有过异议,然而在《明实录》中,却有对于改机的更早记录。英宗复辟之初,循例大赦天下,减免造作,将景泰七年(1456 年)未完成的额办、岁造、追陪、坐派等织造任务悉数免除,其中就包括坐派的改机。[143]5802 天顺元年(1457 年)六月,英宗再次下旨将苏、松、杭三府和浙江等省织造"纻丝、纱、罗、绫、改机、绸"的任务减去三分之一。[143]6004-6005 这说明至少在景泰年间,"改机"之名已经在官方行用,并且成为官府派造的常见品种,而改机在民间的出现应该更早。

改机也有花、素、织金、妆花、闪色等多种,《天水冰山录》所记的改机袍缎中,就有各种华异纹彩,如"大红织金孔雀补改机""闪色织金麒麟云改机"等。明代中期,江南民间也生产改机,广为使用。正德时,南京地区不仅有织改机的机户,还出现了专售改机的店铺。[139]723 既然改机属于绸类,且在官、在民都不鲜见,那么现存的明代丝织物中,应有一些属于改机,但因其组织结构与绸相同,被归入绸类的可能性较大。

3.4　羊绒、倭缎与天鹅绒

明代称为"绒"的织物有两类,一种是产自陕西的羊绒,一种是出自福建的漳绒,尽管二者在出现时间、原料、工艺、质地、风格上有很大差别,却都与文化交流有着较为密切的关系。

洪武年间,撒马尔罕(在今乌兹别克斯坦境内,连接着中国、波斯和印度,是古代中亚地区重要的城市)进贡了六匹绒,同时还有梭幅九匹、撒哈剌二匹,后两者都是毛织物,因此这六匹绒应该也是羊绒或驼绒为原料织成的。[108]3187 明成祖在靖难之役中,就穿过一件"素红绒袍"[212]80-81,其后的永乐年间,陕西省曾奉命织驼褐,[172]卷一一说明西北的毛织业较为先进,成祖所穿绒袍或许就出自那里。明代的织造,南方以苏杭为中心,出产各种纻丝纱罗,北方以陕西为中心,擅织羊绒。《天工开物·褐毡》曾提到明代的羊绒织造,最好的羊绒原料出自山羊,而非绵羊。山羊在唐代由西域传至临洮,明代,兰州养殖山羊最多,其绒被称为兰绒,番语称其为孤古绒,或姑姑绒。山羊最为精细的氄绒须以指甲拔下,称为拔绒,用这种绒打线织成绒褐,"揩面如丝帛滑腻",分外柔软精致。然而这种高档绒褐织造起来极为耗时,"费半载工夫,方成匹帛之料"。据宋应星的记录,织造绒褐的织机也从西域传来,即便到了明代,西北的绒褐织工仍是番夷后代。[102]107 尽管宋应星并没有细述织造过程和使用的材料,但从明代各类文献的记载看,这种高档羊绒应该是种丝毛混纺织物,是毛布的一种。

弘治初年,陕西、甘肃两地奉旨织造"彩妆绒褐",彩妆即妆花,是以局部挖梭的方式织造多彩图案的装饰手法,常见于高档丝绸。为了织造彩妆绒褐,陕西诸司"往南京转雇巧匠,科买湖丝,又于城中创造织房"。[147]1162 可见在此之前,陕西并没有大规模生产过妆花织物,不具备匠作条件,也没有织造作坊。而湖丝的使用,说明这种绒褐并非纯粹的毛织物,而是丝毛混纺的段匹。因为这条史料仅讲到湖丝,未提及羊绒,有研究者据此认为,绒褐可能是纯以蚕丝织成的起绒丝织物。假设如此,当地既无织造传统,匠役物料又全来自异乡,可谓舍近求远,大费周折。其实,在陕西生产,主要是利用临洮、兰州所产的优质羊绒,在《明实录》和不少官员奏疏中都可见到绒段织造事例,采办原料不外乎蚕丝和羊绒。[148]148

织造羊绒极为费力,以官府巧匠,历时十月,仅成二十匹,[147]2974 这与宋应星所记吻合。所用绒料应为羊绒之细毳,织成的羊绒匹料有织金妆花的富丽装饰,又如丝缎般莹洁多彩。万历时,羊绒袍料的装饰更加丰富,有盘梭、改妆、剜样、暗花等,由于花样硕大,需要使用大花楼织机,二机合织,再拼合成完整袍料,历时八月有余,方成一袍。[122]6733 明代羊绒织物的发展显然受到了丝绸装饰的影响,由原本的素面织物,衍变出暗花、织金、妆花等效果,不再是原本为"贱人所服"的绒褐,俨然成为高档面料。

明代羊绒织物的迅速发展与气候转冷或许有一定关系,绒织物保暖性好,轻便舒适,比棉衣美观时尚,自然成为冬季的理想衣料。然而,织造绒袍所需的原料、工匠分别来自不同地区,且织造工艺复杂,因此价格高昂,占有者主要是帝王亲贵。《天水冰山录》记录了三种绒类织物,有一种是非特指的绒类,数量占九成以上,如"大红织金蟒绒""青织金妆花仙鹤补绒",它们的色彩极丰富,除了常见的大红、青、绿、蓝、紫,还有油绿、墨绿、茶褐、鼠色、藕、栗、沉香、芦花等色。从各类文献的记录来看,明代绒类中最常见的是羊绒,那么这些泛称的绒织物应该就是羊绒。西北民间也生产羊绒,并销往南北各地,明初杂剧中就出现了贩卖羊绒、潞绸到嘉兴府的山西商人。[202]5627 万历时的制墨名工方于鲁,因追慕风尚,竟在暮春穿着新赶制的兰州绒袍,矜庄作态,被同乡汪道昆作诗戏谑为"寻常一样方于鲁,才著毛衫便不同"。[91]671

《天水冰山录》所记的另外两种绒织物,是剪绒和天鹅绒,都属于起绒丝织物,与羊绒类的"毛布"完全不同。起绒丝织物是将细金属丝作假纬织入段匹,织完后把假纬抽出,织物表面形成一层经线绒圈,若将绒圈割开,则绒毛竖立,形成绒面质感。马王堆汉墓出土的绒圈锦是早期起绒丝织物的代表,已经使用了假纬起绒,但绒圈并未剪开;元代的"怯绵里"即剪绒,[213]1938 是绒圈割开形成的起绒丝织物。成化时,杭州的丝绸产品中已有剪绒,应该是无花纹的单色素绒。[193]261 日本学界有人认为,中国起绒丝织物的技术由日本传入,根据的主要是《天工开物·倭缎》所记的一则内容,称倭缎织法来自东夷,所用之丝来自蜀地,漳、泉二府皆产,先染丝织造,再刮光。倭缎是明代朝贡互市时的商品,北方少数民族对此物颇为喜爱。然而宋应星对之评价为"最易朽污",不耐使用,因此"将来为弃物,织法可不传"。[102]38 国内有研究者指出,宋应星所记内容有误,倭缎为"毛缎"之讹,是"缎地上起绒花"的丝织物,并非由日本传入。[57]356-357 从宋应星所记的织造方法上,可以推断这是种起绒织物,而其名又有"缎"字,因此"缎地上起绒花"的判断应是正确的。成书于天顺五年的《大明一统赋》的"布帛"类中便记载了"剪绒纻丝"[214]40，从名字来看正符合缎地起绒花的样式。《天水冰山录》中所记的45件剪绒织物中，有28件都归入"段"类，被视作缎类织物，包括"大红剪绒段七匹""青剪绒段一十五匹""绿剪绒段四匹""沉香剪绒段二匹"，这些匹料应该也属于缎地绒花的单色绒，呈现出地亮花暗、图案起绒的立体装饰效果。此书的"绒"类中，有"青素剪绒一十六匹"，"绒衣"中有"红剪绒獬豸女披风一件"，应是缀有獬豸补子的单色剪绒衣。可见，嘉靖时的剪绒多为单色，其装饰远不如羊绒袍料的花色繁多。隆庆时，穆宗遣内臣往苏杭织造各色剪绒等匹料，颜色有柘黄、大红、桃红、鹦哥绿、翠蓝、青玄色、白、紫、玉色、鹅黄。[215]1747-1748 苏州虎丘王锡爵墓出土的黑素绒忠静冠是一件素面剪绒实物，织地为平纹组织，绒毛高约 1.5 毫米，挺拔整齐，排布致密，足以见证万历时起绒织物的造作之精良（图 3.12）。明末苏州物产的"冠履之属"中就列有"绒帽"，产量应该不小。[195]801 由上述材料可知，最晚自天顺时起，剪绒织物的生产就有了一定规模，多为单色，在缎地上起绒花，或遍地剪绒，嘉靖万历年间普及开来，织绒技术已相当成熟，可制作袍服、绒帽等。

图 3.12 黑素绒忠静冠

天鹅绒也是起绒织物的一种，是明代丝绸中极富特色的品种，清人描述这种织物时称其"浅文深理"[216]137，可见是织有花纹的，且绒毛较长。天鹅绒原本是白天鹅的纤细羽氄，因其"不浴而白"[217]1142，轻柔暄暖，故而用来织成匹料裁衣，这种绒料亦称天鹅绒。《天水冰山录》所记的起绒织物中，仅有一件"天鹅绒头围"[104]179，可见，嘉靖时，此物应该还十分罕见。天鹅绒的起源一直扑朔迷离，《正德漳州府志》的物产中尚无起绒织物，而成书于万历四十一年（1613 年）的《万历漳州府志》已经将天鹅绒列在丝织品首位，并认为其传自外国，但未说来自何处。[160]1833-1834 其实，中国也织造过真正的天鹅绒，万历十一年（1583 年），科臣弹劾南京刑部尚书殷正茂，历数其罪，其一为"令属邑网取天鹅，织造绒段"以贿赂阁臣，致使庶民因涉险捕捉天鹅"死者不下数百人"，却仅织天鹅绒数十匹。[218]653 但这种做法显然并非常例，因产量极低，又仅在上层使用，对民间并没有产生影响。万历二十五年（1597 年）的朝鲜倭乱中，说客沈惟敬为掩饰出使任务失败的窘境，从日本买回一批"方物"，谎称为丰臣秀吉相赠,其中就有天鹅绒。抵京进献时,遭到群臣哂责,谓天鹅绒"出自南番",是中国人贩卖到日本的货物,沈惟敬以此充当礼物,贻笑于人。[219]90-91 南番诸国皆与明政府有朝贡贸易往来,天鹅绒有可能作为贡物进入中国,收入府库,或用于宫廷,或赏赐臣僚,占有者总是上层,朝臣对其较为熟悉,民间却难得一见,沈惟敬才误以为是日本物产。

　　以羽毳织成的天鹅绒应该是种毛布,其绒丝细柔,质料轻暖,颇得权贵爱重,但需要耗费大量天鹅羽绒,而天鹅难以大规模捕捉,因此天鹅绒的产量绝不会高,也就显得异常珍贵。明末清初的文人屈大均曾记,粤人模仿夷人技艺,以土鹅绒或蚕丝代替天鹅绒,仿制天鹅绒段料,价格较低,产量应该也大有提高。[220]427 万历二十八年(1600 年),广东生产的天鹅绒开始作为当地土产被征税,可见其生产已具备一定规模。[221]卷二六 漳州织工纯以丝线代替鹅绒,用假纬织出绒圈,再割开绒圈形成长绒毛,仿天鹅绒的质感,工艺甚为精巧。[160]1833 泉州亦织天鹅绒,但品质略逊于漳州。[161]268 东南地区起绒丝织物的快速发展,使得原本昂贵稀少的天鹅绒渐为世人熟知。万历初,张居正寿辰之时,有岭南官员送来寿幛贺轴,为双色天鹅绒织成,青地朱字,当时颇为罕见,但到了万历末年,已成寻常物,[91]316 可见天鹅绒的大量生产和普及主要在万历年间。

　　天鹅绒因起绒较长,保暖性能良好,常作为秋冬季的冠帽袍服,明末宫廷中即用天鹅绒制成冬帽。[92]172 定陵出土了三件绒织物,一件为蓝色单面绒方领女夹衣(图 3.13),另两件为双面绒衣,分别是黄双面绒绣龙方补方领女夹衣(图 3.14)、红双面绒绣龙凤方补方领女夹衣。双面绒衣正反皆起绒,绒毛长 5 毫米,质料厚实,御寒功效堪比棉衣。这些绒衣均为单色无纹起绒织物,应当就是天鹅绒,其上龙凤图案均为绣制而成。日本京都博物馆收藏有两件明代天鹅绒织物,分别为黄色和灰色的无纹绒料,起绒颇长,观之如动物皮毛(图 3.15、图 3.16)。就工艺来说,天鹅绒与剪绒基本相同,然而却被视为两种不同织物,在《增补易知杂字全书·系帛门》中被并列举出[222]卷一,应该是由于天鹅绒起绒较长,二者外观差异较大的缘故。

图 3.13　蓝色单面绒方领女夹衣

图 3.14　黄双面绒绣龙方补方领女夹衣

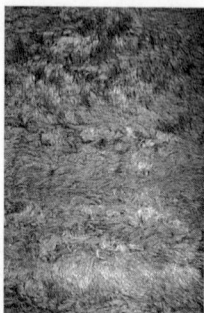

图 3.15 黄色无纹天鹅绒

图 3.16 灰色无纹天鹅绒

明代早中期,通过朝贡贸易进入日本的多为织金丝织物,包括纻丝、锦、纱、罗等,并未见起绒织物,保存在京都博物馆的这些起绒织物应是隆庆解除海禁之后由贩运至日本的。崇祯十六年(1643 年),由中国商船输入日本的货物中有不少织金丝绸,其中包括"金缟天鹅绒",由此可知天鹅绒也有织金装饰的一类(表 3.2)。中国输出日本的除了丝绸,还有大量生丝,显然,日本即使拥有了织造起绒织物的原料,也仍然不会织造天鹅绒,否则就不会从中国高价购买。从京都博物馆收藏的明代天鹅绒和明末输入日本的中国起绒织物可以得出结论,明末日本尚不能织造起绒丝织物,也就毋论其技术传入中国的说法。

表 3.2 1643 年华船输日商品中的丝绸[80]332-353

商品名称	数量(反)①	单价(两)	总价(两)
白纱绫	53404	3.7	197595
白缩缅	10980	3.5	38430
白色薄纱	1508	4.5	6786
白纶子	25720	6.5	167180
赤纱绫	520	3.8	1976
赤缩缅	4300	3.2	13760
赤纶子	3700	7.5	27750
色缎子	17240	10.5	181020
缎子	100	5.5	550
北绢	150	1.4	210
交趾纶子	1470	3.5	5145

---

① "反"即汉语中"匹"之意。

续表

商品名称	数量(反)	单价(两)	总价(两)
繻子	4110	10.5	43155
金襴	2830	14.5	41035
羽二重	4490	2.2	9878
金线纱	884	3.5	3094
赤更纱	524	2.5	1310
纱	30	2.5	75
黑纱绫	410	3.5	1435
金罗纱	701	9.5	6660
天鹅绒	8150	5.6	45640
金缟天鹅绒	66	8.5	561

　　学界往往称福建漳州府出产的起绒织物为漳绒,其实漳绒一词是清人的称谓,明代并无此名。和潞绸、蜀锦、吴绫一样,漳绒是以产地命名的丝织物,在此之前,漳州已有颇具声名的漳纱和漳绢。[159]12 漳州织绒虽起步较晚,但影响力却超过了漳州的其他丝绸产品,还成为御用袍料,这应与明代晚期绒织物的流行有关。明代的漳绒除了单色素绒外,还有暗花绒,也称雕花绒,是指在织好的素漳绒地上描出花纹轮廓,然后仅将花纹部分的绒圈割开,绒毛断面不反光,因而颜色较深,与绒圈地形成光泽差异,显现出花地异质的暗纹效果,故宫收藏的一批清代漳绒即属此类(图 3.17)。清代,南京的漳绒织造后来居上,创制了利用经线起绒、彩纬显花的彩色提花漳绒(图 3.18)。[25]5

图 3.17　(光绪)月白地暗花漳绒

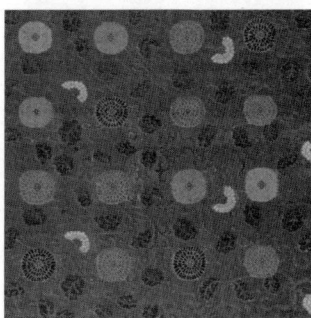

图 3.18　(乾隆)黄地织彩漳绒

　　清人称为"漳缎"的缎地起绒织物,就是宋应星所记的"倭段",明代,这种织物主要以花与地的光泽对比形成装饰,呈现出暗花效果。日本京都博物馆收藏了两件标为"天鹅绒"的织物,分别是赫红凤纹和大红仙鹤云寿纹绒织物,前者是缎地绒花,后者绒地缎花,文字和图案皆表现出典型的中国风格,最早应该是在万历末年的漳州产品(图 3.19、图 3.20)。因日语中"天鹅绒"一词代表了所有的起绒织物,并无更细的分类,故而这两件藏品应该是明代的"倭段",从日本学者永积洋子的统计中还能看到"金缡天鹅绒",可能明末的倭段也有织金的一类。清代,漳缎的产地转移到南京,织造机构称为"倭缎堂",开始织造多种彩丝做绒经的彩色提花漳缎,乾

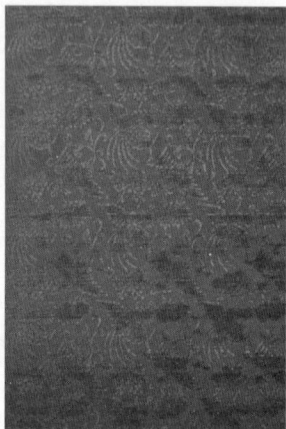

图 3.19　赫红凤纹绒料

隆年间生产的蓝地织彩缠枝牡丹纹漳缎是其代表(图 3.21)。

图 3.20　仙鹤云寿纹绒料

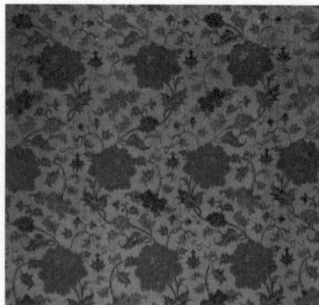

图 3.21　故宫藏乾隆蓝地织彩漳缎

　　在总结明代绒类织物的发展线索时,不能忽略的事实是绒织物概念的变化,这种变化在剪绒和天鹅绒中都有体现。有一种被称为"兜罗绵"或"兜罗绒"的外来织物可能与明代的起绒丝绸有关,"兜罗绒"是一种木棉纤维纺线所织的棉绒类织物,作为日本、琉球贡物传入中国,由杭州织造局仿织,这就是明代俗称的剪绒。[223]370 然而明代地方志中,剪绒总是列于帛类,而非

布类,加之杭州以丝织著称,基本可以推断这种仿制的剪绒是以丝代棉,属于起绒丝织物。这也就能够解释为何文献总将起绒指向外来技术,而贸易资料中却总记载中国绒织物对外输出。国外所产的起绒织物是棉绒,而中国所造为丝绒,且在装饰上有了更多的创造,为外国所青睐。天鹅绒原本与羊绒一样,是以氄毛捻线织成的毛布,其织造技术并没有大的突破,有可能自外国传入。然而天鹅羽氄不易得,漳州织工便移植剪绒的织造工艺,加长起绒,织成纯丝质的天鹅绒,这种使用假纬技术织出的是中国特有的经线起绒丝织物。有学者认为中国的天鹅绒可能由意大利传来,这个看法也值得商榷,意大利热那亚是天鹅绒的著名产地,但其绒料名为 Geona velveteen,是纬线起绒的织物,并且所用的原料主要是棉线,至今,热那亚还保留着传统的织绒作坊以及纬线起绒的织机。工艺不同的两种织物,也就没有必要简单地讨论相互间的承袭关系。明代天鹅绒即使是受了外来羽氄织物的影响,却也在技术上另起炉灶,成为独特的丝绸品种。

3.5 刻 丝

刻丝是丝绸中的高贵品种,以通经断纬、小梭局部挖织的方式织造,图案、色彩不受织机限制,所织物图案逼真若画,其图案纵向边缘处因换色回纬而产生缝隙,"承空视之,如雕镂之象",故名刻丝。[224]33《正字通》释义刻丝时,将"刻"释作"缂"字之讹,是因为"缂"有织纬之意。[225]831 然而明人通常以更直观的方式认识刻丝,织物上的裂痕正是可供辨认的标志,因此才有"非纨非縠非绮罗""剜云割雾补银河"的诗句。[226]163 明代官府和民间皆用"刻丝"或"刻丝作"之名,直至现代,才逐渐使用"缂丝"一词。

宋代刻丝以摹织书画而著称,"不论山水人物花鸟,每痕剜断,所以生意浑成",深得明人赞誉。辽代刻丝遗存不多,却展现出全然有别于宋的风貌,大量用金线,图案有北方民族特点。能够代表元代刻丝水平的是织御容、织佛像等大尺幅皇家造作,人物形象写实,制作精良,但数量极少。元代刻丝更常见的是护膝、云肩等实用品,装饰题材主要为龙纹和花鸟,构图松散,花叶满地铺陈,图像有欠精准,明人对其评价不高,认为"元刻迥不如宋也"。[227]217-218

与宋元相比,明代刻丝的发展较为曲折。洪武时,朱元璋为匡正世风,禁绝元代繁缛之制,被视为"奇技淫巧"的刻丝几乎在民间销声匿迹。[228]100然而,仍有祖籍安南(今越南)谙晓刻丝技艺的工匠,永乐时被召为军匠,专门织造刻丝衮服,其技艺世代相传,直至弘治时仍在为宫廷服务。[147]585 宣德九年(1434 年),宣宗赐封释迦也失"大慈法王"之号,并赐刻丝容像一轴,画幅左上方织有九叠篆文朱印,"至善大慈法王之印"八字似按照封印原样织出(图 3.22)。[229]这件刻丝使用了多种彩线和金银线,色彩鲜艳而华丽,代表了明代前期宫廷刻丝的水平。

明代御用监下设有佛作,专事佛像造作。清人于敏中曾记录了明代嘉靖癸丑年(1553 年)《修造南库碑记略》中的一段内容:"御用监初立为行在作房,次改御用司,宣德朝更为监,置设公厅。各库作东则外库、大库,西则花房库作、南库冰窖,左右四作,曰木漆、碾玉,曰灯作、曰佛作。"[230]643 此处"佛作"应为宫中制作佛像及唐卡之处。明政府赐予西藏的织绣佛像,应都出自宫廷御用监佛作,大慈法王像应该就是在这里制作的。

此幅刻丝具有肖像画的性质,释迦也失容貌写实,神态庄重,两旁的几案上,放置法铃、金刚杵、香炉等物,此香炉图案常被作为宣德炉确实存在的证据。大都会博物馆所藏的一件刺绣"大威德金刚曼荼罗"唐卡右上角的喇嘛像与大慈法王刻丝极为相似,手势、僧帽、袈裟等具备许多相同的特征,因此被研究者认为是释迦也失本人容像,并且二者所依照的稿本是同一幅释迦也失画像(图 3.23)。[231]204-206

图 3.22　宣德九年(1434 年)释迦也失刻丝像　　图 3.23　刺绣大威德金刚曼荼罗局部

明代早中期,官府作坊虽蓄有刻丝匠人,但造作数量极少,即使宫人也难得一见。正统间,苏州民匠所献刻丝,内府却"未曾有也"。[117]3214 成化、弘治时,苏州逐渐恢复了沉寂已久的刻丝造作,且制作精巧,高档丝绸在民间属禁限之列,因此刻丝应主要是摹织书画。[118]42 明中期之后,宫廷的刻丝匠人渐多,嘉靖十年(1531 年),内织染局存留有 23 名刻丝匠,成为定额,如有缺编,由清匠官负责金补。[84]2572 中央官府作坊的刻丝匠显然是为织造御用品而设。刻丝制作极为耗时,一件袍服终岁方成,即使工匠不停劳作,产量也并不高。刻丝显然是明代丝绸中最为高贵的品种,定陵中的帝王衮服即以刻丝织成。衮服由内织染局承办,织造前,先由钦天监选择吉日,再由礼部题请,遣大臣祭告,方可开工。衮服花纹复杂,规格严谨,对织造要求极高,从定陵衮服小襟上绣字及绢书标签题字,可以看出一件衮服从织造到收入内库要历经十三年。苏州刺绣研究所为定陵复制的刻丝衮服,用工多达三千六百个。[2]83

与宫廷相比,民间的刻丝生产更盛。洪武时,苏州物产中仅有纻丝、绫、纱,并无刻丝,正统时,已可少量织造。苏州织造内官牟良恐为民病,却其所献,阻断了民间刻丝流入宫廷的一次机会。但民间既有刻丝生产,流通扩散便不可阻挡,进入内廷也只是早晚之别。弘治时,南京、苏州已经成为刻丝产地,所制主要为实用品,如裀褥、搭裆之类,[209]53 技艺堪比宋元,成为地方名产。此时,福建建安亦能织刻丝,且有厚薄数等,品质佳者可及江南之作。[152]534 正德至隆庆间,刻丝在民间流行已广,浙江、福建、湖南皆有织造。嘉靖万历年间,刻丝生产全面发展,宫廷刻丝制作精良,民间刻丝生产也很兴盛。万历间,一江西籍御史按察江南,当地县令以"双金刻丝花鸟人物"冒于溲器之上,御史安然享之,[91]316 可谓暴殄天物。明末,苏州地区所织刻丝被褥、围裙等销量大增,市井富人无不用之,刻丝不再是罕有之物。[232]305

明代刻丝遗存较多,传世品中较为重要的是刻丝书画,有卷轴、扇面、册页诸种形式,题材以山水、花鸟为多,也有贺寿主题和戏曲故事。大尺幅的刻丝书画为明代宫廷所制,经清宫收藏,现存于故宫博物院、辽宁省博物馆和台北故宫博物院,其中不少著录于《石渠宝笈》和《秘殿珠林》,但有些错刊为宋本,可见明代宫廷刻丝书画有竭力摹仿宋风的趋向。大尺幅作品中楼阁严谨精致,人物神态宛然,花鸟意趣活泼,然而仅轮廓和主要物象为刻织,细节多为补绘点染,这种织画并用的手法是明代大幅刻丝卷轴的共同特点。同一画稿还可能刻织多本,各自流传,辽宁省博物馆刻丝《崔白三秋图》与台北故宫博物院《崔白花卉图》便是据同一底本所织(图 3.24、图 3.25)。明代刻丝工匠留名极少,《石渠宝笈》及续编仅记有吴圻、朱良栋二人,吴圻摹织沈周《蟠桃图》现存于台北故宫博物院,上织沈周七言绝句一首,下方蓝地上织仙桃一对,设色平面化,并不雕镂细节,画面颇具装饰意味,展现了明代刻丝书画新风(图 3.26)。

图 3.24　刻丝《崔白三秋图》

图 3.25　刻丝《崔白花卉图》

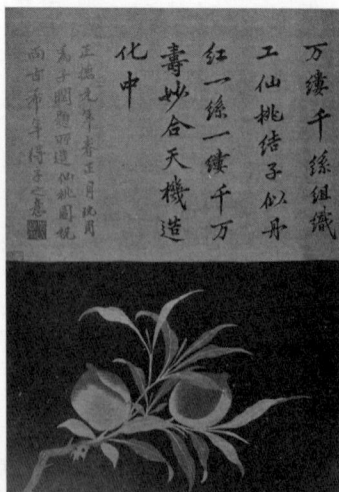

图 3.26　吴圻摹织沈周《蟠桃图》

　　传世品中也有较多的实用性刻丝,大幅多为宫廷幛壁或厅堂屏风,小幅基本是袍服补子。明代刻丝的配色有较为明显的特点,首先是常以圆金线刻地、勾边、织字,形成金地、金边、金字的华丽效果;其次是刻丝技艺有程式化倾向,惯用长短戗和凤尾戗进行换色渐变,尤其是在大幅刻丝中,这种现象更为显著。长短戗以横向参差交错的方式换色,既能产生色阶过渡的效果,又能避免因回纬而产生的长缝隙,保证了大幅织物的平整紧致(图3.27)。凤尾戗则是以细长和粗短线条间隔进行换色,装饰性较强,是明代刻丝的典型技法。[233]台北故宫博物院所藏的《群仙献寿图》原定为宋代,但此作大量使用凤尾戗换色,配色简洁明朗,不注重刻画细节,故而应为明代作品(图3.28)。再次,配色热闹喜庆,红、蓝二色和金线最为常用。在帝王御用品上,还能见到以孔雀羽线织成的图案,定陵的刻丝衮服及故宫收藏的明代刻丝椅披、桌垫上龙纹,有不少就是用孔雀羽线刻织成的。这样的花纹金翠夺目,并且很少褪色或变色。[233]

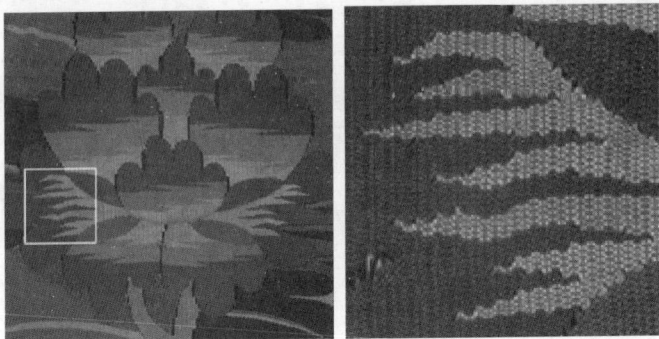

图 3.27　刻丝圆补局部的长短戗

图 3.28　刻丝《群仙献寿图》局部的凤尾戗

　　用作壁饰、挂屏、帷帘的刻丝最具明代特点,与前代相比,大幅的制作增多,以龙凤、祝寿等题材为主,构图满密,主体物象之外往往填充着折枝花、百鸟、八宝、云纹等,画面甚至有拥挤之感。北京艺术博物馆藏有一件"凤凰牡丹纹刻丝"(图 3.29),上部似不完整,西藏扎什伦布寺所藏的"鸾凤牡丹图刻丝"(图 3.30)与之十分近似,但上部是云纹和红日。纽约私人收藏的一件"双凤挂幅"[234]图6 保存完好,构图也基本一样。此外另有一件私人收藏的刻丝,所配花草稍有区别,但四者图像显然依据同一稿本。而据研究者称,美国纽华克博物馆和英国维多利亚与阿尔伯特博物馆还分别藏有一件相似的挂幅。[234]80 这些底本接近的刻丝挂幅用于装点居室,很可能制作于民间作坊,是受欢迎的商品,随商贾货运而流转各地。

图 3.29　凤凰牡丹纹刻丝

图 3.30　鸾凤牡丹刻丝

　　明代官服补子取方形,但不少应景补子为圆形,上多织"喜相逢"样的凤凰、孔雀和牡丹,大都会博物馆藏有刻丝孔雀牡丹、刻丝鸾凤牡丹两件圆补(图 3.31、图 3.32),与清华大学美术学院收藏的一件刻丝金地鸾凤牡丹圆补(图 3.33)形式相似,应该是明代后期流行的样式。香港贺祈思收藏的一件龙纹椅垫[234]图8 和北京艺术博物馆的云蟒宝相纹椅披(图 3.34)也有着相似的样式:红地上织五彩云和翔鹤,中间以金线织正面龙纹,下有江崖海水。刻丝衣服是最少的一类,除了帝王衮服之外,就是赏赐物了,现存几件传世的刻丝袍风格

图 3.31　刻丝孔雀牡丹圆补

类似,图文刻织满密,配色热烈。北京艺术博物馆所藏的刻丝蟒凤百花袍
(图 3.35),正反分别织红、黄蟒二条,缠绕于袍身,若将衣片展开,二蟒则为
相对之状,这或许就是刘若愚记录的万历间宫廷婚礼时使用的双蟒"喜相
逢"新样。[92]170-171 贺祈思还收藏有一件刻丝葫芦纹袍[234]图56,百花图案为地,
上有葫芦纹样,与蟒凤百花袍风格相近。贺氏所藏另一件金地刻丝龙袍,龙
身用孔雀羽线织成,分外华贵。

图 3.32　刻丝鸾凤牡丹圆补

图 3.33　刻丝金地鸾凤牡丹圆补

图 3.34　云蟒宝相纹椅披

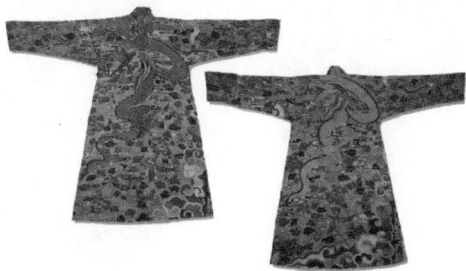

图 3.35　刻丝蟒凤百花袍

　　台北故宫博物院藏有一件曾为《石渠宝笈三编》收录的刻丝万寿图,
上织"万万寿"和五瓣花,两侧有升龙,朱启钤《清内府藏刻丝书画录》中也

著录此作,据款识认定为北宋景祐二年(1035 年)户部侍郎李咨为宋仁宗贺寿所制(图 3.36)。[235]161-162 但从文字和花朵形象来看,却与万历间的装饰风格极为近似。定陵出土的万寿福喜缎龙袍上以金线织出"万万寿"字样,其字形和排布方式皆与台北故宫博物院所藏万寿图刻丝十分相似(图 3.37)。此幅正中所织五瓣花被朱启钤称作"葵花",但细观可见梅枝与花苞,显然是梅花而非葵花。定陵袍服中有大量类似的五瓣花,也都有梅枝和花苞点缀,与刻丝所织相近,金簪上也嵌有玉雕"万寿"字样和彩色宝石(图 3.38、图 3.39)。朱启钤著录此件刻丝时,定陵尚未被发掘,没有足够的实物可参照,故而仍沿用了《石渠宝笈三编》的记录。明代晚期,每逢节令或庆典,内廷宫人皆更换应景袍服冠带,[101]69 补子、腰带、饰物的花样统一,以渲染喜庆气氛。庆贺帝王生辰的万寿圣节时,宫眷、内臣袍服要缝缀"万万寿""洪福齐天"花样的补子,[92]165、170 这两种补子在定陵都有出土。台北故宫博物院的"刻丝万寿图"尺寸约 37 厘米见方,和明代补子大小基本一致,其下又有补子常见的海水江崖纹,应该是万历朝前后的宫中万寿圣节的应景补子,至于其下款识部分,是补接上去的,应属明末或清代所制。明代晚期,文人间收藏清玩成风,宋代刻丝最得青睐,却价高物稀,不易获得,民间遂有专门仿织者,将新刻书画揉浣成旧,以索高价。[228]100 仿古织造已有,以旧充古者,想必也不鲜见,这件刻丝应是明末宫廷旧物,有人接补款识,冒为宋代古物。宫中之物民间难得一见,遂被作为真品而收藏流传。陈娟娟曾指出过,传世的明代刻丝中,一部分被鉴定为宋代。[233]此类刊误还有不少,现被著录为宋代刻丝的藏品中,或许相当一部分应归为明代。

图 3.36　刻丝《万寿图》

图 3.37　万寿福喜缎龙袍局部

图 3.38 女夹衣纹样局部线描图

图 3.39 "万寿"嵌宝石金簪

目前,出土的刻丝全部是服用品,基本来自定陵。它们大都面目相类,风格富丽,较为特殊的是贵州张守宗墓出土一件万历时的"刻丝驼色荷花白鹭袖套",以单色丝线刻织,有如白描,图案是元明流行的"满池娇"题材,线条流畅,颇为难得(图 3.40)。

图 3.40 刻丝驼色荷花白鹭袖套摹绘图

从整体上看,明代刻丝无论是书画还是实用品,都有程式化的倾向。刻丝书画尺幅大,轮廓刻织,细节补绘较多,图案有平面化趋势。实用品配色装饰感强,多织红丝或金线为地,题材主要是龙凤、贺寿等,以云气、花卉、山石、水波、八宝等散布周围,使构图满密。南京博物院藏有一件刻丝博古图,上有"百缘斋"印,应是专门制作刻丝的民间商号,可见明末清初苏州、南京等地出现了一些专门制作刻丝的作坊,批量制作刻丝书画供雅士收藏,或制作挂屏、椅帔等商品流通各地,还形成了不同的品牌。明代刻丝的装饰风格对后世影响较大,清代皇家刻丝造作不仅补绘,还常加绣,以求"锦上添花"的富丽之感,这些集刻、绣、绘集于一身的作品,虽然手法多样,层次丰富,却丧失了刻丝清隽雅致的本色,是刻丝技艺走向衰微的表现。

3.6　其　　他

明代植棉广泛,棉织业迅速发展,棉布成为民间最常用的服用面料,中低档丝织物失去了民间市场,织造渐少。而高档丝绸质料精良,纹彩丰富,非棉麻织物可比,最受帝王权贵爱重,因此明代丝绸主要为上层服务,生产有高档化的倾向。唐、元之时曾经风靡的织锦,在明代处于缓落之势。锦为纬重组织的丝织物,色彩愈丰富,纬组织层数愈多,织物也就愈厚,明代盘梭挖织的妆花技术广为流行,集绚丽花色与轻薄质料于一身的妆花织物更宜穿着,在很大程度上取代了锦,因此锦的生产区域缩小,仅苏州、成都、松江、泉州几地有少量织造。

明代蜀锦质料厚实,织作工致,然而花色不多,不适合裁衣,多制为裀褥。[128]302 蜀锦的典型图案有晕繝彩条和方棋格,英国古董商斯宾克公司收藏有一件明代“凤鹤纹方方蜀锦”[36]图8-102,两种颜色的彩色经丝交替分布,纬线分段换色,织成方形彩格,风格明快。

明代,苏州的织锦最为发达,既有实用物,也有玩赏品,受文人趣味影响较大,多织成书画卷轴、装潢屏风等。苏州、泉州有仿织古锦者,织《昼锦堂记》等古文名篇,[236]161 供士人清玩。苏州锦更多的是实用品,多有织金、五彩装饰,图案有海马、云鹤、宝相花、方胜等,供装堂遮壁之用,还有紫白落花流水锦,配色雅致,专用于装裱书画卷册。[119]963 故宫藏有一件紫地白花的“落花流水纹锦”,应该就属此类(图3.41)。

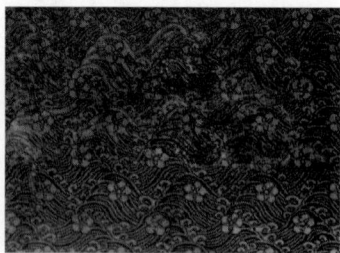

图 3.41　紫白落花流水锦

明代织锦图案经常摹古,著名的“宋锦”即是仿宋代流行的“八答晕”,多以几何纹样间杂花卉、八宝等,图案端重规整,配色和谐雅致,其厚实者可制为垫褥、帷幔,精细者可裁制为衣,薄者通常用于装潢书画、裱褙屏风等。[36]266 明代中期,宋锦已经在上层流行,仇英所绘《汉宫春晓图》中,就有身穿龟背纹宋锦裙的宫廷仕女(图3.42)。万历时,民风尚奢,宋锦作为高档丝绸的一种,流行于城市和乡镇。[237]90 明代戏曲版画常有宋锦装裱的屏风、帷幔等形象(图3.43),明人容像也常见以宋锦制成的椅披(图3.44、图3.45)。尽管官府屡有禁令,宋锦也在禁限之列,然而民间机坊巧立名目,“宋锦禁而汉锦出”,造作不断。[187]746 仿古织锦花样百

变,名色繁多,一些地方时俗奢靡,竟至"男必汉唐宋锦,女必金玉翠饰"。[238]卷九

图 3.42 仇英《汉宫春晓图》中的
龟背纹宋锦裙

图 3.43 戏曲版画《投桃记》中
装裱宋锦的屏风

图 3.44 明代命妇像中的宋锦椅披

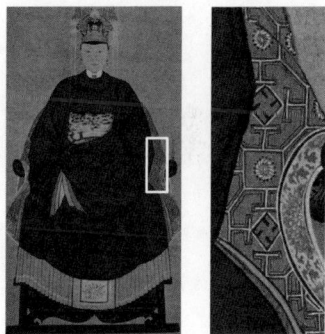

图 3.45 明代妇人像中的宋锦椅披

明代宋锦今遗存较多,故宫"盘绦四季花卉纹宋锦"是其中的代表作,以橘黄色经纬线织地,加以各色彩纬和片金线,织出整齐而琐细的曲水、古钱、龟背、锁子等盘绦地纹,盘绦相互套叠,形成网络状骨架,中间填以四季花卉,图案古雅端庄又不失活泼,装饰效果极佳(图 3.46)。故宫还藏有配色雅致的一类宋锦,如紫地八答晕花卉纹锦和绛色蟠螭球路纹锦等,图案细密,色彩单纯而和谐,应属专用于装裱的"紫白锦"(图 3.47、图 3.48)。

明代的绫分为素绫和花绫两类,素绫一般为斜纹或斜纹变化组织,花绫是以斜纹为地的起花织物。绫先织而后染,经纬线多不加捻,表层浮线较长,无花的地组织光亮如镜,本色起花的部分具有冰凌般耀眼光泽,这也便

是绫之名所由来。[239]69-70 绫质料柔滑轻薄，适宜裁制衣服、头巾，或用于装裱书画、作为刺绣底料等。从洪武本和永乐本《碎金》的比较来看，绫在明初的种类大大减少，仅余"大绫、小绫"两种。明代官府造作以纻丝为主，岁造绫的只有山西布政司，仅 500 匹，可见官方用绫并不多。山西并不善织丝绸，岁造应是由江南采买。明代绫的产地主要在苏州和松江，嘉兴、湖州也有少量织造。

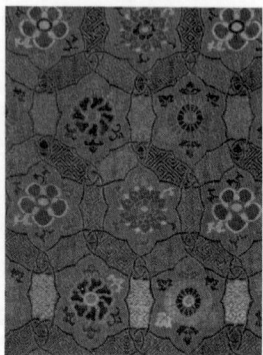

图 3.46　盘绦四季花卉纹宋锦

图 3.47　紫地八答晕花卉纹锦

图 3.48　绛色蟠螭球路纹锦

　　苏州绫在唐代已有声名，成为贡物，谓之吴绫，[116]1723 明代因循旧名，以吴江所产最佳。松江顾绣常用光素吴绫做绣地，取其光滑匀净，花绫多为本色提花，龙凤纹样最多，染练精美，光彩耀目。织造吴绫时，常以油脂薄涂绫面，增其光润，摩擦会生火星，民间俗称"油段子"。[240]573 松江绫有堪比纻丝的线绫、纰薄质劣的药绫，它们由民间织造；幅宽而长的官绫、轻薄缜密的糊窗绫等为织染局产品。[241]253-254 松江绫选用上等蚕丝，用料用工皆倍于他郡，因此质料致密，"花如簇锦，其鲜可摘；素如镜面，其光可鉴。"[192]148 湖州府双林镇出产用于装裱奏本的龙纹绫，其中倪姓所织者，龙睛突起有光，称为"倪绫"。[190]564 嘉兴织一种装裱绫，织工为改进苏州绫过于狭窄、需要接补的弊端，以锦机织绫，幅阔可达二人，花样丝料精美异常。[109]9

　　宫廷用绫主要是糊窗、装裱幛壁之类，质地轻薄精美者也可裁制为衣。明末后妃爱穿绫衣，熹宗张皇后曾用素绫与黄色绫相间，制为鹤氅式袍，服以参佛,被宫人称为"霓裳羽衣"。[101]83 崇祯时,贵妃袁氏穿浅碧绫衣侍于月下,这种绫为先织后染,再经过砑光,柔滑而轻薄,被思宗赞曰"特雅倩",宫眷纷纷效仿,绫价一时翔贵。[101]91-92

传世明绫大多为暗花绫,北京艺术博物馆的"月白地曲水折枝花卉暗花绫"是一件经面,经纬线皆纤细坚韧,织造密度较大,质料致密,是暗花绫中的上佳之作(图 3.49)。明绫出土也不少,江苏泰州嘉靖间工部右侍郎徐蕃墓出土了花绫巾数条,中部小花有叶或无叶,花瓣有四瓣、六瓣、八瓣几种,两边连续纹样有回纹、卍字纹,如意纹

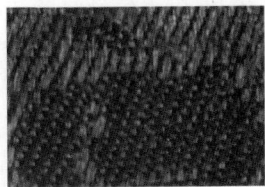

图 3.49 月白地曲水折枝花卉
暗花绫织物组织

及奔马、"孟"字形等数种。纹样有些经线起花,有些纬线起花,使图案层次丰富,其织法和图案可能与少数民族或域外有关(图 3.50)。宁夏盐池县冯记圈明墓出土有多件绫袍、绫裤,其中的"杂宝云纹绫织金麒麟胸背圆领袍",以满密的片金线织出胸背麒麟图案,是难得的出土织金绫实物(图 3.51)。

图 3.50 花绫巾

图 3.51 杂宝云纹绫织金麒麟
胸背圆领袍局部

纱是明代丝绸中最为轻薄的一类,有绞经纱和平纹纱之别。绞经纱相邻的经线每隔一根地纬就左右绞扭一次,织物有网眼状的纱孔,平纹纱经纬不相绞扭,因此组织结构疏松,经线易滑动,织造中须用清胶、浆料等随时将织好的一段纱料上浆,待干燥后继续织下段。[102]35 明代纱的种类很多,按其装饰手段可以分为素纱、暗花纱、二色纱、织金纱、妆花纱等。江浙、福建很多地区都产纱,形成了一些具有地方特色的品种。

明初的苏州就可织数种纱料,其中"即之若无,望之则有"的暗花纱,因花纹隐然含蓄,最受欢迎。"三法纱"是绢边、纱地、刻丝花的织物,刻丝花当指以断纬挖梭的方式织出花纹,应即妆花。天净纱是花纹清疏的一类,名字与曲牌名同音,意涵风雅,宋代已有,明代依然流行。[116]1723-1724 明代中期,南

京的纱品种也很丰富,有银条纱、绉纱、妆花纱、土纱、包头纱等。[139]726 银条纱是明代民间极常用的品种,因成色极白净,故名银条。[134]302 有研究者将其解释为织银线的纱,乃望文生义之误。湖州府擅织绉纱,即古之"縠",有素有花,但以素绉纱最为流行,是为"湖绉"。织造湖绉时,先打线,即将经线按照 S 和 Z 的方向分别加强捻,然后将两种捻向的经线间隔牵引上机。织成幅后最初平展,待经线的捻度自然回缩,织物出现绉纹,如清风吹皱碧水,别有一番意趣。[189]84 这类有自然褶皱的纱特别适合制为头巾之类,湖州双林镇所织的素绉纱取代了昔时的包头绢,还有加重、加阔、加绉、放绉等品种,以适应各种不同需要。漳州织工最善模仿,漳纱旧已闻名海内,万历间,又学苏州织纱技术,织造工巧,更为耐用。漳纱可制为纱帽,转贩京师,以供四方之需。亦可以五色纱制为纱灯,精巧别致,甚得时人青睐。[160]1835-1836

　　明末宫眷喜着轻薄衣料,夏季常制纱衣,两层纱衣内外叠穿,能显出暗纹,纹理会随人的动作而变幻,正如清初蒋之翘形容的"时兴纨素雯华动,仿佛行云出峡中"。[155]57 这首诗描述了天启间宫眷穿白色"怀素纱",行走时暗纹簌簌而动,有如行云流水的情景。这种时新搭配不仅在宫女中流行,内臣也争相效仿。内臣穿青绿怀素纱,内衬浅淡里衣,"满身活纹",甚至冬季也要在纻丝衣上加罩纱衣,以求光耀艳丽。[92]165 怀素纱产自福州,为薛怀南所创,以铁柱分综,故而"双映生云"。[154]156 其经纬密度较低,薄而透光,叠加时极易产生纹理。孔府旧藏有明代各色罗衣,都较为轻薄,也有类似现象(图 3.52)。可见明末宫人喜好轻薄织物,刻意追求雯华流动的奇异效果,故而纱料极为流行。

图 3.52　孔府旧藏罗衣及局部

　　定陵出土的纱不少,但保存不佳。其中一件红织金孔雀羽妆花纱龙袍料,轻纱薄地上起暗花,以金线和彩绒织出过肩龙、通袖、龙襕,龙身以孔雀羽线织成,翠绿闪光,是难得的妆花纱实物。南京云锦研究所前后用了 5 年时间才成功复制了这件龙袍料,可见其工艺之复杂。据艺人讲述,妆花纱尤为难织,工匠打纬要节奏缓慢、力度柔和,纱料才能轻薄匀整,因织造极为费时,也就异常昂贵(图 3.53)。北京艺术博物馆收藏的明代二色纱和织金纱经面各百余件,均属明代宫廷使用较多的品种。二色纱的纬线有两组,地纬与经线同色,纹纬与经线异色,地纬与经线织成平纹地组织,纹纬起斜向花纹,构图多满密(图 3.54)。织金纱与二色纱的织法相同,只是以片金线或捻金线代替了纹纬,效果更为华美(图 3.55)。

图 3.53　定陵红织金孔雀羽妆花纱龙袍料复制品局部

图 3.54　普蓝地缠枝花卉
两色纱

图 3.55　鹅黄地四合如意
连云织金纱

3.7　小　　结

明代丝织技术向精细化发展,工匠对织机的应用极为灵活,可用缎机织改机、锦机织绫、绫机织绸、布机织绸等,还利用假纬技术织绒。丝绸品种纷呈,尺幅变化较大,加长加阔的丝绸增多,以满足不同需要。

明代丝绸中,纻丝所占的比重显著增加,原本并不高贵的绸、绢、绒之类,也饰以织金妆花图案,成为华丽面料,丝绸生产有高档化的趋势。原因有以下几个:

首先,等级制度影响了丝绸品种的发展。明代官府对丝绸使用控制严格,官服用纻丝、绫、罗,而庶民衣服仅许使用绸、绢。[84]1058 官造丝绸的用途有两类:上供与公用,上供丝绸用于宫廷,属高档品,用于赏赐的岁造公用丝绸中,纻丝也约占 87%,可见官府织造的丝绸等级之高。帝王赏赐丝绸给藩王、外夷、臣属之时,必依照身份,有等级差别,但不外乎纻丝、纱、罗几类,都属高档品。高档丝绸的丝料精良、织造费工、装饰繁复、尺幅较大,价格也自然高昂。民间既不许织造,也不许服用,唯有通过赏赐获得。这是官府维护等级秩序的一种手段,也极大影响了官织丝绸的品种比例。

其次,棉布的普及影响了丝织品种的构成。明代棉织业分布遍及南北,品种增多,染织较前代更为精良,成为民间最主要的服用面料。由于受灾害天气影响,明代桑蚕生产大幅缩减,虽然浙江湖州、四川阆中等地仍出产优质生丝,但多用于供应官府造作。其余大部分地区桑叶差薄,缫丝多额,仅能织粗绸。比起质优价廉的棉布,低档丝绸在民间也并无竞争力,明代中期之后,不少原先的丝绸产地已无丝可织,方志的土产中仅余棉布。而丝绸生产密集的江浙,民间机房领织官府造作任务的现象十分普遍,其产品也以高档品为主。改机和起绒丝织物是明代新出现的品种,都较为厚实,反映出丝绸品种发展的趋势。

最后,奢侈世风推动了高档丝绸品种在民间的流行。明代中期开始,朝野服用渐奢,民间对高档丝绸的青睐与日俱增,僭服现象屡禁不止。《金瓶梅词话》中描写的富商之家原本只该用绢、布,但其女眷所穿衣裙,缎、罗、绫、纱等,无不齐备,并未有所忌惮。万历时的吏部尚书张瀚论及风俗时说:"人皆志于尊崇富侈,不复知有明禁,群相蹈之。"谈到服用之事,又评议道:"五品以上用纻丝、绫、罗,六品以下用绫、罗、段、绢,皆有限制。今男子服锦绮,女子饰金珠,是皆僭拟无涯,踰国家之禁者也。"[90]140 奢侈用度的背后,是民间高档织造的蓬勃发展,尽管官府屡有禁令,但机房总有对策,变换名目、花样,高档丝绸品种反而更加丰富。[187]746 万历时,官府对民间私织和使用高档丝绸已无力约束,这是由上而下的审美风尚所致,也是明代丝织官弱民强格局发展的必然结果。

第4章 装饰手法

概况

在明代的织物中,丝绸的装饰手法最多,有染色、提花、妆花、饰金、刺绣、绘画、缝缀珠宝等。装饰既可美化织物,又能标明等级。丝绸的等级主要体现在质料、颜色、起花方式、装饰题材、图案大小。一般来说,色彩愈鲜明、使用材料愈多样,丝绸的等级便愈高,明代高档丝织物往往多种装饰并用,染线、提花、妆花、饰金常出现在同一幅袍料之上,以求层次丰富的效果。

4.1 染 色

蚕丝有悦目的光泽,受色、呈色的性能也远远优于棉麻纤维,成品色彩之美观、花样之精巧均非棉麻织物可比,因此丝绸纹彩总比其他织物丰富。远观之下,颜色比图案更为鲜明易辨,身份等级一目了然,因此明代律典的冠服条文中,色彩都在花样之前。明代官服样制曾几经更易,洪武元年(1368 年),官服"皆赤色",仅以花样区分品级,[108]677-691 洪武二十六年(1393 年)最终定为一品至四品绯袍,五品至七品青袍,八品、九品绿袍。[84]1057 丝绸的色彩中蕴含着"辨上下,定民志"的意义,大红、鸦青、玄、黄、紫等鲜明颜色不允许民间使用,庶民妇女袍衫只许用紫、绿、桃红及诸浅淡颜色。

明代丝绸染色主要使用植物性染料,常用的有靛青、红花、苏木、乌梅、槐花、栀子、五倍子等。植物性染料的优点是原料可再生,成本低,加工较简单,缺点是色彩覆盖力差,着色不牢固,日久易褪色。很多高档丝绸先染线后织造,如果着色不牢固,势必影响提花图案的精美,因此媒染剂必不可少。媒染剂可以使染料中的色素形成沉淀,固结于织物纤维之中,水浸日晒也不易褪色。明代染丝多用明矾作媒染剂固色,也有使用绿矾、皂矾、碱剂等其他媒染剂的。

4.1.1 官府染造的衰落

官府造作对丝绸色彩有较高的要求,颜色务必鲜明,局官须时时检验比较,如有不堪用者,即究治追赔。[84]2703 正统、天顺间,河南、江西两地织造段匹质料纰薄、颜色浅淡,[143]1393 工部官员曾上疏陈请治罪督织官员。[143]6290 官府对织物染色相当重视,明初,南京附近设蓝靛所,种植染料作物,[83]1997 隶属于内织染局。内承运库、印绶监以及工部均设有染匠,以供染事。洪武末,又设颜料局,掌管合用颜料,内承运库还有专门的颜料匠(表 4.1)。[84]2643 染造物料或由产地税粮内折收[84]2703,或从民间召买[84]2772。

表 4.1 明代官府造作机构中与丝绸染色有关的工匠

机 构	类别	工 种	数量(名)	资 料 来 源
工部	轮班匠	染匠(三年一班)	600	
内织染局		染匠	263	万历《大明会典·工匠二》
印绶监	住坐匠	染匠	1	
内承运库		染匠	52	
		颜料匠	9	
外织染局		染匠	86	

官府岁造段匹的色彩较为固定,主要是红、青、绿三类,颜色依匹料品种不同而稍有差异。万历《大明会典》规定了丹矾红、深青、黑绿三种最常用颜色的染造配方,以统一各织染局产品色相。内织染局主要织造高档袍料,花纹繁复,先染丝线再织成料,染匠的主要任务是染线。整匹染造的品种主要是绢,由外织染局承担(表 4.2)。从官府变染绢匹的品种和数量来看,内府供用的生熟绢仅占五分之一,颜色却有八种,赏赐用绢匹只有熟绢,颜色仅大红、蓝青二种。由于绢匹数量巨大,官局难以支承,渐渐转交民匠代为染造。嘉靖末,除赏赐外夷所用的衣服、绢布仍由官局染造外,内府、广盈库等所需绢匹都由顺天府的宛平、大兴二县民匠变染。[84]2705 这说明,真正由外织染局染制的颜色十分有限,就某些品种来说,民间作坊的染造超过了官局。

染色物料在南方分布广泛,官府所用染料除红花主要产自北方,蓝靛、槐花、乌梅、栀子等皆来自南直隶和浙江。[84]2703 染料中用量最大的是蓝靛,染青、蓝等色必不可少,以温州所产品质最佳,当地不仅种植不同品种的蓝靛,还出产染黄绿的槐花、染绛色的红花以及固色用的白矾。[242]134 各色段匹中,大红色最为昂贵,这是因为红色最难染造,虽茜草、苏木皆可染红,但唯有红花能染出鲜明浓艳的红色。[130]105 而红花产量低,造价高,鲜艳红色又须濡染多遍,故而大红段匹与浅淡颜色段匹的料价悬同霄壤。[208]280

表 4.2 明代官府十年一题造的变染绢匹颜色及数量

染造机构	用途	品种	颜色	数量（匹）	合计（万匹）		总计（万匹）	资料来源
外织染局	供用	熟绢	大红	1500	2		15	万历《大明会典》卷二〇一
			桃红	3000				
			丹桃红	5000				
			蓝青	8000				
		生绢	大红	1500	3	1		
			桃红	1500				
			青	1500				
			黑绿	1500				
			柏枝绿	1500				
			明绿	1500				
	赏用	熟绢	大红	90000	12			
			蓝青	30000				

4.1.2 民间染色之变迁

元代时,民间对颜料及配色的掌握已经相当深入细致,《南村辍耕录》记录了四十余种色彩的调和之法,又列举了二十余种颜料名。[243]131-134 从明代洪武本与永乐本的《碎金·色彩篇》中能够看到,永乐时,红、青、黄三色的种类均有所减少,而褐色的种类大大增多,此外还多了白、紫二色,反映了明初造作色彩的演变。洪武及永乐本《碎金》中所记物料中有较多的矿物颜料,因此罗列的颜色并不局限于织染,也包括彩漆、彩画等器用之色。尽管不可与丝绸染色完全对应,但这种色彩变化是整体的趋势,必然会影响到丝绸的染色。

明初造作中的色彩与元代联系密切,不少颜色沿袭了元代的名称(表 4.3、图 4.1)。洪武三年(1370 年)至洪武二十六年(1393 年)之间,官府曾数次颁布服色禁令,所禁多为大红、鸦青、黄色等鲜明浓艳之色,若有违禁服用,罪及染造之人(表 4.4)。这些禁令在天顺之前执行得较好,民间各地风俗淳朴,少有鲜丽衣服,明初成书的《多能鄙事》所记的布帛颜色主要是各类深浅褐色,即庶民衣服常用之色。

表 4.3　洪武本与永乐本《碎金》中的颜色对比

颜色	洪武本《碎金·彩色篇》	永乐本《碎金·彩色篇》
红	赭红、干红、绯红、肉红、银红、杏红、橘红、紫二红、熟一红、黑二红、水红、石榴红、醋红	大红、桃红、脂红、肉红、勃罗红、落叶红、枣红、乌红、梅红
青	粉青、翠青、明青、闪鸦青、佛头青、浅碧、重碧、天水碧、翠碧、麦绿、草绿、官绿、黑绿、美绿	佛头青、鸦青、粉青、蓝青、天水碧、柳芳绿、鹦哥绿、官绿、鸭绿、麦绿
皂	香皂、生皂、熟皂、不肯皂	香皂、生皂、熟皂、不肯皂
褐	银褐、鹰背褐、驼毛褐、鼠毛褐、画眉褐、沉香褐、珍珠褐、金丝褐、葡萄褐、山谷褐、蔷薇褐、茶褐	金茶褐、秋茶褐、酱茶褐、沉香褐、鹰背褐、砖褐、豆青褐、葱白褐、枯竹褐、珠子褐、迎霜褐、藕丝褐、茶绿褐、葡萄褐、油粟褐、檀褐、荆褐、艾褐、银褐、驼褐
黄	柘黄、槐黄、栀黄、蓝黄、鹅黄、柳黄、姜黄、明黄	赭黄、杏黄、栀黄、柿黄、鹅黄、姜黄
白		月下白
紫		真紫、鸡冠紫
夹缬	檀缬、蜀缬、撮缬、锦缬、茧儿缬、浆水缬、三套缬、哲缬、鹿胎斑	檀缬、蜀缬、撮缬、锦缬、茧儿缬、浆水缬、三套缬、哲缬、鹿胎斑
绯紫	鸓绯、熏绦、北紫、真紫、熟白、作白、出白、家练、琢色、晕色、彩色、间色	鸓绯、熏绦、碾光、乾色、熟白、作白、出白、家练、琢色、晕色、彩色、间色

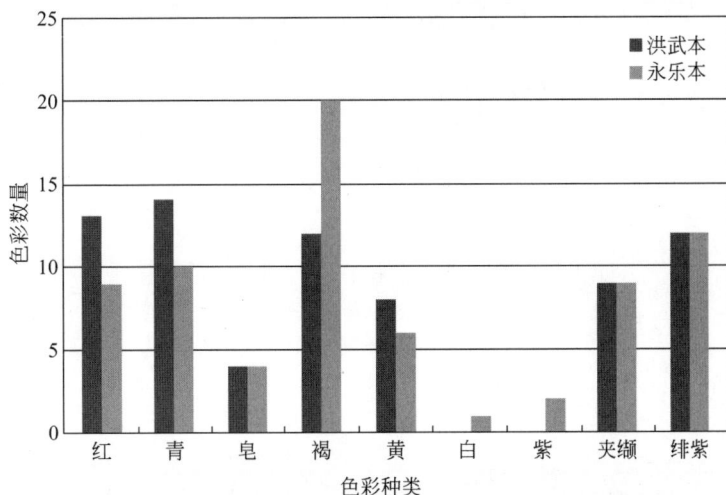

图 4.1　洪武本与永乐本《碎金》中的色彩种类与数量变化

表 4.4　万历《大明会典》对丝绸色彩的禁限（以在万历《大明会典》中出现先后为序）

时　　间	禁 令 内 容	卷　　次
国初	及衣服、车马,有官者依品级。其御赐者及军官、军人服色不在禁例。凡服色、器皿、房屋等项,并不许雕刻、刺绣古帝王、后妃、圣贤人物故事及日月、龙凤、狮子、麒麟、犀、象等形。所以辨上下,定民志,至今遵守,不敢违越	卷六一《礼部十九·冠服二》
洪武元年 (1368 年)	帐幔并不许用赭黄龙凤文	卷六二《礼部二十·房屋器用等第》
洪武三年 (1370 年)	士庶初戴四带巾,今改四方平定巾,杂色盘领衣,不许用黄。……又令庶民男女衣服并不得僭用金绣、锦绮、纻丝、绫罗,许用绸绢、素纱。其首饰、钏镯并不许用金玉珠翠,止用银。靴不得裁制花样、金线妆饰。……士庶妻首饰许用银镀金,耳环用金珠,钏镯用银。服浅色团衫,许用纻丝、绫罗、绸绢。……乐艺冠,青卍字顶巾,系红绿褡禣。乐妓则戴明角冠,皂褙子,不许与庶民妻同。前供奉俳长皆服鼓吹冠,红罗胸背小袖袍、红绢褡禣、皂靴。色长皆服鼓吹冠、红青绿纻丝彩画百花袍、红绢褡禣。……乐人衣服许用明绿、桃红、玉色、水红、茶褐颜色,其余不得穿用	卷六一《礼部十九·冠服二》
洪武五年 (1372 年)	民间妇人,礼服惟用紫染色绝,不用金绣。凡妇女袍衫,止用紫、绿、桃红及诸浅淡颜色,不许用大红、鸦青、黄色。带用蓝绢布	
洪武十四年 (1381 年)	各衙门只禁原穿皂衣,改用淡青。又令僧道服色。……禅僧茶褐常服,青绦玉色袈裟。讲僧玉色常服,绿绦浅红袈裟。教僧皂常服,黑绦浅红袈裟。僧官皆如之。道士常服、青法服、朝服皆用赤色。道官亦如之。惟僧录司官袈裟、道录司官法服、朝服皆绿纹饰以金	
洪武二十六年 (1393 年)	又令官吏及军民僧道人等,衣服、帐幔并不许用玄、黄、紫三色,及织绣龙凤文,违者罪及染造之人。其朝见人员,四时并用颜色衣服,不许纯素	
洪武二十六年 (1394 年)	凡伞盖,一品、二品银浮屠顶,茶褐罗表,红绢里,三檐。三品、四品用红浮屠顶,茶褐罗表,红绢里,三檐。以上伞盖俱用黑色、茶褐,雨伞俱用红油伞。五品用红浮屠顶,青罗表,红绢里,两檐。雨伞同四品。六品至九品用红浮屠顶,青绢表,红绢里,两檐	卷六二《礼部二十·房屋器用等第》

续表

时　　间	禁　令　内　容	卷　　次
洪武三十五年 （建文四年） （1402 年）	官员伞盖不许用金绣、朱红妆饰	卷六二《礼部二十·房屋器用等第》
景泰四年 （1453 年）	锦衣卫指挥、侍卫者,得衣麒麟服色	卷六一《礼部十九·冠服二》
天顺二年 （1458 年）	官民人等衣服不得用蟒龙、飞鱼、斗牛、大鹏、像生狮子、四宝相花、大西番莲、大云花样并玄、黄、紫及玄色样黑绿、柳黄、姜黄、明黄等色	
成化二年 （1466 年）	官民人等不许僭用服色花样	
成化十年 （1474 年）	禁官民人等妇女,不许僭用浑金衣服、宝石首饰	
弘治十三年 （1500 年）	公、侯、伯及文武大臣、各处镇守、守备等官敢有违例奏讨蟒衣,飞鱼等项衣服者,该科参驳,科道纠劾	
嘉靖六年 （1527 年）	在京、在外官民人等不许滥服五彩妆花,织造违禁颜色及将蟒龙造为女衣,或加饰妆彩图利货卖	
嘉靖十六年 （1537 年）	在京、在外文武官员除本等品级服色及特赐外,不许擅用蟒衣、飞鱼,斗牛等项违禁华异服色。其大红纻丝、纱、罗服惟四品以上官及在京九卿、翰林院、詹事府、春坊司、经局、尚宝司、光禄寺、鸿胪寺五品堂上官、经筵讲官方许穿用。其余衙门虽五品官及五品以下官,经筵不系讲官者,俱穿青绿锦绣。遇有吉礼,止许穿红布、绒褐	卷六一《礼部十九·冠服二》

　　明代中期之后,随着丝绸染色技术的提高,丝绸色彩显著增多。仇英的《清明上河图》虽构图仿张择端的同名长卷,但表现的却是嘉靖年间苏州城的繁华景象。仇英祖籍江苏太仓,后移居苏州,对江南风物十分熟悉,描绘市井百态细致精微,图中即有一染坊,几匹染过的织物悬挂在架上,颜色似为淡青、豆绿、浅紫、天蓝等几种(图 4.2)。

　　《金瓶梅词话》描述了万历时富商之家使用的各色丝绸,明媚鲜亮之色尤多,

图 4.2　仇英《清明上河图》中的民间染坊

如金红、银红、茜红、翠蓝、鹅黄、柳绿、葱白、葡萄紫等,而赭褐一类大大减少。《崇祯松江府志》也记录了明末这种"染色之变":"初有大红、桃红、出炉银红、藕色红,今为水红、金红、荔枝红、橘皮红、东方色红;初有沉绿、柏绿、油绿,今为水绿、豆绿、兰色绿;初有竹根青、翠蓝,今为天蓝、玉色、月色、浅蓝;初有丁香、茶褐色、酱色,今为墨色、米色、鹰色、沉香色、莲子色;初有缁皂色,今为铁色、玄色;初有姜黄,今为鹅子黄、松花黄;初有大紫,今为葡萄紫。"[192]186 织物色彩的变化和过渡愈加微妙,更重要的是,明艳悦目的颜色占据多数,成为主流,民间服色也必定焕然而变。

若将《多能鄙事》与《天工开物》做一番对比,则可看出,明末织物色彩丰富了很多,红、青、绿都有多种,染料和媒染剂的种类也有增加,但曾经种类颇丰的皂、褐等却大大减少(表 4.5)。《天工开物》所记的一些颜色名称十分形象,如水红、天青、葡萄青、蛋青、月白、草色、象牙色等,其名便引人遐想,其色亦应清新隽雅,与《崇祯松江府志》所记有诸多相合。从暗沉稳重到浅淡清新,这种丝绸色彩之变并不仅限于松江区,而是明代的大趋势,甚至礼制严谨的宫廷之中,服色亦现新风。

表 4.5 《多能鄙事》与《天工开物》中的染色名目对比

书籍	《多能鄙事·染色法》	《天工开物·彰施》
时间	元末	崇祯十年(1637 年)
颜色	小红、枣褐、椒褐、明茶褐、暗茶褐、艾褐、荆褐、砖褐、青皂、皂色	大红、莲红、桃红、银红、水红、木红、紫色、赭黄、鹅黄、金黄、茶褐、官绿、豆绿、油绿、天青、葡萄青、蛋青、翠蓝、天蓝、玄色、月白、草色、象牙色、藕褐色、青色
染料	苏木、黄丹、槐花、黄栌木、皂斗、荆叶、江茶、铁浆、五倍子、百药、煎秦皮、黑豆、酸石榴皮	红花、乌梅、芦木、苏木、莲子壳、槐花、蓝靛(茶蓝、蓼蓝、马蓝、吴蓝、莧蓝)、黄檗、杨梅皮、五倍子、黄土、栗壳、胶水、豆浆水、山榴花汁
媒染剂	明矾、绿矾、皂矾	碱、稻稿灰、麻稿灰、明矾、青矾

4.1.3 宫廷袍服新色

明末秦兰征在《天启宫词》中写到名为"海天霞"的罗,为内织染局所染,颜色似白而微红,[101]27 宫人用于裁制春衣。"似白而微红"的颜色在明代也称为"粉红"、"淡红"或"浅红",略似唐代的"退红"。[101]75-76"海天霞"之名暗示了这种淡红色罗常与青绿色衣搭配,先祖忌辰之时,内臣应服青绿,淡红里衣加罩一层青绿纱罗,内外掩映,仿若"瑟瑟波纹衬海霞"。[101]38 明代的罗为春秋所服,较轻薄,略透明,当两层织物相互叠加时,会形成如同"水之波、木之理"的效果。比罗更为轻薄的纱是夏衣用料,当内外叠穿时,也能显出暗纹,并且这种自然纹理会随着人的动作而变幻。清初蒋之翘用"时兴纨素雯华动,仿佛行云出峡中"来形容天启年间宫眷穿白色"怀素纱",行走之间暗纹簌簌而动,有如行云流水。[101]57

宫廷的服色忌讳较多,丧服白色,因此官员朝见时"服色不许用纯素"[84]1058。内廷之中,宫眷夏季暑衣也不用纯白颜色,但思宗周皇后穿起了通身白纱衫子,并且不加盖饰。对此,思宗并未介怀,反笑称周皇后为"白衣大士",[101]81-82 显然对服色的新异变化较为宽容。自此之后,宫眷纷纷仿效,裙衫皆用白纱裁制,仅在里面衬以红色内衣稍作掩映。台北故宫博物院的仇英款《汉宫春晓图》中就有宫人外穿浅淡色衣,露出胸前的红色袙腹(图 4.3)。[101]76 但崇祯时宫女的白纱衣应半透明,其下红色袙腹隐约透出,才是所谓"掩映深红雪裹春"。

图 4.3 仇英《汉宫春晓图》局部

崇祯时,贵妃袁氏曾穿浅碧色研光绫衫,侍于月下,深得思宗赞赏,被宫人称作"天水碧",遂成宫中时新颜色,引得绫价翔贵。天水碧并不是新名词,南唐宫人偶将所染生帛曝于庭院,为露水所渍,颜色竟鲜翠异常,流行于宫中。[244]70 未久,南唐为宋所灭,而赵姓源自甘肃天水,天水碧即被视为逼迫之兆。政和末年宫廷又染此色,数年后金人败盟侵宋,天水碧再次获诟。[245]44 明末宫廷或许仅借其名,未必以露水染色,却仍盛行一时。结合宫眷争相裁制纯素暑衣之事,可知明末宫人对新奇服色的喜好,已压过了对不详之谶的忌讳,也逾越了律典的限制,风气之变由此可窥一斑。

"海天霞"与"天水碧"都是清新浅淡之色,在唐五代时已有类似的丝绸色彩,明末重新流行于宫廷,必然有其原因。杨慎在《谭苑醍醐》中曾讲到"正色"与"间色"的关系:青、赤、黄、白、黑为五种正色,"正色之外杂互而成者"称为间色,如碧、紫、红、绿、流黄,而"间色之中又有间色",如天缥、縓红、浅绛、女贞黄、天水碧等等。[246]60　正色鲜明,间色雅致,间色中的间色则浅淡柔和。洪武之初,官府就规定了正色为宫廷专用,士庶妻不许用大红、鸦青、黄色等鲜明色彩,只许服用"紫、绿、桃红及浅淡诸色"。[84]1071　明末,民间染色技术已经十分成熟,浅淡之色亦能染造得清新雅逸,广为流行。宫廷后妃中总有来自江南者,如崇祯朝周皇后祖籍苏州,田贵妃则自幼生活于扬州,二人皆喜爱江南之雅致服色、新巧样式,宫中谓之"苏样",宫人纷纷效仿,成为一时风气。[101]75-76　江浙等地上贡的丝绸段匹也会进入内府,制为袍服、帐幔,或装裱书画、佛经,江南风尚在宫廷可谓无处不在。明代官方刊刻的佛经封面上装裱的丝绸有不少清新雅致颜色,可以想见昔时审美之变迁(图4.4)。

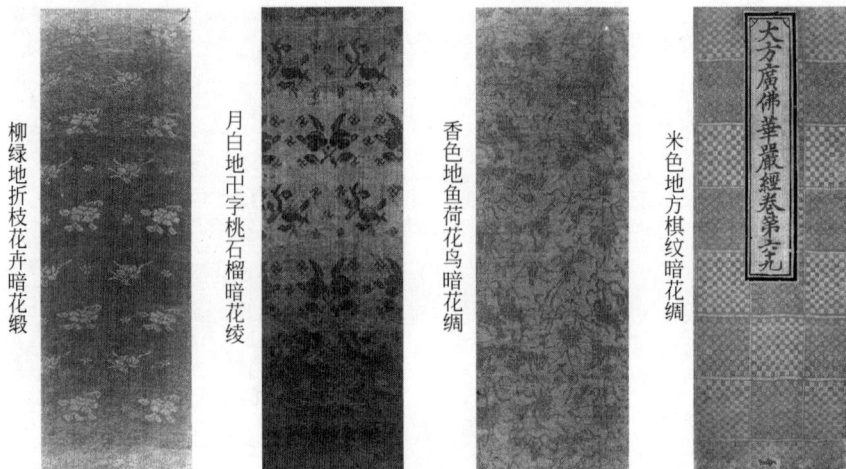

图 4.4　大藏经裱封丝绸四种

（竖排图注，自右至左：柳绿地折枝花卉暗花缎　月白地卍字桃石榴暗花绫　香色地鱼荷花鸟暗花绸　米色地方棋纹暗花绸　大方广佛华严经卷第七凡）

　　宫廷服色的变化招致了一些大臣的反感,万历时,张居正之子张懋修以"五行相生者为正色,五行相克者为间色"作为理由,抵制当时流行的"蓝花、月白、紫花"等服色。他认为正色与间色如同官阶之正偏,宫廷袍服不喜正色而旁取间色,恰如正官皆不得志,偏官却成贵显。他将使用"驳杂"袍色的现象称为"服妖",认为是"天地不正之气"所致。[247]123　张懋修的一番言论看似玄奇,事实上是对万历时章服混乱、内官僭越违制现象的不满,他所谓的纯正与驳杂,指的是等级高下,明代上至帝王、下至庶民,服色各有定制。然而明代内臣监管织造丝绸、烧造瓷器等事,不但掌握实权,还常得到帝王特赐的华异袍服。服色既乱,等级差别也就模糊,甚至纲常礼仪都难以维系。上既有滥服,下必有僭越,新样颜色的流行,既是审美变迁的结果,也是冠服制度松弛的表现。

4.2　提　花

丝绸装饰手段中有多种显花方式,如绘画、印花、染缬、矽花、刺绣等,但最常用的莫过于提花。提花丝绸是指使用花本与花楼装置进行提花织造的、具有图案装饰的丝织品,主要以纬线显花,并不限制是何种地组织。提花丝绸包括了通梭的暗花织物、重纬织物、特结织物,以及短梭回纬的妆花织物。[58]9

提花是指利用经纬组织的规律变化,在丝绸表面呈现出花纹的装饰方法,是丝绸最主要的显花方式。

4.2.1　通梭提花

经纬线同色的称为本色提花,经纬线同色,所织花纹因对光线反射角度有别而呈现出若隐若现的暗花效果,是明代丝绸中最普遍的装饰方法。提花丝绸中较为常见的还有纬二重织物,纬线分为两组,一组为地纬,一组为纹纬,二者颜色不同,形成花地异色的效果,明代称为"花段""花纱"等,陈娟娟称之为"花名织物"。若纹纬为金线,则称为织金织物。若纬线颜色超过两种,就多是特结型重组织的锦类织物了。

从出土实物来看,明人最常见的丝质衣料是各种暗花丝绸。明初苏州出产的纱有数等,如三法纱、天净纱、暗花纱等,其中"即之若无,望之若有"的暗花纱最为贵重。[116]1723-1724 这或许与元代遗风有关,元代丝绸除去织金锦外,大多是单色织物。[248]116 暗花丝绸内敛含蓄,在不同光线中,花纹时而明亮,时而隐约。裁为衣服,既不乏装饰,又浑然一体,最符合华夏民族的审美趣味。暗花丝绸的图案常为云纹、花卉、几何纹、文字等,花纹多细小,分布均匀,铺陈满地。织金和妆花胸背袍料的地组织也常起暗花,此时暗花图案便形成了"地纹"的效果,这是明代丝绸装饰追求多样化和层次感的表现。北京艺术博物馆收藏的明代丝绸经面中有相当一部分属于暗花织物,其中不乏纹彩美妙者,如茶绿地缠枝芙蓉暗花缎,花叶姿态舒展,枝蔓盘卷柔美,布局错落有致,具有很高的设计水平。其他的丝绸品种也均有暗花一类,如暗花绫、暗花绸、暗花纱等(图 4.5)。暗花丝绸是明代使用最多的衣料,明人容像中,暗花织物花纹虽不甚明朗,亦被精心描摹。安徽博物院藏有正嘉间所绘的《唐白云夫人像》,人物衣裙为花卉和云纹图案的暗花织物,与炫目的织金胸补形成强烈对比(图 4.6)。

花名织物在明代发展极为繁荣,其纬线有两组,地纬与经线同色,纹纬为另一色,织出花地异色的图案。两种色彩多对比强烈,装饰风格明朗热

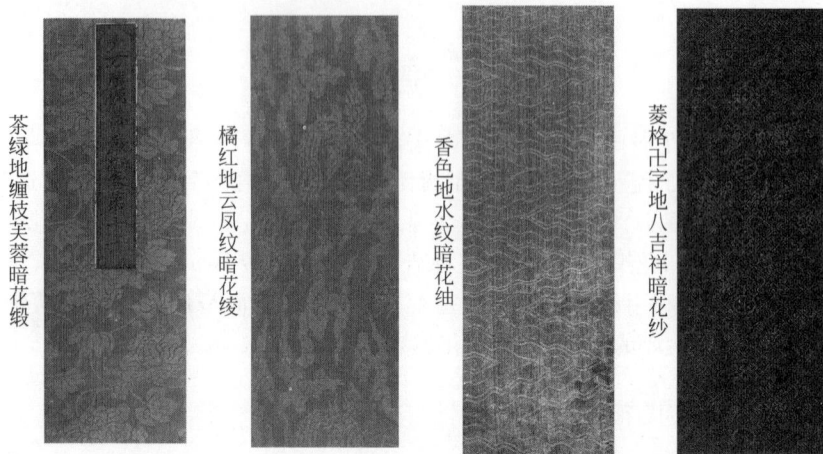

茶绿地缠枝芙蓉暗花缎　橘红地云凤纹暗花绫　香色地水纹暗花绸　菱格卍字地八吉祥暗花纱

图 4.5　暗花丝织经面四种

图 4.6　《唐白云夫人像》及局部

烈,极富时代特点,有些还在地组织上起暗花,形成两层花纹的效果。花名织物依其质料不同而被今人称为二色缎、二色绸、二色罗、二色纱等。二色缎的纹纬往往比地纬粗出二三倍,[36]227 织出的花样略有凸浮感,加之色彩的对比,使图案更加立体醒目(图 4.7)。故宫博物院收藏的七珍图二色缎在红色地上织蓝色团花,团花之间又起本色暗花云纹,一明一暗两重花色,层次丰富(图 4.8)。二色绸有闪色感,潞绸中纹地异色者便属于此类。[28]54 北京艺术博物馆所藏的 2 000 余件明代织绣中,有相当多的二色纬重织物,仅丝绸经面中,就有二色缎 481 件、二色绸 103 件、二色罗 138 件、二色纱 107 件。[28]51-58 二色织物的增多,是明代丝绸装饰中一个值得注意的现象,相比于含蓄内敛的本色暗花,纹地异色的装饰性更强,图案尺寸大者更具醒目夸张的效果。花名织物在明代广为流行,可见明人喜爱明朗欢快的色彩搭配。

图 4.7　蓝地缠枝莲二色缎及细节图　　图 4.8　七珍图二色缎及摹绘图

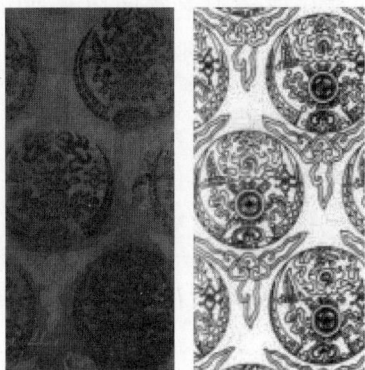

由于明代妆花技术的广泛使用,彩色织物大为丰富,多重彩纬的锦类织物反而并不突出。以多彩而著称的蜀锦在民间基本消失,宋锦使用广泛,但配色多和谐雅致,并不以艳丽取胜。明代织锦常以几何图案构成骨架,间隙填以各类花卉杂宝,在规整秩序中又见琐细变化。锦面常见的几何图案有方棋、龟背、天华、盘绦、球路、八答晕等(图 4.9、图 4.10)。

图 4.9　米黄色地盘绦花卉纹锦　　图 4.10　方棋朵花纹锦

4.2.2 妆花

妆花以通经断纬、局部挖梭的方式织出多彩图案,是明代最具代表性的丝绸装饰手段。妆花织物的纬线有二组,一组为地纬,用来织地,另一组为彩线或金银线等构成的彩纬,用小梭盘织起花。现存较早的妆花织物有出土于辽代耶律羽之墓的团窠杂花对凤妆金银锦和遍地杂花狮盘妆金锦[54]287-288,通纬织地、断纬织花,是典型的妆花工艺,由于显花的纬线并非彩绒而是金银线,严格说来应称之为妆金银。

妆花织物真正流行是在明代,大花楼提花机的广泛使用是推动妆花技术完善的契机。大花楼机挖花妆彩的织造斜面和打纬力的调节控制,是妆花工艺成熟的重要条件。花本与纤线的兜连,更换灵活,花纹可不断拼接延长。[57]204大花楼机一般只需在部分部件中做相应改动后便能织出妆花缎、妆花绸、妆花纱、妆花罗等各类复杂提花丝织物,用它可以织出中国古代所有的纺织品。[249]142

技术进步对于丝绸纹样的影响巨大,大花楼机能织造出通幅无循环、图案不对称的织成袍料,明人常提及的"蟒衣"便属此类。南京博物院藏有身着蟒服的王鏊容像,图中,王鏊身着大红缠身蟒袍,蟒似织金而成,周围密布五色云朵,图案繁复而艳丽(图 4.11)。王鏊籍贯苏州,正德间任户部尚书,撰有《正德苏州府志》。正德间,苏州出产的纻丝和纱有"金缕彩妆"之饰,王鏊的蟒袍应属此类。故宫藏有一件绿地云蟒纹妆花缎织成袍料,与王鏊所服者类似(图 4.12)。

图 4.11 王鏊像

图 4.12 绿地云蟒纹妆花缎织成袍料局部

多彩丝绸在历代都是高档而稀少的,明初的彩色织锦,往往被称为"彩妆绒锦",在诸类丝织物中,最为珍贵。据《善邻国宝记》所记,宣德八年(1433 年)、正统元年(1436 年)、景泰五年(1454 年),明政府均赐日本国王及王妃白银、丝绸、器物等,其中彩妆绒锦总是位列丝绸之首,仅数匹,织金居其次,数量较多。①[250]379-383 可见彩锦属奢靡之物,产量小,为上层所重。织锦为多重经纬组织,通梭起花,色彩愈丰富,质料愈厚重,制衣必不舒适。而妆花织物则仅在起花局部挖织,彩纬浮于表层,既有繁丽花色,又不影响质料厚薄,自然受到时人青睐。

明代文献多称妆花为"彩妆",这是造作中通用的形容五彩装饰的词语,也常用于建筑彩画和彩绘瓷。《明实录》中偶见称之为"盘梭""剗样""改妆"的例子[122]6733,前二者显然是强调了小梭挖织的起花方式。这些名称在同一则文献中出现,说明妆花还可能有更细致的分类。

学界曾认为"妆花"一词,首见于《天水冰山录》[2]44,事实上,正统初年,官府赏赐暹罗国王及王妃的物品中就有"妆花绒锦"[143]432,但这应该与明初赏赐中的"彩妆绒锦"相同,属于彩色织锦。而据《正德江宁县志》(今南京市江宁区)所记,当地出产的多种丝绸均有"彩色妆花"一类,[139]726 这些显然是真正的妆花织物。

明代妆花织物的生产,则可追溯到洪武时代,苏州所产"绢边、纱地、刻丝花"的三法纱,[116]1723-1724 应该就是妆花纱。天顺时,官府织造了大批华异服色,有蟒龙、斗牛、飞鱼、麒麟、狮子通袖膝襕袍料,还有斗牛、飞仙、天鹿补服,用于帝王钦赏。[251]911 这些袍料中,应有一部分为妆花织物。成化时,宫廷奢靡之风初起,对妆花织物的需求量增加。每至端午,宫人更服"彩妆五毒大红纱",此纱产自苏州府的长洲、吴县两地,由内官监督、民匠织造,一次便织五百余匹。[184]卷五 五毒纱装饰繁丽,以五彩妆花织五毒于两肩、胸背、通袖、膝襕,每匹所用工料可织普通纱十余匹。故宫收藏有一件万历时的"红地艾虎五毒纹妆花纱"[25]127,应该就属此类(图 4.13)。

图 4.13　红地艾虎五毒纹
妆花纱

---

①　原文中为"彩妆绒绵",与《明实录》对照,推断"绵"字应为"锦"字之讹。

官府频繁织造妆花织物,始于弘治时期。当时的妆花织物主要是陕西、甘肃生产的"彩妆绒褐",即羊绒和蚕丝混纺的织物(表 4.6)。西北地区不擅

表 4.6　《明孝宗实录》中的织造妆花织物事例

时　　间	事　　例	卷次
弘治五年(1492 年)二月庚午	巡按陕西监察御史张文言:顷者,司礼监一再传写帖子,令陕西、甘肃二处守臣如所降图式,织彩妆绒氄、曳撒数百事	卷六〇
弘治五年(1492 年)三月丙子	吏科都给事中张九功言:迩者,工部两奉旨,将新制各色彩妆绒氄画图,下陕西镇巡三司并甘肃镇巡等官织造。今陕西诸司动支帑银,收买物料,往南京转雇巧匠,科买湖丝,又于城中创造织房	卷六一
弘治六年(1493 年)十月庚辰	陕西西安府知府严永浚以陕西、甘肃织造彩妆绒氄上疏曰:灾变之来,必以类应,时两愆者,泽未流也。陛下请近取禁帷服御之物,远取工作司局之费,合而验之,则德泽流滞,皎然可见。臣顷尝再至陕西杂造局,见前二次降来图样,令本处织造彩妆绒氄四十九匹。其先次坐派二十五匹,行布政司支银买办物料及顾倩匠作织造,已费用银二千余两,尚未完结。今又以复坐二十四匹,未可停缓,欲依原降织造以进	卷八一
弘治十一年(1498 年)五月丙申	府部臣英国公张懋等言:顷岁,工役太繁,内而寿安、钦安宫、西七所、毓秀亭之修建,外而神乐观、太仓城楼及皇亲屋宇之创造。近者,又于兴济县建真武祠,使三军壮气耗于转输之勤,万民膏血浪为土木之饰。又改造织金、彩妆、闪色诸罗段纱,织造羊绒、彩妆、闪色诸衣物,计其工料价银,所需不下百万	卷一三七
弘治十一年(1498 年)十一月乙未	兵科给事中蔚春言六事:……欲将陕西织造上用彩妆绒氄责令完造,其未完可缓者行令减免	卷一四三
弘治十一年(1498 年)十一月癸卯	礼科都给事中涂旦等言:……近者,差内官往苏杭等处织造段匹、陕西等处织造羊绒、织金彩妆曳撒、秃袖,江西烧造各样磁器,俱极淫巧。又取福建丝布,追督甚急	卷一四三
弘治十三年(1500 年)七月戊午	巡抚陕西都御史熊翀言:顷蒙遣官织造各色织金、彩妆羊绒共五百余匹,近织成才二十匹,工程已阅十月,费用已逾万两,而织造物料、工役悉取给于四方	卷一六四

织造,织匠雇自南京,那么,南京必然也是妆花织物的产地。此外,官府还将岁造段匹大量改造为织金、妆花、闪色等高档品,所需工料价银不下百万。[147]2387 较早的明代妆花出土物,可见于弘治十七年(1504 年)的宁靖王夫人吴氏墓。此墓中的一批妆金和妆彩衣裙,是明代中期妆花丝绸的代表。"妆金团凤纹鞠衣"[197],上身织有柿蒂形妆金云肩图案,为左右两幅拼成,云肩中有对凤、莲花、水波等纹样,织造缜密,图案雍容浑厚(图 4.14)。璎珞纹云肩织金妆花缎上衣,以捻金线和彩色丝绒织出大窠的八宝璎珞纹,上以璎珞结成基本框架,中间缀以八宝及其他杂宝如双胜、如意、珊瑚、双钱、犀角、书卷、双犀角等(图 4.15、图 4.16)。[10]180 若将衣服展开来看,璎珞纹形成一个大窠,经向长度为 73 厘米,纬向长度约 86 厘米,以领口为中心,覆盖了上衣的胸背及两肩。此璎珞纹虽不及唐代"独窠文纱四尺幅"[252]519 那样阔大,但在明代丝绸中也极为少见。如仔细观察,可发现纹样实际由左右两幅拼成,图案中琐碎的杂宝、璎珞均拼接完整,显示出很高的织造水平。这与宋应星所说"各房斗合,不出一手"[102]38 的龙袍织法类似,都要预先设计衣服式样及花纹,随后挑花结本,织于同一幅匹料之上,再裁剪缝合。包含着衣服式样及花纹的匹料称为织成,在明代,也称为"袍料""衣段""裙段"等,通常是较为高档的面料。宁靖王夫人吴氏为朱权世孙之妻,身份高贵,[197]使用织成衣料实属合理。

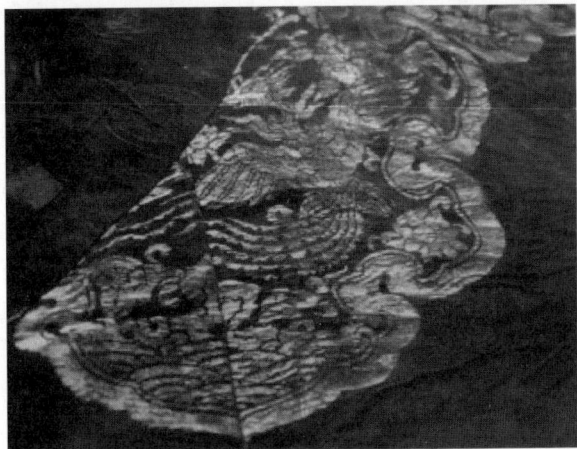

图 4.14　妆金团凤纹鞠衣局部

图 4.15　璎珞纹云肩织金妆花缎
上衣局部

图 4.16　璎珞纹云肩织金妆花缎上衣
云肩部分展开复原图

正德时,苏州民间出产"金缕彩妆"的纻丝和纱,[119]963《正德江宁县志》所记的物产中,纻丝、纱、罗、绢均有妆花的品种,可以想见彼时苏州、南京丝织产品花色之繁盛。正德朝官府织造的数量急剧增加,仅正德三年一次题造就达一万七千四百余匹[251]911,其中应该有不少妆花丝绸。北京南苑苇子坑明墓出土了正德时期的大量妆花衣服及手帕等物,品种有缎、罗、绸、纱,图案多云龙、云凤、缠枝花卉等。[11]这些衣服大部分不是品官或命妇所能使用的,其上的龙凤纹样为帝后专用,除非得自赏赐,一般官员倘若穿用,则属违例。因墓志佚失,考古学者根据墓志盖和地券推测,墓主为武宗的夏皇后之父夏儒。假如这个推断无误,那么墓中大量龙凤纹样妆花衣服必然是来自帝王赏赐。

嘉靖六年(1527 年),官府颁布禁令,不许官民人等滥服五彩妆花。[84]1058禁令的颁布必然是因为朝野已有"滥服"现象,其缘起则要归咎于帝王的"滥赏",正德时,内臣乞赐渐广,帝王赏赐日增。[251]911此风一旦萌发,便不易遏制,嘉靖时,帝王赏赐妆花丝绸依然频繁。曾任内阁首辅的夏言记录了嘉靖十一年(1532 年)至十七年(1538 年)间受赐之物,其中妆花织物为数不少,且均为袍料,如"大红织金彩妆云鹤纻丝衣""青六云闪黄飞鱼彩妆纱"等(表 4.7)。"鹤袍换彩,已叨一品之荣;麟锦增辉,重荷九天之锡"[253]691,图案高贵的妆花袍料是身份的象征,获赐者莫不以之为荣。赐服是明代帝王笼络臣属的手段,也是官府增织妆花袍料的重要原因。《天水冰山录》所记的妆花丝绸数量巨大,品种包括缎、绢、罗、纱、绌、改机、绒、锦、丝布等,主要是袍料,少量为段匹,其中应有不少来自帝王赏赐。权臣尚且占有如此之多的妆花丝绸,宫廷则可想而知。

表 4.7　《夏桂洲文集》卷一五[252]651-659 所记的受赐丝绸衣服、段匹

年　份	日　期	事　由	赐　物	数量
嘉靖十一年 (1532 年)	六月十九	建崇雩坛	大红彩段	9 表里
	十月二十	撰显灵宫碑文	大红绌丝织金五彩云鹤衣	1 袭
嘉靖十二年 (1533 年)	八月十二	皇子诞生	彩段	3 表里
			大红云绌丝	1 表里
嘉靖十三年 (1534 年)	正月十八	钦册皇后	大红织金彩妆云鹤绌丝衣	1 袭
嘉靖十四年 (1535 年)	二月十六	劳倍诸事	大红彩妆云鹤罗衣	1 袭
	八月初八	拟端凝懋勤殿名	绌丝	2 表里
	十一月初九	撰乐章	绌丝	2 表里
			罗	2 表里
嘉靖十五年 (1536 年)	二月十五	谒陵	织金彩妆飞鱼通袖膝襕大红罗	1 匹
			暗骨朵云翠兰罗	1 匹
			红绿裹绢	2 匹
			青闪绿飞鱼绌丝鸾带	1 条
			彩绒花绦	1 条
			彩绣金方袋	1 个
	四月十八	未明	大红闪青飞鱼金缴边五彩云单缠身通袖膝襕暗骨朵云纱	1 匹
			青六云闪黄飞鱼彩妆纱	1 匹
			葱白十二云纱	1 匹
			翠蓝十二云纱	1 匹
	五月初九	上《武陈绘事》 (武备图绘)	大红云鹤纱衣	1 袭
	七月二十八	皇史成告成	彩帛	8 表里
	八月十五	皇女诞生	绌丝	2 表里
	九月初三	安列圣御像	大红绿罗	2 表里
	九月二十一	视工	绌丝	3 表里
	十月初六	皇嗣诞生	大红青绿绌丝	4 表里
	十月二十七	寒月随行	段	2 匹
			绢	2 匹
	十二月二十六	元子命名剪发	绌丝	4 表里

续表

年　　份	日　　期	事　　由	赐　　物	数量
嘉靖十六年 （1537年）	三月二十二	未明	大红织金彩妆麒麟罗衣	1袭
	六月初九	疾患	大红纱彩蟒衣	1袭
			大红纱金蟒衣	1袭
嘉靖十七年 （1538年）	二月初三	为圣母祈寿	大红彩妆麒麟罗衣	1袭

注：内容出自《夏桂洲文集》卷一五。

　　嘉靖时的昭毅将军杨钊墓出土一件织金麒麟圆领绫袍[5]60，质料为杂宝云纹绫，胸背处的麒麟以妆花工艺织成，显花纬线为捻金线，是一件难得的妆金绫实物（图4.17）。杨钊家族墓中还出土一件四季花凤狮纹织金妆花缎裙[5]101，裙片上半部织金彩妆团花，花卉有牡丹、芙蓉、菊花、莲花四种，是宋代已流行的"四季花"题材。下部裙襕上有织金妆花的凤凰、狮子图案（图4.18），显然，这是一件织成裙料，遗憾的是，这件妆花缎裙残损严重，图案缺失较多。

图4.17　妆金麒麟圆领绫袍及局部

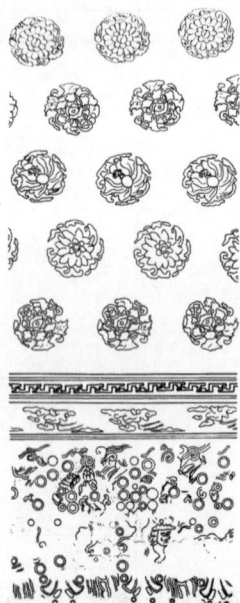

图4.18　四季花凤狮纹织金妆
花缎裙局部摹绘图

嘉靖时妆花织物显著增多，这与帝王的喜好关系密切。嘉靖七年（1528年），舆服制度有了较大的变革，世宗颁定了新的冠服样式，"忠静冠服"用以区分尊贤之等，"保和冠服"用以明确亲亲之杀。[82]1627-1628 将保和冠服与成祖所定的皇室常服相比，可以看出，等级差别在衣冠之上体现得更加明确。单就袍服装饰来说，永乐时的皇太子、亲王、郡王常服相同，皆以金织蟠龙装饰胸背及两肩，郡王长子常服亦为织金，只是图案降为狮子；而保和冠服中，郡王以上改成彩妆补子，郡王长子仍为织金（表 4.8）。[84]1043 如此一来，妆花便不仅仅是丝绸的装饰手段，还成为区分等级的标志。从现存的几幅宫廷绘画中，也能够看出这样的变化。《明宣宗行乐图》（图 4.19）、《明宪宗元宵行乐图》（图 4.20）、《（神宗）入跸图》（图 4.21）分别绘有三位皇帝袍服，对比之后可以发现，宣宗和宪宗穿着织金袍，而神宗则穿妆彩袍，这也是冠服制度变革的表现。

表 4.8　万历《大明会典》中所记的皇室常服装饰变化

时间	永乐三年（1405 年）	嘉靖七年（1528 年）
服制	常服	保和冠服
内容	皇太子常服：袍赤色，盘领窄袖。前后及两肩各金织蟠龙一 亲王常服：俱与东宫同 郡王常服：俱与亲王同 郡王长子常服：大红纻丝织金狮子圆领	服用青身、青缘，前后方龙补各一。身用素地，边用云。其补子，郡王以上彩妆，郡王长子织金为之

注：内容出自万历《大明会典》卷六〇《冠服一》。

图 4.19　《明宣宗行乐图》局部　　图 4.20　《明宪宗元宵行乐图》局部　　图 4.21　《入跸图》局部

　　帝王的好恶总能影响工艺美术的风格,世宗对五彩装饰尤为喜爱,反映在丝绸上,是妆花织物的风靡,表现在陶瓷上,则是五彩瓷器的盛行。据清人所记,明代嘉靖官窑花彩有五十余种,其"彩画之奇诡,绘事之伟丽,几于不可方物也"。[254]4476 青花五彩的繁荣出现在嘉靖万历时期,其图案多较满密,色彩浓艳,效果热烈。釉上五彩的繁荣在嘉靖时代,常用的颜色为红、绿及黄,显示的是热烈以致亢奋的情绪。[1]323 国家博物馆收藏的五彩鱼藻纹盖罐(图 4.22)和故宫所藏的五彩云鹤纹罐(图 4.23)便是嘉靖五彩瓷的代表,后者的题材也为丝绸所常用,《天水冰山录》中便记有二十余件妆花云鹤纱衣。[104]172

图 4.22　嘉靖五彩鱼藻纹盖罐

图 4.23　嘉靖五彩云鹤纹罐

　　万历时期的妆花丝绸极为繁盛,这体现在生产数量、制作材料、花样更新、使用范围等几个方面。

　　万历《大明会典》规定,岁造段匹"俱以十分为率,二分织金,八分光素"[84]2706,并未提及妆花丝绸。然而官府对妆花织物的需求在不断增加,这一点在频繁的赏赐、加派和改织中显露无遗。

　　神宗对重臣的赏赐极其丰厚,万历三年(1575 年),赏赐三位阁臣每人大红彩织纻丝各二表里,[122]989-990 此类的赏赐,万历间还有多次。所谓彩织,即彩色妆花。① 除了阁臣,得到帝王例赏高档妆花袍料的还有外夷首领,如蒙古顺义王等。[122]2497

---

　　① 万历间对妆花丝绸的称谓并不统一,大致有彩妆、彩织、五彩、盘梭、剜样等几种。

　　赏赐增多致使段匹耗费巨大、库存空虚,题造便随之而来。万历三年(1575 年),内承运库题造各色丝绸 97940 匹,其中有御用奇品花样和供赏丝料,必定包括不少妆花织物。[122]1111 嘉靖时,陕西织造的绒袍就已有"织金妆花之丽,五彩闪色之华"[148]148 的各样装饰,隆庆间继续派造,工部和科道官员对此多次抵制[168]1349,隆庆末终于停织。神宗对绒袍显然十分喜爱,即位之后,不但恢复了已停 24 年的羊绒生产,并一次题造四千匹。[122]5339 万历二十九年(1601 年),陕西布政司奉命改织御用妆花羊绒袍,半年方能完成一匹,[122]6733 工料靡费如此,想必精致华贵。

　　定陵中出土了数量众多的妆花丝绸匹料,品种有缎、纱、罗、䌷四种,其中有妆花缎 16 匹,妆花纱 39 匹,妆花罗 30 匹,妆花䌷 4 匹,[2]44-64 此外还有大量妆花衣服。这些妆花织物配色极其丰富,往往在一件织物上,花纹配色可达十几种,甚至二十几种。[2]45 整匹的妆花织物大多是织成袍料,衣片的各个部分排布在一整匹织料中,经过裁剪缝合便成为一件衣服。较有代表性的是一件织金妆花龙襕缎直身龙袍料,上有墨书题签,为万历三十八年(1610 年)闰三月织成,分为前后襟肩通袖、接袖、大襟、衬摆和衣领等十二部分(图 4.24),通幅织金妆花不露地,配色中大量运用晕色方法[2]45,装饰繁复而华丽(图 4.25)。

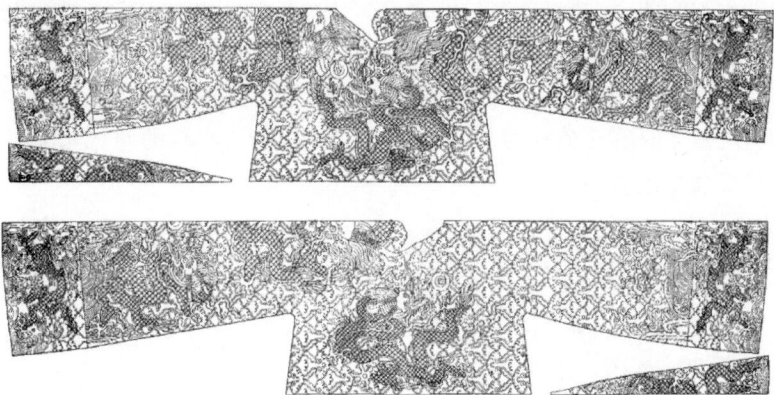

图 4.24　织金妆花龙襕缎直身龙袍料前后襟肩及下摆右侧接片

　　妆花丝绸不仅彩纬颜色丰富,种类也多样,除了丝线之外,还使用金银线和孔雀羽线。孔雀羽线是将孔雀尾羽上的毛丝捻在丝线上制成的,具有天然金翠颜色(图 4.26)。这种线制作费时,因此使用极少,仅用于装饰帝后袍服和宫廷御用品。

图 4.25　织金妆花龙襕缎直身龙袍料接袖局部(复制品)

　　将鸟羽织入丝绸的做法由来已久,南朝齐武帝的文惠太子善制珍玩,曾织孔雀毛为裘[255]211-212,唐代安乐公主也曾造"百鸟毛裙"[256]1817,被宋人视为奢侈之作。定陵出土了十六件孔雀羽装饰的袍服,包括妆花织物和刻丝,除了一件女衣属于孝靖皇后,其余皆为万历皇帝的龙袍或龙袍料。[2]附表1、4、7孔雀羽线皆用于织龙纹,如"红无极灵芝纹地织金妆花孔雀羽四团龙袍料"中,团龙图案的龙身部分便由孔雀羽线织成,金碧之色尤为夺目(图 4.27)。万历间的帝王御服,装饰之豪华,制作之靡费,可谓罕见。明末清初诗人吴伟业以一首《望江南》描述了妆花丝绸:"江南好,机杼夺天工。孔雀妆花云锦烂,冰蚕吐凤雾绡空。新样小团龙。"[99]11 词中所称"孔雀妆花",应该是指孔雀羽线妆花工艺,而小团龙纹样(图 4.28),也在定陵帝后袍服中屡屡出现,应是当时宫廷流行的图案。北京艺术博物馆收藏的明代妆花丝绸经面中,也有不少类似的团龙和蟠螭纹样(图 4.29)。

图 4.26　孔雀羽线

图 4.27　红无极灵芝纹地织金妆花
孔雀羽四团龙罗袍料
复制品局部

图 4.28　红菱形纹地织金八宝小团
龙纱裙纹样线描图

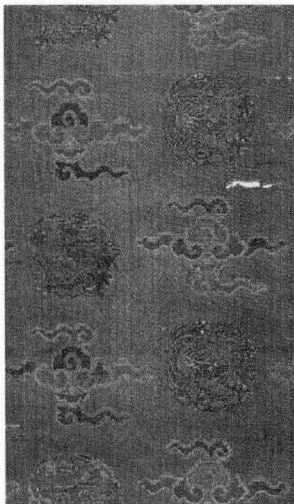

图 4.29　香黄地四合如意朵云团龙
织金妆花缎经面局部

　　万历时妆花技术发达的一个重要标志，是蟒龙织成袍料的大量使用。这种袍料图案阔大，通幅无循环、不对称，花本极其复杂，又有金线彩绒为饰，织造颇费工料。蟒龙袍料在明代多称作蟒衣，正统时已有织造，主要赐给瓦剌和鞑靼[143]2024-2025，其图案为织金或彩绣而成。[143]719-720 穆宗敕封蒙古顺义王时，所赐蟒衣已改为"五彩纻丝"。[168]1372 万历时，妆花蟒衣成为帝王的高级赐物，除顺义王之外，还常赏给阁臣，并且图案有新的变化。张居正曾获赐一件双缠身妆花蟒衣[122]2298，与之前的"单缠身"相比，花纹应该更为满密。刘若愚曾记有"喜相逢"双蟒衣，为万历新样，[92]170-171 大概与之类似。彩妆蟒衣花纹炫目，并非典章所载的官服或常服，而是帝王特赐之物，是身份的象征，官员莫不以服蟒为荣。与蟒衣形态相似的，还有级别稍低的飞鱼和斗牛，数量则更多。描绘万历帝谒陵①的《出警图》中，官员与内臣穿蟒龙袍服者比比皆是（图 4.30、图 4.31）。万历至明末，这类袍料使用范围扩大，宫眷内臣节庆之时皆穿蟒衣。[92]177-182 一些官员留下身着蟒衣的肖像

---

　　①　对《出警图》的断代，学界有两种观点，一种认为图中帝王是世宗，代表文献为林丽娜《明人〈出警入跸图〉之综合研究》（上、下）（《故宫文物月刊》第十一卷第七期 58～77 页、第十一卷第八期34～41 页）；另一种观点认为是神宗，观点见于朱鸿《明人〈出警入跸图〉本事之研究》（《故宫学术季刊》第二十二卷第一期 183～213 页）。本书采用后一种解释。

（图 4.32），流传至今的此类衣服和袍料也有不少（图 4.33）。蟒龙袍料的大量织造，说明妆花工艺完善，应用广泛，也是明代丝绸高档化发展的集中体现。

图 4.30　《出警图》局部一

图 4.31　《出警图》局部二

图 4.32　《镇朔将军唐公像》

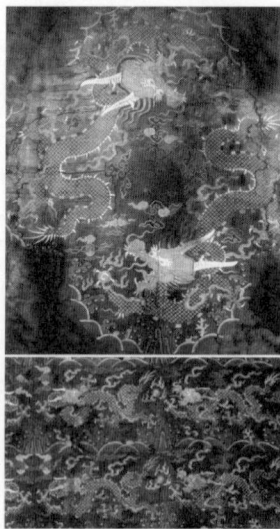

图 4.33　蓝地妆花蟒袍料
柿蒂及龙襕部分

　　明代后期，即使在民间，妆花衣服也并不稀见。《金瓶梅词话》第四十回写到西门庆为家眷裁制衣服，仅月娘的就有"大红遍地锦五彩妆花通袖袄"

"玄色五彩金遍边葫芦样鸾凤穿花罗袍""沉香色妆花补子遍地锦罗袄儿"三件妆花衣服。[97]492 而西门庆为蔡京置办的寿礼中，则有"杭州织造的大红五彩罗段纻丝蟒衣"和"大红纱织金边五彩蟒衣"。[97]314 这些情节与嘉靖六年（1527 年）所颁布"不许官民人等滥服五彩妆花"的禁令显然相悖，是万历时民间僭服风气的反映。

　　挖花妆彩的配色技法，在明代之前的丝织物上有过局部、少量的使用，但作为整件织料全部花纹的妆彩方法，在明代之前的锦缎织物中是不曾有过的。[257]50 妆花技术对明代丝绸的面貌影响极大，主要表现在三个方面。首先，妆花以手工盘梭，最适用于织造满密而复杂的图案，因此，随着妆花技术的普及，在明代中晚期，金缕彩妆的大花样显著增多，以蟒衣为代表的五彩织成袍料能够大量生产，正是依靠这样的技术条件。而细小稀疏的散点花样配色较为简单，难以体现出妆花工艺的优势，一般以通梭方式织造。

　　其次，妆花工艺配色自由，能够实现色彩过渡柔和、细节刻画精微的效果，这是写实图案发展的关键因素。明代丝绸装饰题材丰富，其中不少复杂图案，如童子、仙女、大龙凤纹样等，对写实性有较高的要求，妆花技术的成熟推动了这些装饰题材的发展。故宫收藏有一件绿地仙人祝寿图妆花缎，是帐沿残片，花纹虽不完整，却包含了仙女、鸾凤、江崖海水、折枝花卉等，图案相当复杂。所用彩纬有红、黄、月白、黑、果绿、白、粉、驼色等绒线及片金线，设色鲜艳而不失沉稳（图 4.34）。清宫旧藏的杏黄地海水云龙纹妆花缎，所用彩纬更加丰富，除了各色彩绒外，还有片金线和孔雀羽线。龙鳞、龙睛等刻画细致，形象写实，观感堪比刺绣（图 4.35）。

图 4.34　绿地仙人祝寿图妆花缎

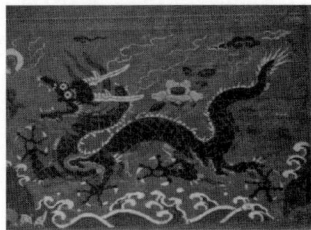

图 4.35　杏黄地海水云龙纹
妆花缎

　　最后，妆花技术"逐花异色"[257]50 的配色方式，能够达到多样而统一的效果，是明代丝绸装饰的重要特点。在循环的纹样中，相邻的图像或造型不同，或颜色相异，避免了重复造成的单调。这是纹样配色的巧妙之处，也是基于妆花技术换色灵活的特点而实现的。故宫藏有两件宣德时期的妆花纱,均是按照这种循环换色方式设计的(图4.36、图4.37)。

　　妆花织物在图案、颜色、质料种类上都有更多的选择性和灵活性,几乎可以满足日常所有需要。明代实用刻丝的数量减少,满地刺绣的衣服、被褥等也不多见,都应与妆花织物的盛行有关。

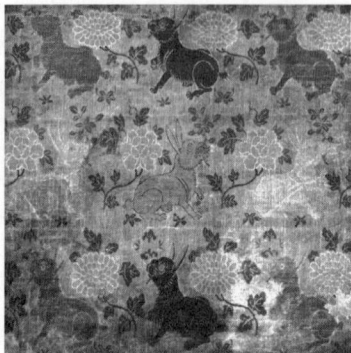

图4.36　黄地兔衔花纹妆花纱　　　　　图4.37　红地莲花牡丹纹妆花纱

4.3　饰　　金

　　黄金稀有而昂贵,具有无可替代的悦目色泽,自古便被用于装点器具衣服。以黄金装饰丝绸的方法很多,可统称为丝绸饰金。早在魏晋之时,文献中已出现“金银饰镂”的丝织物,[258]297-298 现今较早的饰金丝绸实物有法门寺地宫出土的唐晚期织金锦、蹙金绣残片。宋代饰金方法极为丰富,有销金、镂金、间金、圈金、泥金、盘金等,其中大部分用于装饰丝绸衣物,招致帝王屡下禁令,以止奢僭。[259]3574 自辽宋时代开始,锦中加入金线的情况逐渐普遍。[260] 元代社会喜奢侈,尚富丽,不仅织金锦风靡天下,妆金也演为时尚。[248]93 元代舆服制度中,织金花样是区分等级的标志。[261]450

　　明代丝织科技有了进一步发展,大花楼提花机的应用使工匠能够驾驭更为精细复杂的图案,一些较为粗简的饰金方法,如泥金、洒金等,逐渐被织金所取代,饰金丝绸的面貌也因此而变化。

4.3.1　饰金种类

　　以黄金装饰丝绸,需要先将其加工为金箔、金线、金粉等,过程繁复,需要专门的工匠来完成。明代中央官府作坊中与丝绸饰金有关的工匠有金箔匠、销金匠、捻金匠、背金匠、裁金匠,分属于尚衣监、织染局、针工局、内承运库,[84]2572-2583 均由内官管理(表 4.9)。从文献和现存实物来看,明代丝绸饰金的方法主要有四种:织金、刻金、金绣、销金。前三种方法是以金线装饰,后一种是以金箔来装饰。若论重要性,织金显然居于首位。

表 4.9　与丝绸饰金有关的内府工匠

所 属 机 构	工　　种	数量(名)
尚衣监	销金匠	4
内承运库	金箔匠	5
织染局	捻金匠	18
	裁金匠	6
	背金匠	17
针工局	捻金匠	2
	销金匠	17

注:内容出自万历《大明会典》卷一八九。

织金是将金线织入丝绸,以金线显花的饰金方法。织金使用的金线有片金和捻金两种,片金又称扁金,是将金箔黏附于衬纸或薄皮之上,裁为细条使用。其优点是显金效果好,充分利用金箔,缺点是织时须分正反面,纸片金韧度较差,不利通梭织造。捻金又称圆金,是将片金的金面朝外捻绕在一根丝线芯上,其优点是韧度好,宜于通梭织造,并可用于绣,缺点是亮度较差,金箔利用率低。明代制造金箔的技术已十分成熟,七厘黄金制成金箔后能覆盖纵横三尺,[102]228 由于金箔极薄,几乎透明,因此片金的衬纸和捻金的线芯颜色能够左右金线呈色。大多数金线呈金黄色,也有些呈红铜色、淡黄色或淡青色。

蒙元织金技术的提高对明初织金丝绸有着直接的影响。台北故宫博物院收藏的洪武十七年(1384 年)写本《妙法莲华经》经帙是一件深青地织金织成锦(图 4.38)[47]174-175,片金线较宽,半越织入,排布紧密,金箔层厚实,以纤细的特结经固定金线,因此显金效果极佳,显示出与纳石失①和金段子的联系。而宣德五年(1430 年)写本《大般涅槃经》函套是红地织金锦[47]182-183(因褪色而呈赭黄)(图 4.39),片金线匀细,全越排布,显得较稀疏,加之地络的组织结构,更具明代特点。

---

　　① 纳石失是波斯语或阿拉伯语"织金锦"的音译。纳石失用皮金线织成,织造技术来自西域,图案有浓郁的西域风情,使用者主要是帝后亲贵。参见文献[248]84-92。

图 4.38　洪武十七年（1384 年）写本《妙法莲华经》经帙及局部

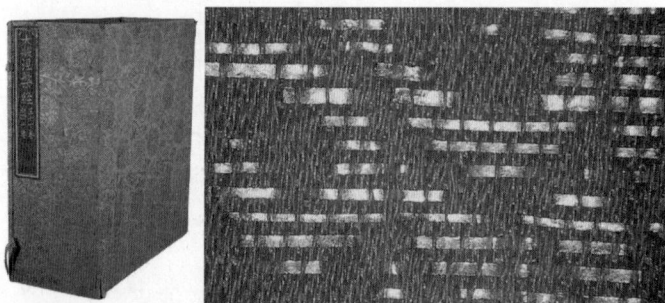

图 4.39　宣德五年（1430 年）写本《大般涅槃经》函套及局部

　　除了通梭织金外，明代也有妆金织物。妆金在辽金时代已经出现，是以通经断纬的方法，用小梭将金线局部挖织于显花处，达到织造花样灵活、降低织物厚度之目的。明代单纯的妆金较少，大多是金线与彩线并用，成为"织金妆花"的典型搭配。

　　织金在明代文献和丝绸实物中出现的概率极高，其重要性不仅仅表现在生产数量巨大，还反映在使用面广，可以施于各类丝织物，纻丝、绫、罗、纱、绢、绸、改机……甚至绒。另外，织金既可使用捻金线，亦可使用片金、片银线，装饰效果最为丰富，北京艺术博物馆收藏的"红地织金云蟒纹妆花缎织成帐料"[38]320（图 4.40）即是用赤捻金、淡捻金两种金线织蟒纹，又以片金线勾勒轮廓。

　　刻金属于刻丝的一种，是指将金线以通经回纬的方法盘织成图案。刻丝本身已属耗时费工之作，刻金更为奢侈。明代刻金使用捻金线，捻金不分正反且易弯曲的，但亮度不如片金，因此常以大面积刻织的方式增强显金效果。现存明代刻金产品兼有实用物和欣赏品，均有明显的宫廷装饰风格。实用物主要是衮服和补子，定陵出土了红、黄二件刻丝十二章福寿如意衮服[2]彩版六六、六七（图 4.41），其上以金线刻出密集的"卐寿"字样。清华大学美术学院所藏"金地刻丝鸾凤牡丹纹团补"[38]349，用纤细的捻金线刻成金地，彩线刻织图案。欣赏品多以绘画为稿本，织成卷轴或幛壁。辽宁省博物馆收藏的"刻丝浑仪博古图"[30]94-97（图 4.42），用彩丝织出 32 件古物，金线勾刻轮廓，图案繁缛，细节精致，并无补绘。朱启钤在《存素堂丝绣录》中曾专为记述，认定其为明故宫屏幛残片。[107]44 首都博物馆收藏的"刻丝仕女人物图壁饰"[37]152-155（图 4.43）刻金为地，五彩丝线织出四组仕女人物，颇有仇英画风。仔细观察可发现，图中金地和仕女发饰所用的捻金线颜色并不相同，金地是用淡金线织成，而发饰则由赤金线织成。据明人沈德符所记，万历间江南已可制"双金刻丝花鸟人物"[91]316，应也是由两种金线刻织而成。

图 4.40　红地织金云蟒纹妆花缎织成帐料

图 4.41　黄刻丝十二章福寿如意衮服复制品

图 4.42　刻丝浑仪博古图局部

图 4.43　刻丝仕女人物图局部

　　金绣又称蹙金绣或盘金绣，是将捻金线盘蹙于织物表面形成图案，并用细丝线钉缀加以固定的饰金方法。捻金线比一般刺绣绒线粗，且表面缠绕片金,不甚光滑,不能随针穿梭,也无法和其他彩线进行配色过渡,因此往往独立成纹,或用来勾勒轮廓。金绣的优点是制作简单,添补方便,缺点是难以精细刻画图案。明代的金绣行用极广,不仅可单独装饰织物,还可与彩绣、刻丝、织金妆花等叠加使用。帝王亲贵的服饰惯以金绣装饰,定陵出土的"红四合云纹暗花缎绣八团龙圆领夹龙袍"(图 4.44),袍料早已残朽变色,其上的金绣团龙仍熠熠闪光。宗亲族系使用金绣十分普遍,江西南昌宁靖王夫人吴氏墓中出土一件霞帔[197](图 4.45),以金线和彩线绣出云霞凤纹,明艳富丽,江西南城益宣王继妃孙氏墓中也有盘金绣成的云凤纹霞帔[3]彩版七四(图 4.46)。洪武四年(1371 年),官府即规定外命妇朝服用"珠翠蹙金霞帔"[262]191,而庶民男女"衣服并不得僭用金绣"[84]1070,可见其等级尊贵。各地招募而来的绣匠聚于内府,将地域绣法带入宫廷,广绣装饰感强,尤喜大量用金线,宫廷绣品受其影响颇深。作为衣服上的装饰,金绣主要集中在胸背、领缘、袖缘、霞帔等处。明人容像中时常可见身着霞帔的命妇,霞帔之上总有金绣。香港沐文堂所藏明代妇人像,其霞帔上便有金绣团凤。

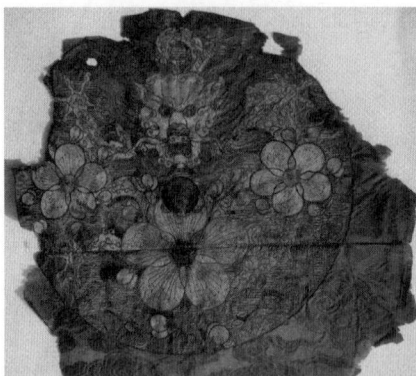

图 4.44　红四合云纹暗花缎绣八团龙
圆领夹龙袍补子残片

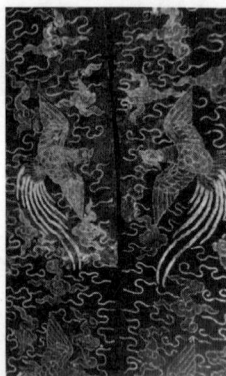

图 4.45　压金彩绣云霞翟纹
霞帔局部

唐人王建在《宫词》中有"自盘金线绣真容"之句[263]3441,可见彼时已有用金线绣佛像的习俗。明代绣佛像也惯用金,因盘金难于逼真刻画姿容,往往仅用于绣制金冠、璎珞,或勾勒轮廓、盘蹙花边。宣德时御制的"刺绣大慈法王唐卡"[42]41(图 4.47)使用大量金线绣制袈裟和法器,分外耀目;香港贺祈思收藏的"刺绣文殊菩萨唐卡"[234]图33 约制作于 16 世纪,以配色和谐的彩线绣制图像,以金线压边凸显轮廓。

图 4.46　盘金绣云凤纹霞帔

图 4.47　刺绣大慈法王唐卡

　　"销金"一词在宋代可泛指所有饰金方法,而在明代律典中,织金、金绣、销金常同时出现,说明销金特指丝绸饰金的一种方法。《金瓶梅词话》中多次描写销金衣物,还借陈经济之口提到专门制作销金巾帕的店铺:"门外手帕巷有名王家,专一发卖各色改样销金点翠手帕、汗巾儿,随你便多少也有。你老人家要甚颜色?销甚花样?早说与我,明日都替你一齐带的来了。"[97]636 由此可知,销金制作方便,花样灵活,是民间常见的饰金方法。明代出土物中有一类用金箔贴印的丝绸,应就是文献中的销金,在考古报告和织绣图录中往往称之为印金,但这种说法不甚确切,容易与泥金印花相混淆。随着织金技术的成熟,许多曾行用甚广的饰金方法被织金取代,泥金印花在明代仅用于造纸制笺,不再用于装饰丝绸。明代销金其实是贴金,即用花版将胶剂涂于织物上,再粘贴金箔、研光,拂去多余金箔显出图案。销金的优点是制作方便,效率高,缺点是金箔层不坚牢,易磨损。销金是等级较低的饰金方法,主要见于巾帕、裹袱、伞盖、乐舞伎衣服等,多施于罗、绢等轻薄织物。帝王出行时,仪仗中便有各色销金伞。[84]1985 在宫廷画家所绘的《宣宗行乐图》和(神宗)《出警图》中,可以看到不少这类销金伞(图 4.48)。

图 4.48　《出警图》中的销金伞

　　官府一向严格禁限民间丝绸

饰金,对销金也不例外,军民妇女不允许使用销金衣服、帐幔,[84]1071 仅可用销金汗巾,违例者重罚。[264]1000 销金丝绸存世并不多,首都博物馆藏有两件明初丝织片,上用金箔贴印"设""监"二字,金箔重叠的痕迹清晰可见[37]66-67(图 4.49、图 4.50)。定陵出土的销金丝绸实物仅有一件"印金云龙纹包袱皮",经显微镜观察,显花部分的经纬丝上有金箔。[2]350 销金丝绸等级较低,实物遗存数量不多,说明销金之法在明代已呈衰退之势。

图 4.49　印金"设"字丝织片　　　　　　　图 4.50　印金"监"字丝织片

4.3.2　使用变迁

明初,帝王用度克制,"造乘舆服御诸物,应用金者,命皆以铜为之",唯恐"开奢汰之源,启华靡之渐"。[187]750 洪武时,章服之制并不繁复,以饰金方法和袍服花样区分等级。葬于洪武二十二年(1389 年)的鲁荒王朱檀墓中曾出土一件盘领窄袖龙袍[4](图 4.51),胸背及两肩以金线织盘龙纹,并无其他装饰,这与《明史》记载的"盘领窄袖,前后及两肩各金织盘龙一"的亲王常服完全相合,即使是东宫太子,常服亦同此制。[82]1626-1627 朱檀所作宫词中,有"谁剪吴江一幅绡,巧裁宫样缕金袍"[101]5 的诗句,可见洪武间宫廷袍服常以织金为饰。

丝绸饰金与等级相关,官府禁断必然严苛,凡金绣、浑金、销金衣服,庶民一概不许服用。上层既尚简朴,民风自然敦厚,景泰、天顺之前,"彩绣织金之类,非仕宦家绝不敢用"。[241]214-215

成化时,俭持之风有所松懈,官民始有僭服。成化六年(1470 年),户科都给事中丘弘上疏称"近来京城内外风俗尚侈,不拘贵贱,概用织金宝石服饰,僭拟无度",并指出僭服的原因是"上下仿效,习以成风"。[162]1676 弘治时,"京官军民、势豪之家奢靡相尚",婚姻聚会中使用"浑金衣服、宝石首饰",皆为越礼僭分之举。[147]1623-1624 由这两则文献可看出,奢侈之风由宫廷而起,最先受到影响的是京城附近的豪绅阶层。

弘治、正德时,上层用度已见靡费,赏赐渐频。弘治间的宁靖王夫人墓出土了多件织金衣物,其中一件妆金云凤纹缎裙[197](图 4.52)图案优美,线条流畅,代表了明代中期丝绸织金的水平;北京南苑苇子坑明墓出土了大量正德时的丝绸衣服,不乏织金妆花的高档品,应是来自帝王的赏赐。正德间,南京的纻丝、纱、罗、绢均有"金缕彩妆"一类,制作精巧,[139]726 说明在丝织生产发达的江南地区,织金妆彩已成为各类高档丝绸的流行装饰。明中期织金妆花、盘金彩绣的华丽装饰增多,既反映了丝织技术的进步,又透露出宫廷审美习尚的变化。正德十三年(1518 年),武宗自宣府还京,经其授意,迎驾排场极度铺张,数千彩联皆织金字。武宗还厚赐群臣斗牛、飞鱼、麒麟、蟒龙等异色华服,致使内库告竭,章服混乱。[251]3028 骄奢风气之下,官民服饰皆求华美,僭服事例屡有发生。

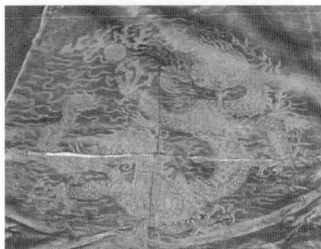

图 4.51　朱檀墓龙袍及局部

图 4.52　妆金云凤纹缎裙

嘉靖末的严氏家产清册《天水冰山录》中记载了数量巨大的织金段匹、衣服,质料有缎、绢、绫、罗、纱、绸、改机、绒、锦,包罗了明代所有的丝织品种。织金段匹中有纯以金线织就的"遍地金"、独幅大花样过肩龙蟒等袍料、各种图案的"织金胸背",可见花色之繁盛。嘉靖间织金妆花的织物尤多,鲜明耀目的多彩图案成为更加流行的丝绸装饰,原本并不高贵的丝毛织物,也造为"织金妆花之丽、五彩闪色之华"[148]148,成为高档的御用品。这种审美趣味的转变在嘉靖七年(1528 年)所定的"保和冠服"之制中已经显露,郡王补子彩妆而成,郡王长子则织金为之。[84]1043 五彩装饰在上层备受重视,等级超越了织金,但事实上妆花和彩绣中总有金线装点,织金作为五彩装饰中的一种颜色,多起勾勒、衬托作用,其等级意义相对淡化。

有明一代,官府丝织业逐渐收缩,帝王赏用却不断增加,上供、岁造数额已巨,加派、改织又纷至沓来,官府织染局难以为继,只能依靠民间机房承织,或直接由江南采买。由于织造数额巨大、官府给价低廉,明后期的织物难免有纰薄粗陋之病。嘉靖间,有大臣上疏称永乐时遗留的织金蟒龙、鸟兽段匹"颜色鲜明,金缕致密,非近年织造者可及"[182]2132-2133。

嘉靖时盛行的织金妆花,到了万历间演变出更华丽的风格,金线也分诸色,有偏红的赤金线、黄色的淡金线,还有银线,加上各种彩纬,使织物鲜亮耀目。定陵出土的"龙云肩通袖龙襕绸袍料"[2]64,用了捻金线织鳞片,片金线绞边,以求更加丰富的装饰效果。沈德符曾记录过的"双金刻丝花鸟人物"已属奢靡之物,首都博物馆收藏的"刻丝仕女人物图壁饰"使用二色捻金线,应也是明代晚期的奢华造作。万历时的丝绸饰金面貌最为丰富,有风格近于"金段子"的浑金(俗称遍地金),全以金线织就,仅留花纹轮廓;有金线织地、彩线织花的金地刻丝或妆花缎;更常见的是以织、刻、绣、销金而成的金花、金字,以及凸显轮廓的金线饰边。

4.3.3　流行原因

饰金丝绸标示着身份和等级,使用的范围十分有限,然而从出土实物和文献来看,明代官民常常逾越了各种禁限,大量使用饰金丝绸。既有法令,却难约束,到了明代晚期,丝绸饰金的风气反而愈演愈烈,究其原因,大致可归为以下几点。

首先是辽金元装饰风格的延续。在工艺美术发展历史上,风格变迁与王朝更替并不能同步,前朝的旧貌总要惯性般地延续一段时间之后方才焕发新颜。辽金元国祚虽短,但北方少数民族的审美风尚却有类同之处,皆喜黄金装饰。辽金墓葬出土的饰金丝绸比例远高于两宋,辽代的耶律羽之墓、法库县叶茂台镇辽墓和金代完颜晏墓等都出土了为数不少的饰金丝织物。

明初冠服大致沿用《元典章》旧制,以织金花样的大小和题材辨别品级高下,"官一品、二品服浑金花,三品、四品服金搭子,五品服金袖膝襕,六品以上许服四爪龙,七品以下文官不许龙凤纹,止服金六花,八品九品服金四花"[265]15。洪武四年(1371年),礼部奏定中宫妃主及外命妇常服之制,宫廷内外的贵妇常服以不同的饰金方法装点,以示等级差别(表 4.10)。[108]1230-1231丝绸衣服饰金方法既与等级相关,其规格高下则彰显无遗。皇后、太子妃、亲王妃、皇妃可用织金和刺绣;一至四品命妇常服皆以金绣装饰,花样贵贱按照等级顺次递减;五至七品命妇常服仅可销金大小杂花为饰,七品之下则常服不许饰金。

表 4.10　洪武间内外命妇常服花样

等　　　　第	常 服 花 样
中宫	织金龙凤纹加绣饰
太子妃、亲王妃、皇妃	织金及绣凤纹
一品命妇	金绣凤纹
二品命妇	金绣云肩大杂花
三品命妇	金绣大杂花
四品命妇	金绣小杂花
五品命妇	销金大杂花
六、七品命妇	销金小杂花
八、九品命妇	大红素罗

注:内容出自《明太祖实录》卷六五《洪武四年五月癸酉条》。

丝绸饰金关乎等级,自然也影响了官民的审美趣味。明代流行的宋锦配色协调雅致,常用于装裱书函屏风,但即令是这类清隽素雅的织物中也常常可见隐约游走的金线。正是由于辽金元时代饰金风气的遗留,明代丝绸饰金才会如此普遍,不仅形式多样,且包罗了所有的丝绸品种。

其次是丝织物高档化的趋势。明代棉花种植广泛,"其种乃遍布于天下,地无南北皆宜之,人无贫富皆赖之,其利视丝、枲盖百倍焉"[266]213。棉织业迅速发展,价廉而易成的棉布成为民间服用的主要面料。相比之下,丝绸染练的工序复杂,成本高昂,加之丝绸的实物货币功能,因此占有者主要是帝王权贵和富裕之家。在这种情形之下,丝绸必然转而向高档化、精细化发展。明代最有代表性的丝绸品种,如缂丝、改机、漳绒等,都属于高档丝绸。高档丝绸的装饰自然繁复,使用的材料也较为丰富,除了彩色丝线外,还大量使用捻金银、片金银线。金线的制作工序复杂而精细,织金丝绸成本较高,但具有极佳的装饰效果,也提升了丝绸的等级。明代岁造段匹总额原本遵从"二分织金,八分光素"的比率,[84]2706但自天顺时起,加派和改织打破了这个比率。以松江府为例,额派每年一千一百六十七匹,内有大红织金云鹤、狮子胸背段五十匹,矾红、青、黑绿织金犀牛、海马、熊罴胸背段四百六十匹,其余为素段。万历年间,松江府奉文将素段一百匹改织大红、矾红织金虎豹胸背段;天启四年(1624年),又将素段一百十七匹改织大红织金斗牛、飞鱼、麒麟等项胸背段。[192]403素段改为织金胸背段,是因为官府颁赐频繁,对高档袍料的需求量不断增加。赐物尚且如此,御用品自然更为高贵,定陵出土的帝后袍料,几乎都织绣有金线。北京艺术博物馆收藏有500余件明代官修大藏经的饰金经面,约占经面藏品总量的四分之一。

再次,是奢侈世风的影响。自成化、弘治时起,奢侈之风开始由上层滋生,宫廷用度靡费,帝王对皇族、官员、藩属国的赏赐渐多。赏赐的目的是为了笼络臣下、安抚外夷,不失为维护王朝稳定的有效手段,但随着官僚机构渐趋庞大、藩王宗族人口增多,赏赐物的数量逐年递增。帝王的赐物中,高档丝绸是重要的一项。嘉靖、万历之时颁赐最为频繁,每逢经筵、视学、登基、皇子诞生,常赐织金衣。随着奢风愈烈,赏赐段匹和袍料的规格也愈高,甚至逾越了受赐者的等级。

上层奢僭至此,民间自然效仿。万历时,服用奢靡之风遍及南北,高档丝绸行销各处,备受民众青睐。《金瓶梅词话》中描写了大量饰金衣服,即便是富商之家的使女,也都穿着"大红妆花缎袄儿,蓝织金裙,绿遍地金比甲儿"[97]526,足见民风之变。从明代墓葬出土情况来看,不仅帝王、藩王族系陵墓出土大量织金丝绸,各级官员乃至平民墓葬都有随葬饰金衣物的例子。江苏泰州曾出土嘉靖间处士刘湘之妻的墓葬,随葬品中竟有织金狮子和织金麒麟两件补服,[15]民间奢风可窥一斑。上层赏用靡费,海外需求不断,民间丝织业作为官府织造的补充,在隆庆之后迅速发展。万历时苏、杭、南京地区民间机户织造织金丝绸已然普遍,民间服用饰金丝绸亦不鲜见,虽官府屡有禁限,但饰金之风未曾稍减。

最后,是佛教盛行的因素。明代帝王历来重视发挥佛教教化益治的作用,以稳定民族关系、巩固集权统治。永宣、正德、万历等朝,帝王尤为尊崇佛教,敕封番僧,大行宣赐,频频刊印佛经。万历时文人焦周曾议论佛教对饰金的影响:"黄金汉时最多……自西教盛行,弃之土木者既不胜计,而衣物日趋于靡。"他列举了各种饰金方法的名称——金线、金箔、泥金、销金、贴金、缕金、间金、遍地金等等,并归结道:"名号至夥,耗费若斯,焉得如昔之多?"[267]49这样的论断未免有些夸大,但佛教盛行对丝绸饰金风气确有推动作用。以饰金丝绸礼佛的做法素来有之,法门寺地宫出土物的晚唐蹙金绣品便是实例之一。历代织绣佛像使用金银线尤多,宣德时制作的两件《大慈法王像》保存至今,其一为刻丝,另一为刺绣,皆用大量金线。帝王赏赐高僧的袈裟饰有满密的织金图案,称为"金襴袈裟",官修经书的匣封、经面,寺院中的经幢、佛幡等也常以饰金丝绸制成。

4.3.4　对外交流

明代官方贸易中,织物的交流是极为重要的一项,总体来说,流入中国的基本是棉、麻、毛织物,输出的大部分是丝织物,这也是藩属诸国最为喜爱的货品。明政府对藩属国王族的赏赐中,织金丝绸占据了相当大的比重。据万历《大明会典》的不完全记载,获赐织金丝绸的有朝鲜、暹罗、琉球、安南、日本、浡泥、百花、彭亨、淡巴国、满剌加、婆罗、锡兰山、苏禄、吕宋等。[84]1643-1648 出于安抚外夷,巩固统治之目的,明政府在朝贡贸易中一向薄来厚往。正统时,瓦剌遣使至京常三千余人,获赐"织金彩纻至二万六千四百余匹,绢九万一百余匹,衣靴帽以万计"[84]1603。番邦对织金丝绸极为喜爱,乞赐不断。对于"各地面夷使求讨织金段子等物"一事,武宗曾题准"该边镇巡等官转奏题请,于每名下量点一二给与。若夷人到京自行奏讨不由镇巡官转奏者,不行"[84]1656。

由于官方贸易的数量有限,并不能满足外国的需求,明政府的海禁政策又阻断了民间贸易,因此外国使节私下订购高档丝绸的事例时有发生。成化十三年(1477 年)八月初三,暹罗国进贡使臣杜文斌等私下向民间机户订货,"织造各样大红、黄并八宝闪色抹绒花样、遍地金花帏幔、各样段匹,共织一百一十五匹",又与官员勾结私织"织金违禁纱罗段匹共三百余匹"。[184]卷四

日本进贡的货物中,有"涂金妆彩屏风、洒金手箱、描金粉匣、抹金提铜铫、贴金扇"等[84]1587,可见日本对饰金器物的浓厚兴趣,饰金丝绸自然也在其中。据《善邻国宝记》载录,明政府在宣德八年、九年(1433 年、1434 年)、景泰二年、五年(1451 年、1454 年)对日本的几次赏赐中,织金段匹和衣服的比重相当之大。[250]379-383 成化二十年(1484 年),明政府赏赐给日本正副使臣"金襴袈裟"[84]1644,相信其后类似的赏赐仍络绎不绝。崇祯间,由葡萄牙商船运往日本的货物中,织金丝绸定价甚为高昂,远远超过其他品种织物。[81]332-353 日本称织金丝绸为"金襴",东京、京都博物馆收藏数量较多,以缎类为主,也有锦、纱、罗、绒等品种。东京博物馆收藏的明代"金地兔纹样金襴"(图 4.53)遍地织金,属于"浑金"一类。天启时,魏忠贤曾创"满身金

虎、金兔之纱"[92]165,大约就是满地织金的虎纹、兔纹丝织物,这件兔纹金襕应属此类。京都博物馆藏有数件"二重蔓牡丹唐草纹样印金"丝织物(图 4.54),金箔已有剥落,但花纹仍然清晰,可见昔时印制之精美。

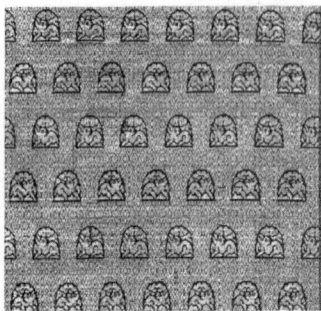

图 4.53　兔纹金襕

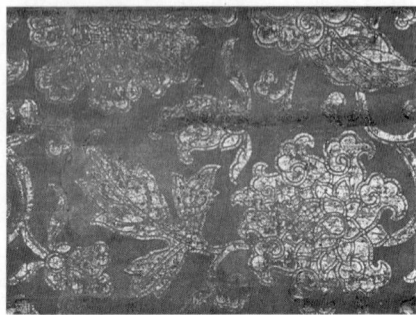

图 4.54　二重蔓牡丹唐草纹样印金丝织物

饰金之风在其他造作上亦有体现,漆器、金属器、建筑彩画等均有多种饰金方法,但因衣服、装潢中的丝绸常彰显于外,且易于四处传播,故而对风气的推动更为有力。饰金主要用于丝绸衣物、宗教题材以及宫廷趣味的欣赏性织绣中,黄金不仅提高了丝织物的规格,并且增添了图案的装饰感。文人趣味的欣赏性织绣则为追求古意,配色淡雅,极少饰金。明代饰金丝绸中,金线常与彩线交织,构成多彩图案,黄金往往作为一种色彩,其等级意义渐趋淡薄,装饰作用逐渐增强。明亡之后,丝绸饰金之风并未衰减,织金丝绸仍为清代宫廷所重,并衍生出更为繁缛华丽的"金宝地"锦、"三色金刻丝"等品种。

4.4　刺　　绣

以刺绣装饰丝绸的方法起源很早,《尚书》中已有"衣画而裳绣"[268]104之句,《诗经》中又可见"素衣朱绣"[269]531,因此早期刺绣应是用于装饰衣服的实用绣。随着表现物象的复杂,刺绣技法也在逐渐发展,传统的辫绣不足以刻画细节,更为多样的技法便应运而生。马王堆 1 号汉墓出土了平绣,这是刺绣技法提高的重要因素。平绣针法排列密集,丝线针针相接,色彩过渡自然,表面光滑平整,能够更加细腻地表现物象。唐代绣佛风气兴盛,推动了平绣技法的进步。苏轼曾作《绣佛赞》一首:"凡作佛事,各以所有。富者以财,壮者以力,巧者以技,辩者以言。若无所有,各以其心。"[270]621 在佛家看来,布施物越精工,信仰便越虔诚,绣像要表现佛陀的庄严和西天的美妙,光靠稚拙的辫绣显然难以表现,于是,就催化出平绣在后世的普及推广。[1]162 绣佛像的目的虽不是纯粹用于观赏,但已具备欣赏性刺绣的一切外在形式。绣像用于供奉,又颇具展示性,配色和针法都是可供欣赏的对象,白居易就曾赞美白行简之妻杜氏所绣观音像,称其"纫针缕彩,络金缀珠,众色彰施,诸相具足"[271]6917-6918。宋代,以名画为底本的观赏性刺绣水平极高,明人对此颇多赞颂,称其"山水分远近之趣,楼阁得深邃之体,人物具瞻眺生动之情,花鸟极绰约嚘喽之态"[227]217-218,这正是平绣高度发展的结果。按照用途,明代刺绣可分为观赏绣和实用绣。观赏绣受宋绣影响较大,而实用绣则汇集了民间刺绣的技法,呈现出鲜明的时代和地域特点。

4.4.1　观赏绣

观赏性刺绣亦称"绣画",它独立成幅且不依附于衣服帷幔等物,制作的主要目的是供人欣赏。观赏绣的题材、构图、设色等近于书画作品,因此常被载入书画史论。《石渠宝笈》《秘殿珠林》中均著录了不少绣品。朱启钤在《刺绣书画录》[272]中,将欣赏绣的题材分为法书、释道、花鸟、花卉、翎毛、人物、山水七个类别,自宋代起,这些类别就已经齐备。明代的观赏绣有了进一步的发展,传世作品数量较多,题材也更为宽泛,并且形成了著名的地方性刺绣品种,明末清初的顾绣便是其中的优秀代表。

嘉靖间曾任尚宝司丞的顾名世在上海筑园,掘地凿池得一石,上有赵孟頫手篆"露香池"字样,此园便得名"露香园"。[273]98 顾氏女眷多擅刺绣,其绣品便被后世称为"顾绣"或"露香园绣"。[274]857 据传,顾氏家眷的刺绣技法得自宫廷,其劈丝配色别有秘法。[273]98-99 顾名世长子顾汇海之妾缪氏擅绣,明末姜绍书称之为"顾姬",赞称其绣品"大有生韵"[275]134,这应当是顾氏女眷精于刺绣的开始。缪氏绣画的题材广泛,人物、山水、花卉无所不能,"字亦有法",凡得其绣品者"无不珍袭之"。有款识的缪氏作品现仅存一件《枯木竹石》册页(图 4.55),上有墨书"仿倪迂仙墨戏",并绣阳文方印"缪氏瑞云"。缪氏应生活在万历年间,此时顾绣声名渐起。而真正将顾绣从女红技艺提升至艺术创作的关键人物,是顾名世次孙顾寿潜之妻韩希孟。

韩希孟生活于天启、崇祯间,此时距顾绣成名至少已有二十年。其间顾绣声名远播,为海内所珍视,因而仿效谋利者甚众,这类"赝鼎余光"常被韩希孟嗤为"太滥"。为了维护顾绣声誉,韩希孟在崇祯七年(1634 年)春开始搜访宋元名迹,一一摹绣,汇成方册。[276]32 册页内有"洗马、瑞鹿、补衮、鹑鸟、米画山水、葡萄松鼠、扁豆蜻蜓、花溪渔隐"八件,最受称道者为"洗马",每被誉为颇具赵孟𫖯风格,[277]51 另有两件分别为摹绣米氏山水和王蒙笔意①。

韩希孟的作品与普通女红绣事有别,这主要体现在积累和创作的过程。据顾寿潜题跋,韩希孟"穷数年之心力"揣摩和研习绣艺,对创作时机也有苛刻的要求,"寒铦暑溽,风冥雨晦,弗敢从事。往往天晴日霁,鸟悦花芬,摄取眼前灵活之气,刺入吴绫。"寒暑风雨表面上看来并不妨碍刺绣,但对绣者的情绪心境仍有影响,并且光线明晦与配色关系密切。可以说,韩希孟的创作遵从了工艺美术生产中"天时地气"的条件,其绣品与普通绣作相比,自然更胜一筹。

在工艺美术发展历史中,留名的工匠极少,大多数作品也难以登堂入室、比肩文人书画,这主要是由于制作者的身份低微,无法受到文人阶层的重视和认可。一些精美之作因过分重视技艺,缺少文化内涵,沦为文人鄙薄的"奇技淫巧"。韩希孟的不少作品绣有"韩氏女红"字样,如同书画之钤印,明确了作者身份。还有两件有"绣史"之印,则是作者对自己绣艺的标榜。董其昌在崇祯九年(1636 年)为韩氏绣册所作的跋文中称:"观此册,有过于黄荃父子之写生,望之如书画,当行家迫察之,乃知为女红者。人巧极,天工错。"明末文人陈子龙则将顾寿潜夫妇比作"松雪翁之有管道升",赞颂韩氏绣品"生气回动,五色烂发"。显然,韩希孟的作品不止于绣工精巧,其写生之意、书画之韵,一般女红难以企及。明末文人阶层珍视顾绣,正出于此因。

顾绣多为观赏绣,在配色上格外讲究。不仅色彩过渡极为柔和,对物象微妙的色彩变化也能够把握精准。朱启钤在《纂组英华》中曾讲到,顾绣所用色线"率有为宋绣所未先见之正色外之中间色线"[278]27,认为这正是顾绣具有华丽绚烂色彩的原因。从《崇祯松江府志》记录的"染色之变"[192]186 中可以看出,明末上海地区染色技术发达,色彩变化丰富,形成了各种色系,这无疑给绣线染制、色彩搭配提供了更自由的选择。"中间色线"的应用,对于色彩的过渡、形象的塑造皆有裨益。韩希孟所绣《葡萄松鼠》色彩绚烂,用深浅不同的蓝色配以黄、赭等色,力图表现葡萄的晶莹剔透。葡萄叶片的阴阳向背、筋脉凸棱,皆以不同的色线绣成(图 4.56)。显然,韩希孟已经注意到色彩在塑造实体感中的作用,这是顾绣追求逼肖写实的表现。

---

① 《花溪渔隐》上绣朱文方印"韩氏女红",并墨书"花溪渔隐,仿黄鹤山樵笔,韩氏希孟"字样。

图 4.55　缪氏绣《枯木竹石》

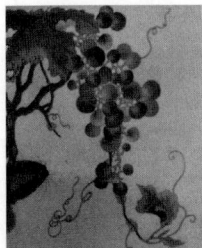

图 4.56　韩希孟绣《松鼠葡萄》局部

为追求逼真,顾绣常灵活使用施毛针、冰纹针等,以展现临摹对象的质感。松鼠的蓬松氄毛、蜻蜓翅膀的细小纹理,都被刻画得细致入微(图 4.57、图 4.58)。绣线的丝绒光泽在表现翎毛时尤有优势,这也是顾绣常选取鞍马、松鼠、翠鸟、鹌鹑等为表现对象的原因。

图 4.57　顾绣《松鼠葡萄》局部

图 4.58　韩希孟绣《扁豆蜻蜓》局部

如果将现存明代顾绣作品的题材作一罗列,会发现前后期题材有明显变化(表 4.11)。万历时的顾绣,佛教和人物故事题材较多。董其昌提倡绣佛像[279]42,这对早期顾绣题材应该有影响。万历末年,文人谭元春曾见到两件顾绣尊者像,并作诗赞颂曰:"女郎绣佛人天喜,运针如笔绫如纸。"[280]853-854北京故宫与上海博物馆分别藏有一套《十六应真图册》,辽宁省博物馆藏有董其昌题印的《弥勒佛像》,均为顾绣佛像的代表。而自韩希孟始,花鸟虫鱼之类的"小品"显著增多,成为顾绣的主要题材。这些绣品均为册页形式,构图疏朗,意境清幽,常表现湖石、蛱蝶、芙蓉、萱草等。明末一些女性画家,如文俶、周淑禧、黄媛介等,偏爱花卉草虫、梅兰竹石题材,画作

表 4.11　存世明代顾绣的题材种类①

名　　称	年代	佛教	山水	竹石	人物	花鸟虫鱼	鞍马、动物
竹石人物花鸟合册(10)	万历间			2	4	3	1
上博十六应真图册(18)	万历六年之后	18					
故宫十六应真图册(18)	万历六年之后	18					
东山图	崇祯五年		1				
弥勒佛像	崇祯九年之前	1					
韩希孟绣宋元名迹册(8)	崇祯七年		2		1	2	3
韩希孟绣花卉虫鱼册(4)	崇祯十四年					4	
韩希孟绣花鸟册(8)	崇祯					8	
花鸟册(10)	崇祯					9	1
花鸟人物册(8)	崇祯至顺治七年间				1	5	2
仿黄筌花鸟册(20)	崇祯末至清初			1		15	4
钟馗像	明				1		
达摩坐像轴	明	1					
花卉翎毛走兽册	明					5	5
发绣七襄楼人物图	明				1		
凤凰双栖图镜片	明					1	
总计		38	3	3	8	52	16

尺幅较小,多为册页、扇面等,与韩氏绣品颇多相似。故宫藏有文俶《花卉图》册页一套(图 4.59),每幅仅绘花草寥寥数枝,赋色清丽幽雅,辽宁省博物馆收藏的一套韩希孟绣册亦如此类(图 4.60)。

---

① 根据上海博物馆包燕立、张青筱《顾绣绣印考略》(《顾绣国际学术研讨会论文集》139～150页)的研究结论,另一些标注为明代顾绣的馆藏品应为清代所制,或未必出自顾氏家族之手。联系到尺幅、题材、工艺的相异因素,这类存疑作品未列入表格。

图 4.59 文俶《花卉图》局部

图 4.60 韩希孟《萱花蝴蝶》

顾氏女眷生活在文化气息浓郁的环境之中,她们多通文墨,有机会见识名家书画,刺绣配色也类于绘画。针线未尽之处,则以点染的方式补足,补笔之色,皆浅淡雅致,似有若无,仅以增添画意,并不为省时惜力。顾绣中蕴含的文化修养和审美趣味备受文人重视,而顾氏家族坚持"决不效牟利态""一行一止,靡不与俱",致使顾绣珍品稀少,得之者无不珍藏。万历末年,海内已流行收藏顾绣,此风数十年长盛不衰。

与宋代闺阁绣相仿,早期顾绣的稿本应是名家绘画。董其昌题《东山图》跋文中称,此图有"赵伯驹粉本"[31]156,但图中女子衣服发饰更有明代特征,其底本或为明人仿唐代的画作,顾氏女眷又摹绣之(图 4.61、图 4.62)。故宫和上海博物馆都藏有一套《十六应真像》,二者所绣图像十分近似,显然是基于同一底本。有研究者指出,它们的底本有可能是现藏于台北故宫博物院的一套《罗汉图》,作者为明代丁云图[281]197(图 4.63、图 4.64)。两套绣制的《十六应真像》均舍弃了原图的色彩,仅余白描轮廓,背景也作了简化处理。

图 4.61 顾绣《东山图》

图 4.62　顾绣《东山图》局部

图 4.63　顾绣《十六应真图册》之十三

　　在有韩希孟绣款的作品中,《宋元名迹方册》完成时间应该是最早的。
在此之前,韩希孟显然也有绣品,但或许以佛教题材等为主,因此其夫顾寿
潜才自称"绣佛斋主人"。崇祯七年(1634 年),韩希孟搜寻名家真迹,摹绣
八幅,这是其刺绣艺术的巨大转变,绣款也自此而始。2009 年,北京的拍卖
会上成交一件"子昂"款《洗马图》[①],其人、马形象与韩氏所绣《洗马图》
(图 4.65)十分相像,或许,韩希孟摹绣的正是赵孟頫的相关绘画作品。

图 4.64　丁云图《罗汉图》

图 4.65　韩希孟绣《洗马图》

---

　　① 中国嘉德"嘉德四季第十八期"拍卖会拍品"子昂"款《洗马图》,题识:"大德九年八月廿六日,
子昂。"钤印:"赵氏子昂。"拍卖时间:2009 年 6 月 28 日。拍卖地点:北京国际饭店会议中心。

　　韩希孟的作品有一部分应属于原创。韩氏尤其擅长组绣花鸟草虫之类,董其昌曾赞之曰"有过于黄荃父子之写生"。藏于上海博物馆的《花卉虫鱼册》绣于崇祯十四年(1641 年),四帧作品均意蕴幽雅,花草枝蔓纤细柔美,设色简淡,极富文人意趣。这些作品面貌统一,具有典型的个人风格,较《宋元名迹方册》更为成熟,代表了韩希孟刺绣艺术的巅峰水平,也是最为典型的顾绣作品。其中《藻虾》一幅,除了绣出朱文方印"韩氏女红"之外,还有"辛巳桂月绣于小沧洲,韩氏希孟"字样,很可能为韩希孟原创(图 4.66、图 4.67)。

图 4.66　韩希孟绣《藻虾》

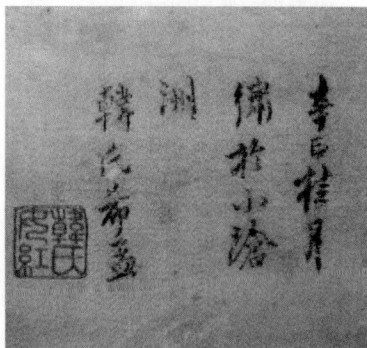

图 4.67　韩希孟绣《藻虾》墨书款及绣印

　　随着顾氏家境衰落,女眷们或开始以出卖绣品帮助维持生计。[282]37 此时的顾氏家眷,已不具备摹绣名作或自创绣稿的条件与心境。明末书籍刊刻兴盛,一些书画谱录广为流传,如《十竹斋画谱》《顾氏画谱》等,很可能为顾氏绣女所借鉴。辽宁省博物馆收藏的顾绣《花鸟册》中有一副《蓉江浴鹊》,其形象与场景都与《十竹斋画谱》中的一帧花鸟册页相似(图 4.68、图 4.69)。

　　明末戏曲版画流传民间,顾绣的人物题材多和戏曲故事有关,造型、构图皆近似于戏曲版画中的形象。辽宁省博物馆藏明末清初的顾绣《射猎》,猎手骑射姿态及画面构图与清代顺治间的一帧戏曲版画插图十分相像,荒寒的环境也颇为近似(图 4.70、图 4.71)。版画尺幅较小,多仅有轮廓线条,没有颜色,与版画风格相近的顾绣造型较准确,但缺少画意,其主要原因是缺乏生动细腻的配色和环境渲染。

图 4.68　顾绣《蓉江浴鹊》

图 4.69　《十竹斋书画谱》中的花鸟册页

图 4.70　顾绣《射猎》

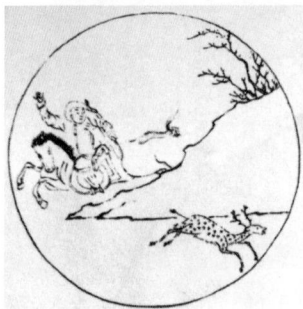

图 4.71　顺治间戏曲版画

　　韩希孟的刺绣作品皆为册页,以花鸟题材为主,被视为家珍,明末清初的顾绣多以之为范本。辽宁省博物馆收藏的《花鸟册》《花鸟人物册》,以及台北故宫博物院收藏的《仿黄筌花鸟册》①中皆有仿韩希孟作品的迹象。这些作品中,翠鸟、鹿、松鼠等题材反复出现,但艺术水平逐渐下降(图 4.72、图 4.73、图 4.74)。后辈绣女仅逡巡于前代经典绣品,移花接木,拼凑成幅,却并未领悟到刺绣功夫源于女红之外。绣女修养和见识的欠缺,是晚期顾绣质量下滑的主要原因。随着顾氏家族的没落[283]244,顾绣失去了被滋养的文化氛围,从清赏奇珍沦为谋利商品[282]185-186,其艺术的衰落是必然结果(表 4.12)。

_____

　　① 《台北故宫博物院刺绣》中标注为宋绣,但从题材、配色及绣工看,显然有仿韩希孟作品的痕迹,且册页中吉祥图案的比例增加,故应为崇祯末或清初所制。

图 4.72　韩希孟绣《瑞鹿》　　　图 4.73　顾绣《仙鹿》　　　图 4.74　顾绣《鹿》

表 4.12　顾绣底本的变迁

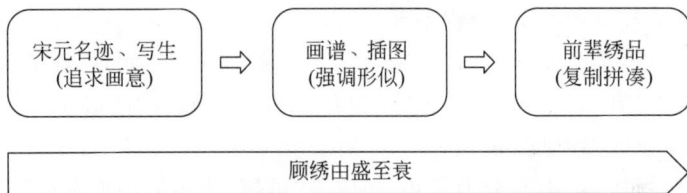

宋元名迹、写生 (追求画意)	画谱、插图 (强调形似)	前辈绣品 (复制拼凑)

顾绣由盛至衰

在顾绣的传播中,出现了两个关键人物,其一为"尚宝公曾孙女",另一位是顾兰玉。曾有学者将二者混为一人,但事实上,两人被同一部地方志分别记录,可见并非一人。据《同治上海县志·节妇》所记,顾名世曾孙女早寡守节,以针黹营食,[283]1809 也授人刺绣之艺,"顾绣之名,遂以大噪"[273]98-99。顾兰玉则被记录于《同治上海县志·才女》:"有孝行,工针黹,设幔授徒,女弟子咸来就学,时人亦目之为顾绣。"[284]2407 从中可推测,顾兰玉并非出身于顾名世家族,因绣工精致又恰巧姓顾,时人便也将其绣品视为顾绣。顾兰玉也是一位闺阁名媛,曾著诗帙名曰《绣余集》。二人应该都生活在清初,其授徒传艺之行为,是顾绣影响力扩大的重要因素。

入清,顾绣虽负盛名,却难觅佳作。观赏绣已不多,偶一为之,"花样亦从时好"[274]857,犹称顾绣,却已非昔日的闺阁雅制。上海刺绣皆名顾绣,绣工半数为男子。[285]637 江南地区的实用绣品往往也冠名顾绣,戏剧行头中,便有"五色顾绣披风""五色顾绣青花五彩绫缎袄褶"之类[286]133,这些实用绣的色彩、题材已与明代顾绣全然两样,顾绣之名,仅意味绣工精细而已。

顾氏女眷深厚的文化修养和雅致的审美趣味,是顾绣耐人玩味的关键因素。作为代表人物的韩希孟,对顾绣的影响最大。传统绣画中,道释题材往往占据最重的分量,自韩希孟始,花卉草虫、鞍马翎毛等题材大大增加,这是一种自觉的选择,筛选出更适合刺绣表现的对象。顾绣的写实程度提高,尤其重视对质地的摹仿,形成了独特的丝绣语言,创造了刻丝、绘画无法替代的效果,大大提高了刺绣的艺术表现力。

古代工艺美术常依存于宗教,随着发展,渐渐挣脱宗教束缚,获得独立。韩希孟的艺术便是典型的例子,丝绣缜密并无关信仰,而仅为清赏,其独立思想和审美情趣给顾绣带来了强大的生命力,使之完成了从摹仿到创造的转变,"女红末技"也就成为艺术作品。

明代文人阶层流行收藏器玩,备受青睐的不仅有古器,还有时玩。顾绣在上海乃至江南地区都有较大影响力,收藏顾绣便也成为一种时尚。[287]913清初剧作家周稚廉曾写过一副对联:"论家世如阁帖官窑,可称旧矣;问文章似谈笺顾绣,换得钱无?"[288]5605谈笺与顾绣皆产自松江,为文人所重,清代时仍是被收藏的对象,价格不菲。

明代沪地刺绣发达,世代习绣者不独一家。嘉靖年间,松江的大理寺评事顾从义(号砚山)好蓄姬妾,但"不以歌舞宠,惟以刺绣品高下",因此家姬"虽束发女童,亦解擘丝辨色"。[273]93有女眷苹娘,绣《西村赛社图》,三年始成,描摹村妪牧童,无不穷形尽相,被誉为"虽唐、仇用笔不能及也"。有老儒劝顾氏家眷停针绣、事纺织,顾从义便令婢女绣《停针图》,穷态极妍,擘丝无痕,引来众多观者。此图后为大贾以汉玉连环和周昉《美人图》换取,价值可抵三百金。[289]192有研究者曾将两个顾氏家族的刺绣混为一谈,从时间推算,顾从义家姬刺绣或许比露香园顾绣更早。另外,顾从义家工绣人物,《西村赛社图》应为风俗长卷,人物众多,场景复杂,与韩希孟清幽简素的花鸟册页风格全然不同。

江浙一带闺阁女子修习书画者甚众,其中不少也长于绣画、绣佛像,最为知名的是倪仁吉。倪仁吉生于浙江浦江,自幼聪颖,诗、书、画、绣兼工,颇具声名。倪仁吉的刺绣有丝绣和发绣两类,丝绣"染色既工,运针无迹",曾绣《心经》一卷,素绫地上以深青色丝绣字,"若镂金切玉,精微洁净,妙入秋毫"[290]65。倪仁吉传世丝绣作品有《五福图》、《春富贵图》(图4.75)、《种树图》等,与其绘画相类①,具有

图 4.75　倪仁吉绣
《春富贵图》

① 倪仁吉绘画作品主要收藏于义乌市博物馆,花鸟题材有《花鸟图轴》《梅雀图轴》。

典型的明代花鸟画风格。倪氏发绣亦精绝,今存《大士像》一幅(图 4.76),曾供奉于隆平寺二百五十余年,后为义乌季梅园收藏。[291]21 发绣多以女子长发为线,绣成佛经或佛像等,尤显虔诚。这幅发绣有题字"己丑四月信女吴氏,上为父母拔发绣佛传家供奉"[291]22,倪仁吉的夫家为吴姓,说明此像是倪氏以自己的头发绣成。"己丑"为顺治六年(1649 年),此时倪仁吉已四十余岁,所绣大士姿容娴静,周围云纹卷舒自然,线条流畅有力,流露出成熟的刺绣风格。据《浦阳倪氏宗谱》记载,倪仁吉著有《凝香绣谱》,不少名儒为之作序,[291]22 比道光年间丁佩所著《绣谱》①早了一百余年。遗憾的是,此书毁于兵燹,否则,必是刺绣史上一部珍贵的著作。

图 4.76　倪仁吉发绣《大士像》　　　　图 4.77　孙熊《倦绣图》

名宦凌义渠记述过会稽(今浙江绍兴)刺绣,称其与顾绣相仿。凌氏曾获赠"分丝观音"一幅,"针锋细贴,殆类白描",赞为"女工之佳者也"。[292]393-394 所谓"分丝",即劈丝,是将绒线分为细丝,用以刺绣。劈丝越细,则绣物越精,也就更为耗时费工。观赏绣为了达到细腻逼真,往往劈丝极细,绣品甚至不见线痕。

明代不少诗文都描写过绣佛像,可见此类绣品为数不少。吴伟业在《望江南》中写道:"雾鬓湘君波窈窕,云幢大士月空明"[100],令人联想到倪仁吉所绣《大士像》。浙江博物馆藏有明人孙熊所绘《倦绣图》(图 4.77)一轴,绢本设色,作于崇祯庚午年(1630 年),表现了闺秀在庭院中刺绣的闲适情景,

① 丁佩在《绣谱》自序中称,绣谱于道光辛巳年(1821 年)作于零娄官舍。

是明代闺阁刺绣场景的真实再现。《天水冰山录》中所记古今名画中,也有明代《倦绣图》一轴,但未注作者,至于是否为孙熊所作,便不得而知了。

观赏性的刺绣和刻丝是两类较为特殊的织绣品种,多仿书画名作,明代宫廷和文人绘画的风格对二者皆有影响。观赏织绣的形式也近于书画,主要是册页和挂轴,也有长卷、斗方之类,明清谱录大多将其视为书画作品。但也应看到,观赏绣对实用绣仍有影响。明末清初,在顾绣逐渐商品化的过程中,其针法、配色对实用性刺绣皆有引导和提升的作用。清代命妇衣服上的彩绣便因"仿露香园体"而"精巧日甚"。[283]204

4.4.2　实用绣

实用绣是指装饰于衣帽巾帕和居室、车舆所用织物之上的刺绣,装饰性较强,纹样、配色与等级相关。实用绣对写实程度要求不十分高,造型和配色也有程式化倾向。实用绣的尺幅大小有别,屏风、桌围、被面之上的刺绣可为独幅构图,补子和胸背花样的尺寸也较大,此外大多数刺绣装饰在衣帽边缘部位,花纹较小。

明代宫廷绣匠的分布较广,尚衣监、针工局、司设监的绣匠人数最多,御马监、兵仗局、巾帽局也设有绣匠,可见刺绣应用之广(表 4.13)。除衣帽巾帕之类以外,被褥、帷幔、屏风、旗帜、椅披、桌围、轿衣等,都可能有刺绣装饰。永乐二十一年(1423 年),各地擅绣妇女奉旨入宫传授绣艺,后来其中的一些还随着藩王到了各地王府。[293]708 她们带入宫廷和王府的不仅有各地的刺绣技艺,还有配色习惯和审美趣味。明代宫廷刺绣受世俗审美影响较大,应与此有关。

表 4.13　明代宫廷绣匠的分布

种　　类	所属机构	人数(名)
住坐匠	尚衣监	366
	御马监	16
	司设监	105
	针工局	232
	兵仗局	8
	巾帽局	4
轮班匠(一年一班)		150

注:内容出自万历《大明会典》卷一八九《工匠二》。

　　定陵出土的帝后袍服上有许多刺绣,代表了明代宫廷刺绣的面貌。这些刺绣以龙凤图案为主,大量使用金线,显示出华贵的皇家气象。孝靖皇后的百子衣,是最著名的宫廷绣品之一。这件编号 J55:3 的百子衣,绣出云肩通袖柿蒂花卉和百子嬉戏,虽两袖已残,但仍存童子 91 人。[2]136 百子嬉戏的情节分为 39 个画面,各不相同,但各个场景又相互呼应,整件衣服的图案浑然一体,吉祥喜乐,显示出很高的设计水平。这件百子衣使用了红、蓝、绿、黄等二十余种正色和三十多个色级的彩线相搭配,加以金线盘绣,配色极为丰富,效果鲜艳明快,又和谐统一。[2]139 这些绣线可分为四类:绒线(不加捻的丝线)、捻金线、孔雀羽线、绒包柱线(中心为一根强捻的合股丝线或细棕,外绕以丝线),以表现不同的质感。其刺绣技法也十分多样,有抢针、网绣、铺针、盘金、打籽等十余种,使绣品富于层次和质感的变化。另一件编号 J55:1 的百子衣(图 4.78),用色、用线和针法与前者基本相同,但先洒线绣出几何形地纹(图 4.79),表面平贴匀整,使主题纹样更加突出。

图 4.78　百子衣复制品

图 4.79　百子衣复原件绣地局部

　　宫廷刺绣常使用各种绣法和材料以求层次丰富、质感逼真。这件百子衣的绣工,在追求立体质感上可谓费尽心思,如用孔雀羽线表现童子绒帽(图 4.80),以盘金绣铜锣(图 4.81),以各种网绣针法表现衣服的花纹(图 4.82),以堆金绣表现龙鳞(图 4.83),等等。清宫曾藏有明代粤绣博古图围屏八幅,共绣九十五件物品,“四时清供,靡不具备”[294]52-53。为了表现青铜器上的凸凹起伏的花纹,绣工以马尾缠绒为线,用其勾勒出器物轮廓和纹样,效果自然而工整,具有明代粤绣的特点(图 4.84、图 4.85)。这种马尾缠绒制成的线,便是“绒包柱线”,定陵百子衣中也有使用,民间刺绣技术对宫廷的影响由此可见一斑。

图 4.80　百子衣局部一：孔雀羽线绣绒帽

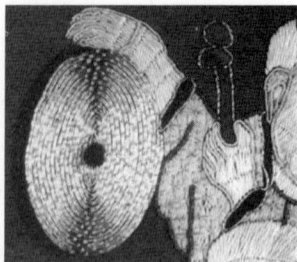

图 4.81　百子衣局部二：盘金绣铜锣

图 4.82　百子衣局部三：网绣衣服花纹

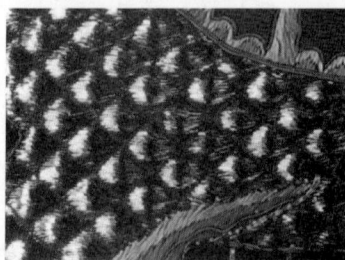

图 4.83　百子衣局部四：堆金绣龙鳞

图 4.84　粤绣博古图围屏（部分）

图 4.85　粤绣博古图围屏局部

　　刺绣可以说是古代最为普及的一种工艺美术生产形式，从事者多为女子，虽未必专职，但擅绣者人数众多，遍及南北。由于风俗和文化的差别，各地刺绣具有不同的面貌，人们习惯以地域简称或姓氏为其命名，这便是地方绣种。明代已成规模的地方绣种除了松江顾绣之外，还有京绣、粤绣①、苏

————————

　　①　粤绣亦称广绣，但今日"广绣"一词，往往也指广州的刺绣，与其并列的还有潮绣等。为避免讹误，本书将广东省的刺绣称为粤绣。

绣等。京绣的主要特点是惯用洒线绣,这是一种在刺绣的主题图案之外,满绣细巧地纹的做法,明清时代流行于北京等北方地区。粤绣的特点是大量使用金线等勾勒纹样轮廓。苏绣的特点则是运用了三股合捻线的戗针绣法,其针法的巧妙、绣线的多样,则是不言而喻的。[1]311 虽然各绣种的针法和配色方式有很多共通之处,但各地形成的刺绣术语却有不少差异,直至今日也未能完全统一。赵丰将各绣种针法名称做了梳理和分类[295]259-262,并以图示意,对于古代刺绣的理论研究具有十分积极的意义。

图 4.86　顾绣《弥勒佛像》

刺绣是一种较为灵活的丝绸装饰方式,对工具和生产条件的要求都不高,其技术最易于传播。民间绣工输入宫廷,使宫廷刺绣荟萃了各绣种的精华,形成了技法多样、配色华美的风貌。宫廷刺绣风格也可由绣工传播至民间,对地方绣种产生影响。辽宁省博物馆收藏的《弥勒佛像》为顾绣早期作品[296]214(图 4.86),佛像的百纳袈裟上汇集了多种绣法,"三交五结,合成碎锦"[297]17(图 4.87),蒲团上用捻线纵横排布,仿编草编纹理(图 4.88),眉毛用头发绣成,极尽精微之能事。此绣像袈裟绣法与定陵百子衣所用技法颇多相似,可见清人所言顾绣"得自内院",应不是空穴来风。

图 4.87　顾绣《弥勒佛像》
百衲袈裟局部

图 4.88　顾绣《弥勒佛像》
蒲团局部

王府也制作绣品,面貌类于宫廷。袍服和霞帔上时常用绣,多为压金彩绣,也偶见清丽雅致之作。宁靖王夫人吴氏墓中有一件团花纹刺绣被套,缎料为地,上绣 49 个团花,兼有四时花卉,似为"四季花"题材。团花绣工精致,绒面平整,虽颜色已褪,但从其秀逸姿态中仍可见宋元之风(图 4.89、图 4.90)。

图 4.89　团花纹刺绣被套局部　　　　　　图 4.90　团花纹刺绣被套细节

　　民间刺绣多见于衣服、巾帽、补子、香囊、扇套、褡裢等,大部分为民间女子自绣,也有些店铺专售绣品,万历《大明会典》中便记录有绣作铺行的征税数额[84]584。

　　在追求真实感上,观赏绣和实用绣走的是两条不同的路径。观赏绣多模仿绘画,力求线条流畅、色彩自然、绣面平整如画,因此劈丝纤细,常用掺针、套针使色彩过渡柔和。实用绣为求质感逼真,发展出了一些具有立体效果的绣法,除了前述的盘金绣、堆金绣、网绣之外,还有包梗绣、环编绣等。包梗绣是用一条粗线作芯,再用缠针将芯线包绣于内,使得花纹线条立体凸出。宁夏盐池冯记圈明墓曾出土嘉靖时的素缎鞋,鞋头有包梗绣花卉纹(图 4.91)。[5]60这种绣法有时以钢针或金属丝为芯,绣毕将芯抽出,形成如绒圈般的效果,用以表现有绒毛质感之物。环编绣又称勾编网纹贴绣,是将相邻的两组绣线以环针的形式相互勾编,形成面的效果。江苏武进王洛家族墓出土了三件勾编网纹叠花素缎贴绣残片[17]35,同属一件衣料,图案有折枝、缠枝、云纹,均为事现编绣成片,再缝缀于衣服上(图 4.92)。花的轮廓用金线勾出,花叶间镂空的网眼填满金粉,虚实相间,异常华丽。一些研究者原本认为此项技术是 1885 年从意大利引进[298]385,这件出土物证实了我国早在嘉靖年间已有此项工艺。日本京都国立博物馆藏有一件明代绣片(图 4.93),从形状上看,似为佛经经面,其上有彩色环编贴绣的牡丹云凤图案,形象雍容,色彩艳丽,具有明代晚期的特点。香港贺祈思收藏有一件元代环编贴绣金刚交杵,应是传世品,如断代无误,这种工艺的起始时间可能还要往前推进很多。

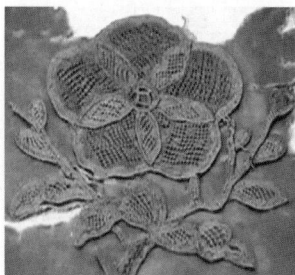

图 4.91　包梗绣花卉纹　　　　　图 4.92　环编绣残片　　　　　图 4.93　环编绣片
素缎鞋局部

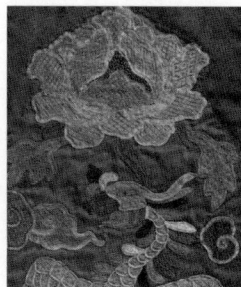

4.5　其　　他

明代丝绸装饰方法除了上述几种以外,还有彩绘、染缬、缝缀珠宝等,因使用较少,且实物存留不多,在此仅简而述之。

丝绸彩绘起源极早,所谓"衣画而裳绣",便是用彩绘和刺绣的方法共同装饰衣服。洪武时,皇帝、皇太子、亲王章服也曾画衣绣裳,以尊古制。[108]3110-3111 彩绘袍服遗存不多,保存较好的有孔府旧藏的绿绸画云蟒纹袍[34]44,通身绘有 10 条黄蟒戏珠纹,画工细致,图案鲜明,应是刻意仿织金效果(图 4.94、图 4.95)。彩绘颜料容易剥落,不可水洗,因此较少用于装饰实用衣物。明墓中偶见彩绘衣服和描金棺罩,因用于随葬,绘画水平都不高。

在观赏性的织绣中,常有以彩笔描画晕染的做法。从明代开始,刻丝中的一些小配景,如树叶的晕色及山石旁的小草等,常用毛笔敷彩点染而成。[36]279 顾绣常仿绘画,一些不易用绣线表现的物象,便补笔绘制。

图 4.94　绿绸画云蟒纹袍　　　　　　图 4.95　绿绸画云蟒纹袍前襟局部

　　染缬是丝绸印染方法的统称,目的是在织物上染出花纹,其方法可分为蜡缬、灰缬、绞缬、夹缬等。从洪武和永乐版《碎金》中可以看到,明代染缬的品种较为丰富,有"檀缬、蜀缬、撮缬、锦缬、茧儿缬、浆水缬、三套缬、哲缬、鹿胎斑"(表4.3)。这些命名并不统一,包含了从地名、图案到工艺的各种信息,证明了明代织物染缬技术的发达。由于棉布是明代行用最为广泛的服用面料,染缬也多施于棉织品。丝绸染缬在明代仍然应用,但生产规模和使用范围都不大,属于较为次要的装饰手法,存留至今的夹缬和绞缬实物是研究明代丝绸防染的珍贵样本。

　　夹缬的起源不晚于隋代,是指利用两块图案相同的对称花版,将织物夹紧后染色。夹缬在唐代极为兴盛,大量诗文中都记载了这种花纹美丽的织物,至今,日本正仓院仍收藏着不少唐代夹缬。夹缬有单色和五彩之分,明代单色夹缬主要用于棉织物,五彩夹缬则多施于丝绸,从现存实物来看,主要是绢类(表4.14)。《碎金》所记染缬方法中,"三套缬"应该就是用于制作彩色夹缬或绞缬的。朱启钤在《丝绣笔记》中讲到过夹缬工艺,是以两块相同的镂空花版,将对幅折叠的织物夹紧,向镂空花纹处注入颜料汁液。染毕卸开花版,得到一幅左右完全对称的图案。[106]319 由于颜料是"注入"而非"浸染",可知这是五彩夹缬工艺。清宫旧藏有一批明代五彩夹缬,原用于包

表 4.14　明代存世夹缬刊布情况

名　　称	尺寸 (厘米×厘米)	用途	收藏地点	资　料　来　源
绿地五彩花果纹夹缬绢	55.5×56	包裹佛经	故宫博物院	高霭贞:《古代织物的印染加工》(《故宫博物院院刊》,1985年第2期)81-82页
秋香地五彩花果纹夹缬绢	56.5×57			
白地五彩鱼戏莲夹缬绫	50×55			
蓝地五彩杂宝夹缬绢	55×44			
五彩八宝夹缬绢	189×66	唐卡遮帘	香港贺祈思收藏	赵丰:《织绣珍品》243页
明黄地五彩缠枝莲夹缬绢	34×12	装裱佛经	北京艺术博物馆	杨玲主编:《明代大藏经丝绸裱封研究》295页

裹佛经,纹样多为茶花、莲花、碧桃、牵牛、海棠花、蔬果、吉祥杂宝等,其中一件绿地花果纹五彩夹缬绢,色彩亮丽明快,花果形象丰硕,是一件难得的佳作(图 4.96)。

图 4.96　绿地花果纹五彩夹缬绢

有研究者初步推断了五彩夹缬的生产工艺,认为是以镂空花版以注染加套色的方式染造而成,[299]81-82 即一套花版,先后几次注入不同颜色的染液,以达到期待的色彩效果,这与朱启钤讲到的夹缬工艺基本一致。这种推断在理论上可以成立,但考虑到颜色在多层叠合织物中渗透不匀的情况,这种方法并不适用于成匹染造。

郑巨欣以实验方式探索五彩夹缬的染造工艺,用多色一次注染的方法复原平纹绢地小花纹夹缬,用多次套印法复原南无释迦牟尼佛印花绢,获得了接近原作的效果,[300]72-81 这是令人振奋的研究进展。但两种方法都只能逐幅染成,整匹染造的方法尚待进一步探究来解决。

值得注意的是,明代五彩夹缬总与佛教有关,若非用于装裱或包裹佛经,便是用来覆盖唐卡。据赵丰所见,西藏还保存有很多类似夹缬作品,题材有杂宝、瓜果、文字等。[35]242 香港贺祈思藏有一件八宝纹五彩夹缬绢[35]图08.01,原为唐卡遮尘之用,有佛教八宝纹样。这件夹缬尺幅较大,上下、左右均对称,应是经过两次折叠后夹染而成。唐卡上悬垂的遮尘帘也称为佛帘,是唐卡装裱中不可缺少的部分,经常以染缬的方式装饰。2012 年在国家博物馆举办的西藏唐卡艺术展中,就有多件类似夹缬的佛帘,时间从元到清初不等。其中的胜乐金刚坛城唐卡(14—15 世纪)上的佛帘为缠枝花图案,红色为地,花蕊和叶片染为蓝、黄、绿色,明快而醒目(图 4.97)。另一件释迦牟尼净土唐卡(17—18 世纪)也是红地彩花,花叶较大,染为蓝、黄、绿三色(图 4.98)。这些佛帘总被收拢于上,难以看清全幅图案,加上年久褪色严重,仅可辨认出部分花卉形态。

明代还有一种可制作佛帘的丝绸,叫作虎斑绢。从名称来看,是有花纹的,并且应是类似虎豹皮毛的斑点或条纹。虎斑绢的使用情况并不很清楚,但作为唐卡的遮帘,肯定是用途之一。天顺时,御用监承做的一批唐卡,皆以青织金纻丝装裱,大红绢为底衬,虎斑绢遮尘。[143]6610

虎斑绢常出现于明代中期官府赏赐外夷的彩帛中,正统二年(1437

图 4.97　胜乐金刚坛城唐卡及佛帘局部

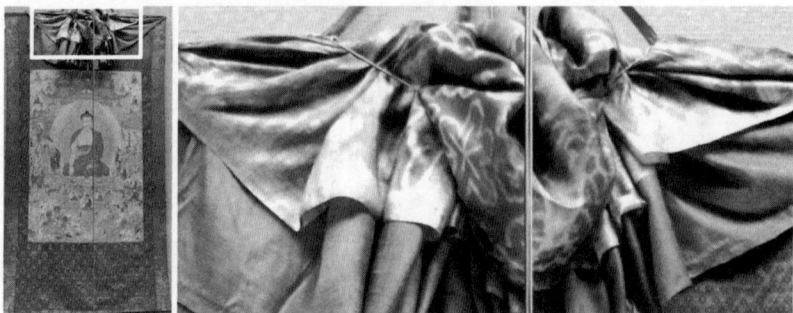

图 4.98　释迦牟尼净土唐卡及佛帘局部

年）[84]1647、十四年（1449 年）[301]1484，英宗均赐给鞑靼首领虎斑绢，成化时，外夷使臣还请赐虎斑绢[162]4246。番夷对这种绢十分喜爱，但获赐之数寥寥，使臣便私下勾结南京官员"替染虎斑绢"[184]卷四，以便随船贩运回国。由此可知，虎斑绢是染成的。既有花纹，又为染制，应是属于染缬的一种，但其工艺已无法得知。虎斑绢南北皆有，至少南京和河南彰德府[302]696① 都能生产，并不属昂贵珍绮，明人对于其少有记录，也并不重视，然而此物在汉代曾是贡品，这反映出染缬在丝绸装饰中地位的下降。

　　以染缬丝绸做唐卡佛帘在明清十分常见，唐卡用于供奉瞻仰，被世代珍藏，这些染缬织物也因而得以保存完整。假若能够集中整理、依据唐卡的款识辨明时代，那么这批材料将具有重要价值，或许可以重现明清夹缬的面貌。

---

　　① 襄邑为东汉时的纺织中心之一，在兖州陈留国境内（今河南商丘睢县），明代属河南布政司彰德府。

4.6 小 结

明代丝绸装饰手法多样,等级高下有别,发展并不均衡,有以下几个特点。首先,装饰等级高。在丝绸高档化的趋势中,那些耗时费力、却能创造出华美效果的装饰方法,如妆花和彩绣,得到了最快的发展。妆花、彩绣都较为灵活,图案大小、色彩搭配不受限制,能够驾驭的材料也更多样,装饰效果自然丰富。其次,重视金彩搭配。从万历《大明会典》规定的冠服等第、《明实录》记载的各类赐服中,能看出,黄金与五彩的搭配成为最高级别的装饰。其具体形式主要是织金妆花、盘金彩绣。定陵出土了数量众多的高档丝绸,金彩辉映者比比皆是,而这仅是上层占有的极小一部分。随着织绣技术的发展、商品经济的繁荣,富商大贾和官宦之家也开始效仿,这种装饰潮流逐渐由宫廷扩散至民间。最后,多种装饰手法并用。明代丝绸上,妆花总有饰金,刻丝可加彩绣,绣画常有补绘;妇女所用的额帕等物,除织绣花纹外,还缝珠宝、缀玉石,但求层次丰富、效果华美。这些特点反映了明代织绣技术的提高和审美趣味的转变,也深刻地影响了清代丝绸艺术的风格。

第5章 丝绸图案

概况

明代纺织品有丝、棉、麻、毛等类,都有丰富的纹彩,然而蚕丝纤维最为细韧,染色性能也远远优于棉麻纤维,因此丝绸色彩之美观、花样之精巧,非其他织物所能取代。丝绸衣服易于展示,又能随人的活动将时新图案四处传播,因而比其他工艺美术品种更具影响力。

丝绸是高档服用面料,不少纹样除了装饰美化的作用外,还有彰显身份、区分等级的意义。明代官服以补子花样辨别品秩,王侯官员,各遵等第,花样遂有贵贱之分。丝绸图案中往往还包含着祈愿。吉祥纹样在明代空前发展,形成了"图必吉祥"的特点。

5.1 题　　材

丝绸是实用物,装饰图案的设计总有适用的对象,也传达着特定的意涵。明代丝绸装饰题材包罗万象,装饰效果极其丰富,且与社会生活密切相关。明代丝绸图案上反映的不仅有舆服制度、审美趣味,还有世俗文化、宗教信仰等等,从一个侧面展现了时代的风貌。

5.1.1 等级秩序

立国之始,朱元璋便颁布了各级冠服的规制,在洪武、永乐、嘉靖三朝中,舆服制度又得到了修订和完善,形成了等级严格、尊卑分明的特点。冠服图案有些图案,是专属于帝王的,例如衮服之上,衣画(后改为织)日、月、星辰、山、龙、华虫,裳绣宗彝、藻、火、粉米、黼、黻,合为十二章,[108]678 象征了对天地万物的主宰。《三才图会》中描绘了十二章纹样,并一一注文标示(图 5.1)。嘉靖皇帝的生父朱佑杬生前仅为兴献王,后被世宗追尊为"睿宗",故其画像也身着十二章衮服(图 5.2)。龙凤纹样也属皇家专用,官民人等的衣服、帐幔不许织绣龙凤,[84]1058 如有违例,便要受到杖刑一百的惩罚,连织造机户和工匠都要"连当房家小,起发赴京,籍充局匠"[84]2394。

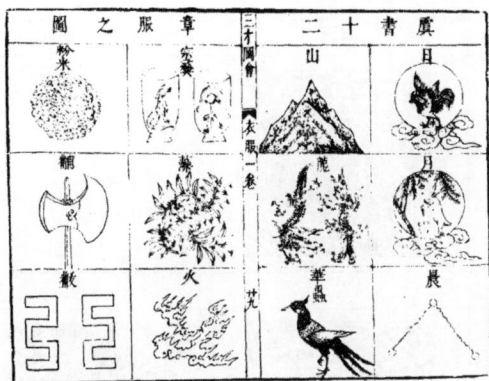

图 5.1 《三才图会》中的十二章纹样

图 5.2 兴献王朱佑杬像

明廷对官员公服图案有明确规定,主要体现在题材、造型、单则图案的大小等方面。文武官公服的等级可由袍料上本色提花图案的大小和造型来体现:"一品用大独窠花,径五寸;二品小独窠花,径三寸;三品散答花无枝叶,径二寸;四品、五品,小杂花纹径一寸五分;六品、七品,小杂花径一寸;八品以下无纹。"[84]1057 这与元代百官公服上的花纹完全一致。[213]1939

尽管服色、织花中已有官阶的区分,但还不甚鲜明,最能体现等级高下的,是袍服胸背上的补子花样。明代冠服的一个突出特点,是品官常服补子的确立。洪武二十六年(1393 年),朝廷颁布了补服的规定,用彩绣花样区分文武官员和品秩次序。[84]1058 景泰四年(1453 年),许可锦衣卫指挥、侍卫使用麒麟服色。嘉靖十六年(1537 年),对补子做了更为细致明确的修订,品秩与花样对应得更加缜密。公、侯、驸马、伯,用麒麟、白泽;文官一品、二品,用仙鹤、锦鸡;三品、四品,用孔雀、云雁;五品,用白鹇;六品、七品,用鹭鸶、鸂鶒;八品、九品,用黄鹂、鹌鹑;杂职官用练鹊;风宪官用獬豸;武官一品、二品,用狮子;三品、四品,用虎豹;五品,用熊罴;六品、七品,用彪;八品、九品,用犀牛、海马(表 5.1)。[84]1058-1059

表 5.1　万历《大明会典》中的品官补子花样

等级	补 子 花 样		
公、侯、 驸马、伯	麒麟 	白泽 	
文官	一品　仙鹤 	二品　锦鸡 	三品　孔雀
	四品　云雁 	五品　白鹇 	六品　鹭鸶
	七品　鸂鶒 	八品　黄鹂 	九品　鹌鹑
	杂职　练鹊 		

续表

等级	补子花样		
武官	一品、二品　狮子 	三品、四品　虎豹 	五品　熊罴
	六品、七品　彪 	八品　犀牛 	九品　海马
风宪官	獬豸 		

注：内容出自万历《大明会典》卷六一《冠服二》[84]1059-1064。

　　补子上的动物，有的是现实中存在的，因为外表美丽或壮伟，又具有符合人的伦理道德标准的习性，而被奉若神灵、视为尊贵的象征；也有的是出于理想而被构思出来的珍奇异兽，再与现实动物进行部分艺术加工或虚构组合而成。[62]99 文官用飞鸟，象征文采；武官用走兽，象征猛鸷。[266]839 正德《大明会典》对补子花样的规定与洪武所定相同，而万历《大明会典》则稍有变化，可见文武官员补子花样也经历了一个细致化、具体化的完善过程，品秩与花样对应得更加缜密。补子图案的确立是明代官府用以"辨上下，定民志"[84]1073、稳固等级观念的手段，也是冠服制度趋于完备的标志。

　　万历十五年（1587 年）刊行的万历《大明会典》印有各等级补子花样，这可以算是最标准的官方图样。万历《大明会典》的补子图样带有《山海经》中灵禽瑞兽的痕迹，对环境渲染较多，接近绘画。文官禽鸟图案一般成对，但也有例外,如鹭鸶便为三只,或许是借用了民间吉祥纹样中的"三思图"。武官走兽图案可为单独,也可成对。刊刻于万历三十五年(1607 年)的《三才图会》中,也有一套补子绘图,将二者比较,可以发现,两套补子绘稿并不相同。《三才图会》的动物形象大而突出,环境简略,更加图案化。其中,鹭鸶为一对,孔雀、锦鸡是单只,走兽皆为单个,且虎、豹为两个不同图稿(表 5.2)。《三才图会》由嘉万之时的王圻与其子王思义编撰,图文兼备,记录了明代社会的风貌,其补子绘稿的形象并无差错,但细节与官方颁布者多有出入,说明补子花样在民间并没有严格的图像标准。明代官服不像宋代那样由官府统一制作,而是由官员自行置办,[266]839 这就难免导致补子花样的差异。《三才图会》中的走兽造型更为壮硕,近于明代的实物,或许可以推测,明人制作补子时,对官方图样加以改动,使之既符合品秩规定,又符合时代的审美标准。明代补子实物主要有彩绣、织金、妆花和刻丝几类,尺寸大部分为 30 余厘米见方,多为单独制成后缝缀于衣服胸背,也有些随整件衣服一起织出。

表 5.2　万历《大明会典》与《三才图会》中补子花样的差异

补子花样	万历《大明会典》版	《三才图会》版
鹭鸶		
孔雀		
锦鸡		

补子花样	万历《大明会典》版	《三才图会》版
虎豹		
熊罴		
犀牛		
海马		

注：内容出自万历《大明会典》卷六一《冠服二》[84]1059-1064，《三才图会·衣服二》[103]1528-1532。

在品官花样之外，明代还有一类特赐补子，如飞鱼、斗牛、天鹿等，多出现在帝王特别赏赐给亲贵的袍服之上。天顺、正德间曾大批织造这类补服，用于赏赐，内臣获赐尤多。[251]911 南京徐俌墓出土了一件正德间的天鹿补服，补子以片金线织成，天鹿伏卧，身上有龟背形花纹（图 5.3）。故宫藏有一片曾被乾隆皇帝认为是"天鹿锦"的戳纱绣片[303]，形象与天鹿补子十分近似（图 5.4）。有学者认为，此补子形象近于长颈鹿，而明人称其为麒麟，因此应为"麒麟补"。[73]这种看法有一定的依据,《五杂俎》中记录了永乐间绘制的麒麟图,对其形象的描述很接近长颈鹿[304]168,台北故宫博物院收藏的《瑞应麒麟图》中画的也是长颈鹿的形象。但是,仅据此就认为这件补子是麒麟补,还并不能成立。徐俌墓中还出土了另一件补服,上有织金麒麟补子(图 5.5),与万历《大明会典》中的麒麟补子花样(图 5.6)近似,而与前述天鹿补完全不同。同一时期的同种补子不可能有如此之大的差异,因此天鹿补子上必然不是番国进贡的那种"麒麟"。想要解开这个问题,首先要考虑麒麟补子花样的来源。成祖得到进贡的长颈鹿,命人画图赏赐大臣,说明在明代的中国,长颈鹿十分罕见,也并无本土的名字,因此明人根据其名称音译,命名为古代瑞兽麒麟。而麒麟补子是在洪武时便已经行用的,当时却未必有长颈鹿作为范本绘制。另外,补子花样其实是品秩的符号,许多形象都未必能在现实中找到完全贴合的动物,白泽、獬豸都是传说中的神兽,熊、犀牛也与真实动物形象有很多不同。关于天鹿补子的用途,戴立强认为是皇帝赏赐之物或宫中内臣的应景之作[305]637,这种看法应该不错,至少作为特赐补服是可以确定的。

图 5.3　织金天鹿补子摹绘图

图 5.4　戳纱绣天鹿补子

图 5.5　织金麒麟补子摹绘图

图 5.6　万历《大明会典》中的麒麟补子花样

    蟒龙、飞鱼、斗牛是明代一类特殊的袍服图案,蟒有两角,极类龙形,故而称为蟒龙。[147]199 蟒龙比皇家使用的五爪龙仅少一趾,盘绕于袍服之上如柿蒂形,夸张耀目(图 5.7)。受赐蟒衣的初为"虏酋",即瓦剌、鞑靼首领,后来内臣、阁臣、武官也都有获赐事例。飞鱼(图 5.8)、斗牛(图 5.9)的等级逊于蟒衣,也都类似龙形,用以赏赐六部大臣和戍边将领。[91]830-831 蟒衣、飞鱼服、斗牛服是帝王赐给亲贵的衣服,虽并不代表品秩,却是身份的象征,因而乞赐者众多。由于颁赐太滥,明代中后期,官员服蟒成风。明代肖像画中有不少是身着蟒服的,可见明人对其极为重视(图 4.11、图 4.29)。明代舆服体现了鲜明的等级制度,代表等级的图案多为动物,这是明代丝绸装饰中动物纹样较为发达的主要原因。

图 5.7　孔府旧藏蟒衣　　　图 5.8　孔府旧藏飞鱼服　　图 5.9　孔府旧藏斗牛服

    官员品级花样,"上可以兼下,下不得以僭上"[266]839,明代前期,百官恪守规制,少有僭越。明代中期开始,帝王赏赐渐多,凡登基、大婚、皇子诞生、册立东宫之时,要赏赐亲王、公侯伯、驸马和各级官员;修实录、玉牒之时,则赏赐各级修纂官;经筵、视学、谒陵诸事无不赏赐相关人等。丝绸是最常见的赏赐物,形式为段匹和衣服,其中不少属于特赐。所谓特赐,是指帝王出于表达褒奖或重视之意,赐予亲贵、重臣、外夷等超逾级别的财物。特赐的补服不仅图案往往高于原本的品级,还常有蟒衣、飞鱼服、斗牛服等,《明史》中就有不少对帝王特赐的记录(表 5.3)。[82]1640-1641

表 5.3　《明史》卷六七《舆服三》中记录的特赐事例

时期	受赐者	品秩	应服花样	受　赐　物	缘由/影响
弘治	刘健 李东阳	一品	仙鹤	蟒衣	内阁赐蟒衣自此始
嘉靖	严嵩 徐阶	一品	仙鹤	麒麟补服	麒麟本公、侯服,而内阁服之

续表

时期	受赐者	品秩	应服花样	受　赐　物	缘由/影响
嘉靖	严讷 李春芳 董份	五品	白鹇	仙鹤补服	撰青词受赐
嘉靖	严嵩	一品	仙鹤	南京织闪黄补麒麟、 仙鹤	闪黄乃上用服色
万历	张居正	一品	仙鹤	坐蟒补服	坐蟒面正向,尤贵
万历	李伟	武清侯	麒麟	坐蟒补服	以太后父受赐

　　正德十三年(1518年)的一次赏赐尤为特殊,武宗"赐群臣大红纻丝、罗、纱各一匹,其彩绣一品斗牛,二品飞鱼,三品蟒,四品麒麟,五、六、七品虎、彪",还要求"诸与赐者裁制,一夕皆就,明旦遂服以迎"。[251]3028尽管有大臣以章服"辨贵贱、定名分"的理由恳请收回成命,但未被武宗听取。大规模的赏赐导致了"内库告竭,故文武服色亦以走兽,而麒麟之属下逮四品"[251]3029,《明史》对此的评价为"尤异事也"[82]1639。

　　《天水冰山录》中记录的丝绸段匹和衣服中,带有品级花样的各类袍服数量众多,且有大量蟒衣、飞鱼服、斗牛服图案的高档丝绸占据了相当大的比例,权臣对丝绸的占有量已是惊人,帝王的用度可想而知。定陵中出土了各种龙、凤图案织绣[2]44-64,龙多设计为柿蒂通袖膝襕或团龙补子,也有不少小团龙纹样。

　　从明墓中随葬的补服来看,图案高于原本品级的情形也不少,其中出自高品级墓葬的补子可能是赐物,而品级低的墓中也有仙鹤、鸂鶒、鹭鸶等补服,则僭服的可能性较大(表5.4)。其中例外的是顾东川墓,据此墓中其他随葬品来看,规格之高远非正八品官员可享有,因其御医的身份,不排除得到特赐的可能。

表 5.4　明墓出土的越级补服图案与墓主品秩对照

墓　　主	官职、品秩	应服补子图案	出土补子图案	时　　　间
戴缙[23]	工部尚书(正二品)	锦鸡	金线绣麒麟	正德五年(1510年)
徐蕃(工部右侍郎)妻[14]	命妇(正三品)	孔雀	织麒麟、织仙鹤	嘉靖十一年(1532年)

续表

墓　　主	官职、品秩	应服补子图案	出土补子图案	时　　间
王洛（昭勇将军）妻[17]	命妇（正三品）	虎豹	织金狮子	嘉靖十九年（1540 年）
杨钊[5]27-37	昭毅将军（正三品）	虎豹	织金麒麟	嘉靖三十三年（1554 年）
顾东川[19]59-65	御医（正八品）	黄鹂	白鹭	嘉靖三十三年（1554 年）
刘湘（处士）妻[15]	无	无	织金狮子、麒麟	嘉靖三十七年（1558 年）
薛鳌[306]35-42	宁海州州判（从七品）	鸂鶒	仙鹤	嘉靖四十四年（1565 年）
马森[22]	户部尚书（正二品）	锦鸡	织金仙鹤	万历八年（1580 年）
潘允征[20]	光禄寺掌醢署监事（从八品）	黄鹂	金线绣鸂鶒	万历十七年（1589 年）
诸纯臣[19]135	河南府官（正七品）	鸂鶒	金线绣鹭鸶	万历二十九年（1601 年）
吴念虚[307]77-82	福建布政使（正二品）	孔雀	仙鹤	万历四十二年（1614 年）

　　史料中记载的僭服事例中，为数最多的是图案滥用，其中饱受争议又最为典型的例子便是蟒衣、飞鱼服和斗牛服。明代大臣对蟒衣颇多微词，诟病不断。弘治元年（1488 年），都御史边镛言："国朝品官无蟒衣之制。夫蟒，无角无足，今内官多乞蟒衣，殊类龙形，非制也。"[82]1647 同年，南京御史张昺进言："织造停矣，仍闻有蟒衣牛斗之织，淫巧其渐作乎？"[82]4393 正德时户部尚书韩文在上疏中称："蟒衣之赏，旧例未尝轻易，近来一概滥赏，接踵前后，糜费不无太甚矣！"[308]758

　　官府对官民织绣花样有诸多禁限，洪武初即禁止官民器服中使用"古先帝王、后妃、圣贤人物故事、日月、龙凤、狮子、麒麟、犀、象之形"[108]1079。正统十二年（1447 年），英宗禁止官民"僭用织绣蟒龙、飞鱼、斗牛及违禁花样"，如有违例，"工匠处斩，家口发充边军，服用之人亦重罪不宥"。[143]2925 天顺二年（1458 年）禁令又下："官民人等衣服不得用蟒龙、飞鱼、斗牛、大鹏、像生狮子、四宝相花、大西番莲、大云花样"[84]1058，可见官府对衣服图案的禁限中，最多的是动物题材，而对于花卉和云纹之类，控制的主要是大小。弘治元年

(1488 年),礼部以"名虽蟒,实则龙也"为由,请禁蟒衣,得到了孝宗的许可。孝宗言及"服色所宜禁"时说:"蟒龙、飞鱼、斗牛本在所禁,不合私织。间有赐者,或久而敝,不宜辄自织用。"[82]1647 世宗登基之时便下诏整饬,不许庶官杂流及各处将领奏乞蟒龙、飞鱼、斗牛服色,并禁绝武职卑官僭用公、侯服色。[82]1639 嘉靖十六年(1537 年),兵部尚书张瓒穿飞鱼服,其图案鲜明类蟒,激怒了世宗,导致礼部对违禁华异服色再下禁令。[82]1640 然而风气已根深蒂固,一时难以革除。从台北故宫博物院收藏的明人《出警入跸图》中可以看到,皇帝近身侍从和锦衣卫之属服色鲜明,应为蟒衣、飞鱼服及斗牛服,可见此风在万历之时仍然盛行。《金瓶梅词话》中也多次出现蟒袍和飞鱼服,第二十七回中,为筹办蔡太师的寿礼,西门庆四处寻购蟒袍,[97]314 而在礼单之上,蟒袍居首。[97]693 第七十一回中又有何太监赠予飞鱼服的情节[97]944,足以见时人对蟒衣、飞鱼服的重视。尽管官府规定,僭服蟒龙、飞鱼、斗牛图案,与僭用龙凤纹样所获刑量相当,[84]2309 但显然并没有起到约束作用。天启年间,服蟒衣风气更盛,四季节令之时,宫中内臣女眷俱穿蟒衣。[92]177-183

　　明人沈德符对"服色之僭"做过一番概括,认为勋戚、内官和妇人最容易"僭拟无等",[91]147-148 而从史料中看,还有一类人常有僭服的行为,即武官。曾任弘治朝礼部尚书的丘濬也曾感言:"我朝定制,品官各有花样……惟武臣多有不遵旧制,往往专服公、侯、伯及一品之服,自熊罴以下至于海马,非独服者鲜,而造者几于绝焉。"[266]839 出于维护安定的目的,帝王对武官,特别是戍边将领的僭服较为容忍。成化时,凉州右副总兵都督同知赵英奏请服蟒衣,"上念其边将,特允之,不为例"[162]1321。对于屡禁不止的"服蟒"之因,沈德符的总结可谓一针见血:"盖上禁之固严,但赐赉屡加,全与诏旨矛盾,亦安能禁绝也?"[91]21 自上而下的特赐使律典和诏令中对丝绸服用的种种禁限形同虚设,等级观念渐趋淡薄,在上层和民间都不乏僭服事例。

　　现存明代补子数量较多,其中有不少麒麟、狮子、蟒龙、斗牛、鸾凤、孔雀等图案,然而走兽多威严狰厉、身躯笨拙(图 5.10),飞禽则常姿态生硬、有欠灵秀(图 5.11)。明人关注的并不是矫健生动的形象,而是其所包含的等级意义。也正是出于这个原因,明代许多补服、蟒衣之类多用金彩装饰,追求夸耀炫目,虽制作复杂,但艺术水平并不很高。

图 5.10　茶色绉平金团蟒袍局部　　　图 5.11　赭红凤补女袍补子部分

5.1.2　花鸟情态

　　唐宋以降,花卉一直是丝绸图案中最为常见的题材。明代织绣中,花卉也是使用最广泛、最频繁的题材,既可单独成纹,亦可与任何其他题材组合,面貌极为丰富,常见的有莲花、西番莲、牡丹、梅花、芙蓉、菊花、桃花、海棠、萱草、灵芝、宝相花等。自 8 世纪起,花卉题材便常与瑞禽结合,组成化鸟图案。[248]124 由于明代补服制度的确立,动物图案增多,花鸟组合的现象更为显著。

　　花卉题材中数量最多的是莲花和牡丹,多以缠枝方式出现。官府对花卉题材限制较少,主要是控制大尺寸图案。一般来说,单则纹样尺寸越大,越引人注目,级别也就越高。万历《大明会典》中禁用的"四宝相花、大西番莲、大云花样"[84]1058 应都是大尺寸的图案。较大的云纹图案现仍可见,藏于清华大学艺术博物馆的一件经面(图 5.12),长 33 厘米,宽 13.5 厘米,纹样不完整,但可估计出单则四合如意云纹大小约为 30 厘米×30 厘米,应属于"大云花样"。西番莲是明代丝绸、陶瓷上经常出现的纹样,其花硕大,簇瓣而无蓬,与传统的莲花有别。西番莲由外国传入,明代已有种植,但也有学者推测其图像来源可能是西方。[309] 官府禁止民间织造大西番莲纹样,应该是由于其花瓣团簇、奢华炫目的缘故。西藏博物馆收藏有一件 18 世纪大威德金刚唐卡(图 5.13),丝绸裱边上有硕大的独窠莲花,从中可想见明代的大西番莲。西番莲纹多为缠枝,因其花朵饱满端庄,多具华丽富贵之风,被今人命名为宝相花的一些纹样,其原型应是西番莲(图 5.14)。

图 5.12　大云纹二色缎　　　　图 5.13　大威德金刚唐卡　　　　图 5.14　墨绿地缠枝宝相花二色罗

　　宋代流行的"四季花",在明代仍常见于织绣,中国丝绸博物馆藏有一件四季寿庆暗花缎(图 5.15),在一个循环中织出牡丹、莲花、菊花及梅花等代表四季的花朵,同时还有两只衔磬的绶带鸟在花丛中穿插飞舞。这里用四季花卉及绶带鸟表示四季寿庆或四季吉祥,也是一种吉祥纹样。[35]232 这件暗花缎中,四时花卉形象具有写生意味,姿态舒展,俯仰摇曳,宛如工笔花卉,具有很高的艺术水准。同样为四季花题材,故宫收藏的红地缠枝四季花织金绉的花卉形象(图 5.16)则更为图案化,表现出较强的装饰意味,更具典型的明代风格。

图 5.15　四季寿庆暗花缎　　　　图 5.16　红地缠枝四季花织金绉

　　莲池水鸟是一种清新活泼的装饰图案,经常出现在明代丝绸和陶瓷上。这种纹样元代已经流行,在青花瓷和刺绣上都能见到,其来源应是文宗皇帝御衣上刺绣的"满池娇"图案[310]212-213。明初的张适写过一首《染丝上寒机》,其中有"蛱蝶戏春草,鸳鸯浮碧沙"[311]271之句,描写的似乎就是莲池水鸟纹丝绸,也说明元明之际,这种题材一直在使用。

　　日本京都博物馆中收藏的"莲池水禽纹样金襴"(图 5.17),图案满密,鹭鸶、鸳鸯、荷叶、荷花等池塘景物由水波纹连接在一起,意趣活泼,应是"满池娇"图案的衍变。明代五彩瓷上,也有不少这类的装饰(图 5.18)。更为有趣的是,万历《大明会典》中文官六品补子花样基本就是一幅"莲塘小景"(图 5.19),出土的补子实物中,也有相似的构图。上海打浦桥明墓出土了嘉靖时的织金鹭鸶补子,上有三只鹭鸶,[79]39极为少见,但与万历《大明会典》的鹭鸶花样较为吻合,只不过增加了图案化的云纹和江崖海水(图 5.20)。莲池鹭鸶本是没有政治含义的小题材,只有出现在补子上,才有了等级意义。尽管如此,这件构图近于花鸟画的织金鹭鸶补子仍不失清新意蕴。

图 5.17　莲池水禽纹样金襴

图 5.18　宣德青花五彩莲池鸳鸯纹碗

图 5.19　万历《大明会典》中的
鹭鸶花样

图 5.20　织金鹭鸶补子

　　花卉组合图案在明代十分流行,除了"四季花"之外,还有"岁寒三友"
(松竹梅)、"四君子"(梅兰竹菊)等。松竹梅是文人绘画常用的题材,表现在
丝绸上则省略了枝干,只余梅花、松叶和竹叶,以卷绕的纤细藤蔓串连。松
竹梅题材的经面丝绸现存不少,故宫和北京艺术博物馆都有收藏(图 5.21)。
这类带有竹叶的图案,习惯上称为"长安竹"或"平安竹",应是沿用了五代蜀
锦纹样中的"长安竹"之名。定陵的"大红闪真紫细花潞绸"又被称为"大红
长安竹潞绸",花纹稍满密,图案少了松叶,仅有竹梅,但风格与前者相近,花
叶姿态则更为柔美(图 2.3)。万历时的马森墓出土了图案相似的绫,被当
时的研究者认为是柳枝与水仙花的组合(图 5.22)。[22] 日语中称此纹样为
"笹蔓",意为卷草竹子。东京博物馆藏有 15—16 世纪的"笹蔓缎子",只是
构图较为疏朗,图案也更规整(图 5.23)。日本人对这种图案极为喜爱,至
今仍将其作为古典纹样的典范而生产使用(图 5.24)。

图 5.21　绿地缠枝松竹梅
　　　　　闪缎

图 5.22　黄地柳枝寿纹
　　　　　水仙花绫

图 5.23　"笹蔓缎子"

图 5.24　日本当代丝绸中的"笹蔓"图案三种

5.1.3　文人意趣

明代织绣中有一类器物题材,以前极少出现,表现的多是古代礼器、书房陈设、清供时玩之类,具有浓郁的书卷气息。辽宁省博物馆藏有一件明代刻丝《浑仪博古图》(图 5.25),高 138 厘米,宽近 45 厘米,用金丝彩线刻织出浑天仪、鼎、彝等三十三件古物,每件都由蝙蝠恭捧,右上角残缺处钤有"朱启钤印"和"存素堂"两方印章(图 5.26)。香港贺祈思基金会收藏有一件刻丝挂屏[234]图4,风格与《浑仪博古图》极为相似,二者的制作时间与用途应大致相同。

图 5.25　刻丝《浑仪博古图》　　　　　图 5.26　刻丝《浑仪博古图》局部

《浑仪博古图》原为朱启钤旧藏,在《存素堂丝绣录》中,他颇费了些笔墨来描述其图案:"明刻丝故宫屏障残片一段:明黄地五色金彩织,广一尺四寸,纵存三尺八寸有余,尚完整可观。所刻花纹以五色流云为经,万蝠朝天为纬,蝠之形状不一,翼翼齐飞,各执一物为瑞。其器物名象则天球、河图、鼎、彝、钟、鼓、符、玺之属。又有金瓯、玉罍、环珮、蝉珥、提炉、筍、花之类。又如万年一统之盆、天下太平之钱、连理之木、梵天之文。仅此残片段名物可得纪者凡三十有三,若使匹锦犹完,得窥全豹,恐将一部《宣和博古图》尽入个中矣。工巧繁缛,叹为观止。下段横栏以朱色织飞凤穿花为缘,已是边幅尽处。其为宫中裱褙幛壁之饰无疑。"[107]44

文中提到的《宣和博古图》是北宋时官方修纂的古器物图录,收录了自商至唐的古器物 839 件,是宋代金石学著作的代表。清人段玉裁在《说文解字注》中对博、古二字分别做过注解:"古,故也;博,大通也。"[199]88-89"博古"一词见于文献,最早是在《孔子家语》的《观周》篇中,[312]28 意为通晓古代的事物,唐代之后的文献中始有"博古通今""雅好博古"等词语出现。

在《丝绣笔记》中,朱启钤对这件刻丝的图案作了深入的考证:"其花纹以云蝠齐飞,各执一物,皆不相伦,即古人'兼列众器以成文章'之意。"[106]241-242 所引之句出自颜师古为《急就篇》中"锦绣缦纮离云爵,乘风悬钟华洞乐"所做的注解:"离云,言为云气离合之状也。爵,孔爵也。言织刺此以成锦绣缯帛之文也……又为华藻之形,兼列众乐之器以成文章也。洞犹通也,言遍载其文彩也。"[313]117-118 清人翟灏对"华藻"的解释为"杂列诸物,往往不相伦类。"[314]870 这种描述与《浑仪博古图》的面貌倒是较为吻合。

除了《浑仪博古图》外,朱启钤还记录过另外几件清代器物题材的织绣,并且对织绣"博古图"做了一条注解——"于博古尊彝中杂置花卉者"[107]57,可见织绣"博古图"与《宣和博古图》中的器物并不一样,尊彝之中插花,更接近明人的生活。存世的明代博古题材织绣数量虽不算多,但制作都较精致,台北故宫博物院存有明代粤绣博古图围屏八幅(图5.27~图5.29),摹绣古鼎彝器等物九十五件,上有"蠖公所寄"钤印,亦为朱启钤旧藏。清代,博古题材织绣数量大增,且常用于装饰衣服,清宫旧藏的戏服上就常有此类刺绣。

图 5.27　粤绣博古图围屏(部分)

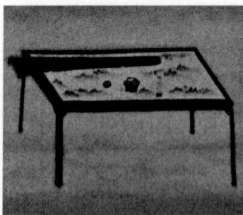

图 5.28　粤绣博古图围屏局部(一)

图 5.29　粤绣博古图围屏局部(二)

从文献记载和现存实物上来看,博古题材织绣多见于明清之际,明代屏风、幛壁上出现较多,清代则广泛见于衣服、桌围、门帘等,花卉所占比例更大。因器物组合的形象不规则,且细节较为繁复,织绣中的博古题材均以表现手法灵活的刻丝和刺绣完成。与花卉、动物、几何图形等其他题材相比,博古装饰的构图散碎,细节繁缛,设色受限较多,美感并不突出,其出现和流行显然与造作中的仿古风气有关。

北宋时,出于"掇习三代遗文旧制以行于世""以追三代之遗风"的目的,[315]卷一一些士大夫开始了收藏和研究古器物、碑刻的活动,"此风遂一煽矣"[245]79。一批金石学著作也渐次修成,数量多达百余种。[316][317]《宣和博古图》(图 5.30)便是其中卷帙最多、收录品种最齐备的一部官修古器物图录。靖康之变后,绝大多数古器物随着北宋的湮灭而毁于兵燹,蔡绦在《铁围山丛谈》中痛惜道:"时所谓先王之制作、古人之风烈,悉入金营。夫以孔父、子产之景行,召公、散季之文辞,牛鼎、象樽之规模,龙瓶、雁灯之典雅,皆以食戎马、供炽烹,腥鳞湮灭,散落不存。"而令他深感庆幸的是:"至于图录规模,则班班尚在,期流传以不朽云尔。"[245]80《宣和博古图》在元明清时期历经数次刊刻,广为流传,对于宋代之后的仿古造作有着极为重要的示范意义。

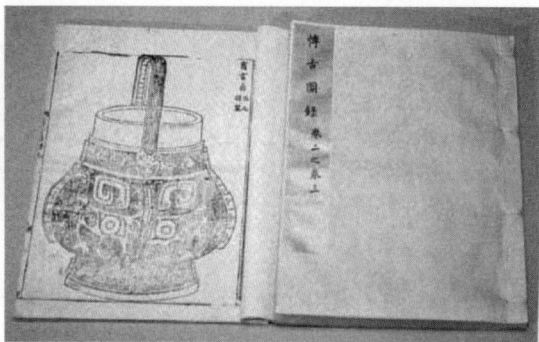

图 5.30　至大重修《宣和博古图》

推动仿古之风的主要是文人阶层。赵希鹄曾描述过文士"雅集"中鉴赏古物、书画的场景:"明窗净几,罗列布置,篆香居中。佳客玉立相映,时取古人妙迹,以观鸟篆蜗书、奇峰远水。摩挲钟鼎,亲见商周。"[318]1然而真器物并不易得,仿制品遂大量出现于厅堂供案。高濂的《燕闲清赏笺》中有"论新旧铜器辨正""论新铸伪造"二则,[319]448-452详细记录了明代仿古铜器造作及新旧铜器的辨识方法,可见彼时仿古风气之盛。文人们聚集鉴定器物的活动显得更为重要,《清秘藏》中便记录了隆庆四年(1570 年)"吴中四大姓"组织的一次"清玩会"。[227]247明清一些绘画中也有文人品鉴古玩的场景,如台北故宫博物院所藏的明代杜堇《玩古图》(图 5.31、图 5.32)、故宫博物院藏清代陈枚的《月曼清游》图册之《围炉博古》[320]158 等。文人收藏品鉴古物的行为对民间影响极大,辽宁省博物馆收藏的仇英款《清明上河图》就描绘了明代的书画古玩店铺和天桥上的古玩摊贩(图 5.33、图 5.34),"玩古"逐渐成为一种社会风尚。

图 5.31　杜堇《玩古图》

图 5.32　杜堇《玩古图》局部

图 5.33　仇英《清明上河图》中的
古玩店铺

图 5.34　仇英《清明上河图》中的
古玩摊贩

明清的文人对古器的收藏和鉴赏不复抱以"非敢以器为玩"[315]卷一 的庄重心态,而是更注重其中的精神享受。董其昌认为:"先王之盛德在于礼乐,文士之精神存于翰墨。玩礼乐之器可以进德,玩墨迹旧刻可以精艺。居今之世,可与古人相见,在此也。助我进德进艺,垂之永久,动后人欣慕,在此也。"[321]263-264 在士大夫眼中,古器虽为玩物,但"唯贤者能好之而无敝",玩赏古器,"人能置身优游闲暇之地,留心学问之中,得事物之本末始终,而后应物,不失大小轻重之宜、经权之用,乃能即物见道"[321]255。董其昌曾言:"人能好骨董,即高出于世俗,其胸次自别"[321]256,俨然将玩赏古物当作区分胸怀气度之准则。

古铜器甚至被认为有避邪驱祟的功效,而玩赏古器物可以达到养生的目的。赵希鹄在《洞天清录集》中提到:"古铜器多能辟异祟,人家宜畜之。盖山精水魅之能为祟,以历年多耳。三代钟鼎彝器,历年又过之,所以能辟祟。"[318]13 董其昌在《骨董十三说》中论曰:"若与古人相接欣赏,可以舒郁结之气,可以敛放纵之习。故玩骨董,有助于却病延年也。"[321]260

铜器为明清博古织绣中的主要器物形象,此外,常出现的还有瓷器和文房用具等。宋人收藏古物皆重三代礼乐之器,而明清文人的收藏范围扩大,涵括物件庞杂,不少著述对此均有记载。《新增格古要论》中涉及古器物的即有"珍宝论""古铜论""古窑器论""古漆器论"等篇,屠隆在《考槃余事》[322]中将文房清玩之事逐一列述,各类器用莫不详备。文人素喜收藏砚台、墨锭、琴张、书画,其中不乏古物,加上"四宝"(笔墨纸砚)为案头之常设,"四艺"(琴棋书画)为文士所谙习,博古织绣中出现这些物象实为合情合理。

图录中的古器物造型严谨、比例合度,铭文周详,而博古织绣中的器物造型和纹饰相对简单,一些民间制品仅绣出器形轮廓,略去纹饰细节,配色注重装饰感,不求肖似,仅为达意。

博古装饰中,古器物时常与花卉相伴,正是"文房清供"之写照。瓶、瓿等器最宜花枝,悦目怡情之外,还暗含瓶花供养之道。袁宏道在《瓶史》中专门对此做了解释:"尝闻古铜器入土年久,受土气深,用以养花,花色鲜明如枝头,开速而谢迟,就瓶结实,陶器亦然。故知瓶之宝古者,非独以玩。"[323]6

文人的崇古观念主要出于对古代礼制与道德的追慕,收藏古器"非赖其用",而是希冀"礼家明其制度,小学正其文字、谱牒,次其世谥,乃为能尽之"。[324]437 然而随着仿古风气的演进,文人将自身的价值观念、格调趣味融入其中,玩古遂成雅逸之事。金石图录中的古器物形象辗转表现于织绣时,原本庄严的礼制含义消退,取而代之的是典雅的文人情趣。

除织绣外,在明清瓷器、家具乃至建筑中都能见到博古题材装饰,所包含物象既有鼎、彝、尊等古器物,也有瓶、炉、壶等生活用具,与花卉的组合亦颇为自由。博古题材在审美角度虽无优势,但与仿古潮流相合,所包含的文化含义丰富,为上层和文人所钟爱,渐次波及民间。明代官府并无对博古题材的严格约束,应是其流行的契机,且在形式和内容上有了更多的变化。清代博古织绣中常有杂宝、佛手、石榴等,铜器则更多为瓷瓶所取代,以取"平安"之意,带有更多吉祥色彩。时代愈晚,博古织绣中杂糅的物象愈繁多,造型也愈随意,崇古、仿古已不胜于形,而仅存于意。

落花流水、落花游鱼是明代丝绸上时时出现的一类图案,这类题材也多见于文人画,表达伤春悲秋的文人情怀。明代大多数丝绸图案都包含着求福纳吉的意愿,而落花流水纹的清幽雅逸便显得尤为特别。福州马森(隆庆时户部尚书)墓出土了数件水波纹样的丝绸(图 5.35、图 5.36),配以小花、小葫芦等,颇有天然意趣。其中一件波浪纹花绫裙上还有"三碧泉记"印章[22],可能为丝绸作坊的商标,产地或许就在福州府。联系作坊名字和墓中出土的多件水波纹织物,令人不禁要猜测,此作坊或许以生产水纹图案的丝绸而闻名。

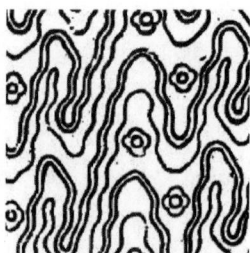

图 5.35　土黄地落花流水纹花绫　　　图 5.36　黑色落花流水纹花绫

丝绸上的落花流水纹构图可疏朗,也可满密;形象可写实,也可图案化,藏于故宫的紫白落花流水锦(图 3.41)便属于写实而满密者。这类纹样的丝绸经常见于佛经和书画的装裱,北京艺术博物馆便收藏了多件水波纹经面(图 5.37、图 5.38),这与文献所记"充装潢卷册之用"[119]963 甚是吻合。

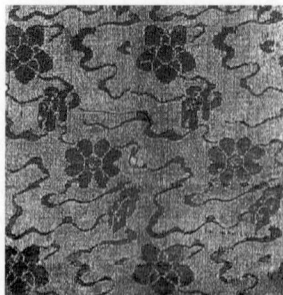

图 5.37　粉红地落花流水闪缎　　　图 5.38　木红地落花流水棉锦

观赏性刻丝和刺绣多有底本,力求仿书画作品,其中的文人题材极多。顾绣中,缪氏的《枯木竹石》、韩希孟的《米画山水》《花溪渔隐》等,无论从题

材还是画面,都带有典型的文人气息。不少花鸟册页,也清隽雅致,深得士人阶层爱重,这正是因为顾绣与文人画之间有千丝万缕的联系,艺术风格颇为相近。尽管韩希孟在《花溪渔隐》(图 5.39)中自题"仿黄鹤山樵",但此幅与王蒙山水画风格并不相似,反而近于倪瓒画中的平远景象。在明代晚期的文人画中,此类构图也十分常见,如倪元璐的《山水图册》(图 5.40)、文嘉仿倪瓒的山水图册(图 5.41)等。

图 5.39　韩希孟绣《花溪渔隐》

图 5.40　倪元璐《山水图册》

图 5.41　文嘉仿倪瓒山水图册

顾绣中屡屡出现"葡萄松鼠"题材(图 5.42),文人花鸟画中也常有此类,如周之冕《葡萄松鼠图》(图 5.43),陈淳《花卉册》中有"芦花河蟹"(图 5.44),顾绣册页中也频频出现相同题材(图 5.45)。

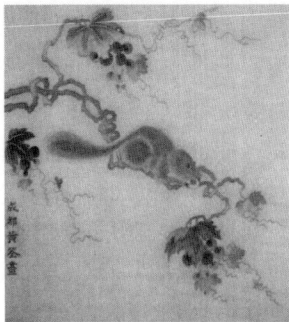

图 5.42　顾绣《葡萄松鼠》

图 5.43　周之冕《葡萄松鼠图》

图 5.44　陈淳《花卉册》

图 5.45　顾绣《荷蟹》

　　类似的例子还能举出很多,足见顾绣与同时代文人绘画的密切关系。顾氏家族是士绅阶层的代表,家有名园,自产嘉桃、糟蔬、刺绣,时常高朋满座,抚琴放歌。[283]244 顾家与文人群体往来密切,结交不少名儒,在这样的环境中,顾绣必然受到文人阶层审美趣味的影响,最典型的作品便是仿山水、花鸟画的一类。

5.1.4　民俗吉庆

　　吉祥图案用于丝绸的历史很早,五代时的蜀锦中就有了"天下乐""宜男"[325]145 等寓意吉祥、祈求多福的纹样。元代,佛教中的"八吉祥"也成为丝绸装饰纹样,并从此开始流行,可与各种题材搭配。广义来讲,除了一些几何纹样,丝绸图案基本都有吉祥含义。而就丝绸装饰题材来说,吉祥图案大多是以图像组合的方式,关联吉祥之意,传达对福寿、富贵、平安、多子等理想生活的企盼。

　　灯笼纹丝绸常被称为"灯笼锦",其图案源于蜀锦纹样中的"天下乐"。有的灯笼两旁加织蜜蜂和嘉禾,借"灯"与"登"同音,称之为"庆丰登"或"五谷丰登"。[326]41 明代丝绸上的灯笼图案造型十分丰富,显然与社会生活、时代风尚有密切的联系。农历正月十五为上元节,宫廷和民间都有悬挂花灯的习俗,宫廷灯景华丽铺张,有七层牌坊灯,还有高可达十三层的方圆鳌山灯。[92]108 藏于国家博物馆的《明宪宗元宵行乐图》表现的正是成化间上元节时,帝王宫眷们欣赏灯景的热闹场面,其中便有鳌山灯(图 5.46),上面的圆形和八角形灯笼在织物上均可见到(图 5.47)。还有些造型不同的宫灯上下连接挂成长串(图 5.48),灯笼纹丝绸上也有这样的形象(图 5.49)。

图 5.46 《明宪宗元宵行乐图》
鳌山局部

图 5.47 墨绿地灯笼纹
两色绸

图 5.48 《明宪宗元宵行乐图》
宫灯局部

图 5.49 刺绣灯景补子局部

　　民间上元节观灯游乐活动同样热闹,彩灯种类不少,诸如绣球、走马、莲花等[327]28-29,颇为精巧,其中一些种类在丝绸图案中也可看到。故宫藏有一件绿地织金灯笼缎[328]15(图 5.50),以织金妆花的手法织出各种灯笼造型,有绣球灯、莲花灯、八角灯、如意云灯等,灯上装饰的花纹都刻画得十分细腻。灯笼图案热闹喜庆,生动地反映了民俗生活,备受人们喜爱。因其图案华丽、织造费工,属于丝绸中的高档品,往往也用以装点佛龛、幢幡,或装裱唐卡、佛经等。明人王彦泓就在《又杂题上元竹枝词》中描写过上元节时以灯笼锦供奉佛像的情景[329]4,现存的明代大藏经经面上,也有不少灯笼纹样。

　　一件西藏唐卡装裱的妆花缎上还能见到儿童持灯、观灯的形象（图5.51），儿童手持的象灯与《明宪宗元宵行乐图》中所见极为相似（图5.52、图5.53）。这件裱边的妆花缎虽不完整，配色已多达十几种，图案又如此写实，应该是专为皇家设计织造的产品。灯笼题材加入童子形象，更添一层吉祥美满。

图5.50　绿地织金灯笼缎局部

图5.51　嘎玛巴活佛唐卡裱边妆花缎局部

图5.52　嘎巴玛活佛唐卡裱边妆花缎中
持象灯童子

图5.53　《明宪宗元宵行乐图》中的
持象灯童子

　　明代丝绸上的灯笼纹常缀挂璎珞、流苏，异常富丽，灯笼有时为葫芦形，取其谐音"福禄"，有时加入文字，如"万寿""平安"之类，祈福之意更加直白。北京艺术博物馆藏有一件灯笼双层锦，不过是长34厘米、宽12厘米的窄小经面，却织出"国泰民安、风调雨顺、万寿无疆、五谷丰灯"十六个字（图5.54、图5.55）。有趣的是，末字所用的是"灯"而非"登"，或许这样的设计更为应景。

图 5.54　蓝地葫芦灯笼纹
双层锦

图 5.55　蓝地葫芦灯笼纹双层锦局部

　　明代丝绸吉祥图案中也常有人物形象,多为祝寿、婴戏等题材。古人将多子视为多福,童子形象便成为吉祥图案的一类。婴戏之集成,则为百子图,明代皇室尤其爱赏此类绘画,清朱彝尊提到前朝瓷器时说:"百子图者,龙文五彩者,皆昔日皇居帝室之所尚也。"[330]62-63 定陵出土的孝靖皇后百子衣是婴戏题材中的典范,整件衣服绣满了玩耍嬉戏的童子,共 100 人,按情节可分为 40 组,有博戏、猜拳、观鱼、捕蝶、蹴鞠等场景(图 5.56、图 5.57),[2]139-140 不少都是中国北方地区传统的儿童游戏。这件百子衣的绣制可谓不厌其烦,不仅童子的衣服全部用各类网绣仿花纹,连风车、铜锣、竹马等玩具也清晰毕现。这件衣服的金质纽扣也使用了童子造型(图 5.58),题材可谓高度统一,这是明末宫廷应景吉服的一个显著特点。

图 5.56　百子衣(复制件)
蹴鞠图

图 5.57　百子衣(复制件)
观鱼图

图 5.58　百子衣(复制件)
金纽扣

明代婴戏图案的提花丝绸明显多于前代,其原因是妆花技术的成熟。丝绸装饰题材中,人物题材难度最大,设计者必须有较强的写实能力,制作者还须花费精细功夫。丝绸中的人物多以刻丝、刺绣或妆花手法来完成,唯有这三种方法才能够制作出复杂细腻的图案。因此,婴戏图案的丝绸基本是妆花织物,前述嘎巴玛活佛唐卡上的童子灯笼纹妆花缎,亦可视为婴戏题材。

吉祥图案是民间审美发展的产物,自然也蕴含着浓郁的世俗气息,然而明代宫廷对吉祥图案的使用更甚于民间,这是明代之前所少见的。皇家重视等级,图案使用较为谨慎含蓄,本应与民间织绣上显露直白的吉祥纹样大有区别,但明代晚期的宫廷服饰中大量的应景图案,与风俗时令有关,皆可归入吉祥图案的范畴。

内廷之中有一类袍服补子,其图案并不代表品级,而是随四时节令而变换,称为"应景补子",虽不见于典章,但却是昔时内臣宫眷集体穿用的花样(表 5.5)。这类应景之物在明代宫廷十分常见,例如武英殿画师曾将名花杂果、山水盛景等分编题目,画成围屏,在节令之时安设,其目的是让生长于深宫的皇家子女得以"广识见,博聪明,顺天时,恤民隐"[92]108。至于袍服之上的应景花样,则只为顺应天时,祈求安康。

表 5.5　明末内廷应景补子花样

时　　间	节　　令	补子花样
正月初一	正旦节	葫芦景
正月十五	上元节	灯景
三月初四	清明节	秋千
五月初一至十三	端午	五毒艾虎
七月初七	七夕	鹊桥
八月十五	中秋	嫦娥、玉兔
九月初四	重阳	菊花
十一月	冬至	阳生

注:内容出自《酌中志》卷一九、《明宫史》卷三。

明末清初的文人唐宇昭曾根据明末御用监内侍太监所述,作"拟故宫词四十首",其一写道:"尚衣每日数筒呈,袍带花纹按景成。天子近来崇节俭,历旬方许一番更。"[101]69 可知尚衣监负责裁造节令应景袍服,宫人频繁换装,崇祯时即便帝王刻意节俭,也是十日一更换。一年中节令不断,袍服花样便也屡屡翻新,可想见宫中节令之时的一派热闹气象。

　　宫中节令之时的习俗繁多（表5.6），有些难以考证来源，却与民间习惯相似。刘若愚曾记录冬至节司礼监印制的"九九消寒"诗图，称其"皆瞽词俚语之类，非词臣应制所作，又非御制，不知如何相传耳"，且"久遵而不改"。[92]183 既不是宫中传统，又不是大臣新创，其来源必然是民间。明末文人刘侗在《帝京景物略》中描述了民间冬至的这种习俗："冬至，画素梅一枝，为瓣八十有一。日染一瓣，瓣尽而九九出，则春深矣，曰'九九消寒图'。有直作圈九丛、丛九圈者，刻而市之，附以'九九之歌'，述其寒燠之候。"[331]70

表 5.6　《酌中志》记录的宫中节俗

时间/节令	衣 服 佩 饰	应 时 习 俗
正月 正旦节	自年前腊月廿四日祭灶之后，宫眷内臣，即穿葫芦景补子及蟒衣（纻丝）。内臣戴灯笼铎针	室内悬挂福神、鬼判、钟馗等画。床上悬挂金银八宝、西番经轮，或编结黄钱如龙。"熰岁""跌千金""嚼鬼"
正月 上元节	内臣宫眷皆穿灯景补子蟒衣（纻丝）	灯市至十六更盛，天下繁华，咸萃于此。勋戚内眷，登楼玩看，了不畏人
二月	清明之前，收藏貂鼠、帽套、风领、狐狸等皮衣	是月也，分菊花、牡丹，凡花木之窖藏者，开隙放风
三月 清明节	初四日，宫眷内臣换穿罗衣。清明秋千节穿应景蟒纱	清明，则秋千节也，带杨枝于鬓。坤宁宫后及各宫，皆安秋千一架。圣驾幸回龙观等处，赏海棠。窖中花树尽出，园圃、台榭、药栏等项，咸此月修饰。富贵人家，咸赏牡丹花，修凉棚
五月 端午节	初一日起，至十三日止，宫眷内臣穿五毒艾虎补子蟒衣。内臣戴天师铎针	赏石榴花，门两旁安菖蒲、艾盆。门上悬挂吊屏，上画天师或仙子、仙女执剑降毒故事，如年节之门神焉，悬一月方撤也。赏石榴花，佩艾叶，合诸药，画治病符。圣驾幸西苑，斗龙舟，划船。或幸万岁山前插柳，看御马监男士跑马走解
六月		立秋之日，戴楸叶，吃莲蓬、藕，晒伏姜，赏茉莉、栀子、兰、芙蓉等花

续表

时间/节令	衣服佩饰	应时习俗
七月 七夕节	初七日,七夕节,宫眷穿鹊桥补子	赏桂花。宫中设乞巧山子,兵仗局伺候乞巧针。……西苑做法事,放河灯,京都寺院咸做盂兰盆追荐道场,亦放河灯于临河去处也。……吃鲥鱼,为盛会,赏桂花。斗促织
八月 中秋节	内臣戴月兔铎针	宫中赏秋海棠、玉簪花
九月 重阳节	宫眷内臣自初四日换穿罗。抖晒皮衣,制衣御寒。重阳节穿菊花补子蟒衣(纱衣)	始调鹰畋猎,斗鸡。御前进安菊花
十月	初四日,宫眷内臣换穿纻丝。若羊绒衣服,则每岁小雪之后,立春之前,随纻丝穿之	
十一月	百官传带暖耳。冬至节,宫眷内臣皆穿阳生补子蟒衣。内臣戴绵羊引子、梅花铎针	室中多画绵羊引子画贴。司礼监刷印"九九消寒"诗图,每九诗四句,自"一九初寒才是冬"起;至"日月星辰不住忙"止,皆瞽词俚语之类,非词臣应制所作,又非御制,不知如何相传耳
十二月	廿日"祭灶",蒸点心办年,竞买时兴绸缎制衣,以示侈美豪富	进暖洞薰开牡丹等花。三十日,岁暮"守岁"。乾清宫丹墀内,自廿四日起,至次年正月十七日止,每日昼间放花炮,遇大风暂止半日、一日。其安鳌山灯、扎烟火,圣驾升座,伺候花炮;圣驾回宫,亦放大花炮

注:内容出自《酌中志》卷一九《内臣服佩纪略》、卷二〇《饮食好尚纪略》。

　　现存的明代应景补子很多,有些为定陵出土,有些是清宫旧藏,还有部分为私人收藏家持有。明代大藏经裱封丝绸有很多为旧物改用,宫中过时旧衣旧料,或赃罚而来的新旧织物都有可能被用于装裱,[332]127 因此不少应景方补是从经面或经书函套上获得的。

　　除了补子花样随景变换之外,逢帝后诞辰、皇子诞生、婚礼、册封等节庆之日,宫人也须更换特定纹样的袍服,如"万万寿""万万喜"等。天启年间,皇室婚庆时近贵内臣所穿"双蟒喜相逢"花样,则是万历年间所出;思宗病重时,近侍内臣要穿金寿字大红纱袍为皇帝襄祝。[92]22-23

袍服上织绣应景花样的风气或许出现得较早,但形成宫廷上下普遍服用的风气应是在明末。明代宫廷画家所作的《明宣宗行乐图》中,内臣服色皆为青绿,并无补子和鲜明花纹。《明宪宗元宵行乐图》表现的是成化时宫中庆贺元宵节的情景,然而图中内臣宫眷并不见穿着应景补子蟒衣。万历时,宫中开始出现按照节令换装的现象,有龙服、寿服、灯服、五毒吉服,[82]6126 使用者应该是帝王后妃。明神宗与孝端、孝靖两位皇后下葬时穿的并非礼服或常服,有服饰研究者指出,它们都属吉服一类。[333]118 定陵中出土的洪福齐天、五毒艾虎补子、织有福寿喜字的龙袍、奔兔纹纱、仕女秋千、三阳开泰图案的膝袜等[2]附表一至附表十四,均属于吉服。刘若愚在提及内臣服饰时写道:"至于按节令应景制造,更从古以来所未有者,而晏然服饰,恬不为异。"[92]54 说明在天启年间,应景花样的使用范围扩大到了内臣宫眷。尽管应景袍服万历时已经出现,但宫人集体使用,仍是种殊为新异的做法。

以现存的实物来看,明代的应景补子应主要为绣制而成,应景服用之风气对丝绸图案亦有影响,现存的很多织绣实物上都织有应景图案,如五毒艾虎、绵羊太子、灯景、葫芦、兔纹、福寿喜等字。这些应景纹样丝绸的使用和应景补子应该是一致的,可能用于制作宫中帐幔、帷帘等物,以渲染节庆气氛。另外,宫中还会张挂应景图画,以冬至节为例,宫中张贴绵羊太子画贴,以羊喻阳,有送冬迎春之意。[92]183

国内外现存不少元明清时期的"开泰""消寒""迎春"题材织绣,造型、构图十分相似,以童子和羊为主,辅以山石、松树、花卉等,画面喜庆而热闹。有研究者指出,这些应该就是昔时宫中悬挂的"绵羊太子画贴"。大都会博物馆把所藏的刺绣《迎春图》(图 5.59)断代为元[231]195,台北故宫博物院另藏有一件绘画《婴戏图》(图 5.60),也定为元代。故宫博物院藏有一件清代的刻丝加绣《九阳消寒图》(图 5.61),还藏有不止一件相同底本的刻丝,可见,此类题材颇受宫廷爱重。有研究者认为,台北故宫博物院所藏元人《婴戏图》应为明代宫廷画师所作,[334]42 如果这个说法成立,那么这件作品很可能也是宫廷冬至时节悬挂的"绵羊太子"图。

图 5.59　刺绣《迎春图》
局部

图 5.60　元人《婴戏图》
局部

图 5.61　刻丝加绣《九阳
消寒图》局部

　　"绵羊太子"的形象可能来自明代杂剧,万历年间教坊司编演的杂剧有《庆丰年五鬼闹钟馗》,此剧第四折中,有"三阳真君领三个绵羊太子"的情节,剧本之后所附的"穿关"中,描述了绵羊太子的扮相:"狐帽、膝襕曳撒、比甲、闹妆茄带、梅枝鹊笼"[335]12,与台北故宫博物院的《婴戏图》极为吻合。而从刺绣的配色手法上看,大都会博物馆所藏的《迎春图》应该也不会早于明代。

　　绵羊太子在丝绸纹样上也有不少,质料有织金、妆花,也有二色花名织物。日本京都博物馆藏有一件"骑羊人物春梅折枝纹样金襕"(图 5.62),表现严冬季节里骑羊童子手持梅枝,上挂鸟笼,形象与《婴戏图》相仿。类似的作品还有北京艺术博物馆的"绛紫地折枝花童子骑羊二色缎"(图 5.63)、故宫博物院收藏的"绵羊太子二色缎"(图 5.64)。明代织造技术的进步使丝绸图案愈加精细,原本画、绣而成的童子骑羊图案亦可织出。伦敦私人收藏的"童子骑羊妆花缎"[35]图08.09是这类题材中最精美的一件,虽然童子也同样头戴狐帽,身穿比甲,四周散布着的却不仅仅是梅花,而是四时花卉,画面十分热闹。宫中应景补子蟒衣须搭配同样题材的应景饰物,如铎针、枝个、桃杖、簪子、纽扣等。[92]170-171首都博物馆收藏有北京董四墓村(崇祯间入葬嫔妃)

图 5.62　骑羊人物春梅折枝
纹样金襕

图 5.63　绛紫地折花童子
骑羊二色缎

出土的绵羊太子金帽饰、累丝嵌宝绵羊太子金簪、绵羊太子金纽扣（图 5.65），可以推测，崇祯时应景服用的风气依然存在。

图 5.64　绵羊太子二色缎

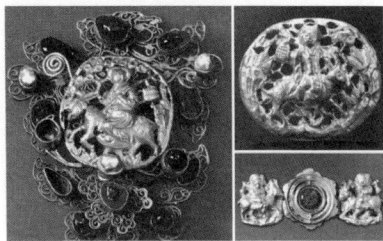

图 5.65　绵羊太子纹金饰物

　　五毒艾虎是端午节所用的应景图案，频繁出现在织绣中。民间认为端午时节，蝎子、蜈蚣、蟾蜍、蛇、壁虎这五种毒物开始繁衍滋生，便以艾叶制为虎形，用以驱邪除秽。宋代每逢端午，帝王便将"艾虎纱匹段"分赐亲贵[336]20，民间也裁制艾虎衫[337]243，可知这种习俗由来已久。定陵中出土了一件孝靖皇后的暗花罗方领女夹衣，胸背皆缝缀五毒艾虎补子（图 5.66），应是端午时节所穿。五毒也可配以花卉单独成纹，故宫藏有一件洒线绣五毒纹经面（图 5.67），花纹已不完整，上绣蝎子和带翅蜈蚣，配以蜀葵、荷花，配色鲜艳热烈，一派喜庆气象。香港贺祈思收藏的五毒纹补子[234]图95，正中绣大朵宝相花，左右两侧的菖蒲和艾蒿有驱邪消毒的功效，带翅蜈蚣和蛇盘绕其间，生机勃勃。花下有蟾蜍，以黄色绒线绣成，令人联想到"刘海戏蟾"中的金蟾。清人有关于"飞蜈蚣"的志怪笔记[338]429-430，认为其有神力，可以制蛇，五毒图案中的蜈蚣多有带翅者，或许明代已有此说，可谓以毒制毒。总之，明代的五毒纹样虽不悦目，却也并无人人得而诛之的痛恶色彩，反而充满了喜庆欢乐。

图 5.66　五毒艾虎补子摹绘图

图 5.67　洒线绣五毒纹经面

除了补子之外，五毒纹还用于整匹的织物，成化时，苏州府奉命织造"彩妆五毒大红纱"五百余匹。这种五毒大红纱为织成袍料，织彩色五毒纹样于两肩、胸背、通袖、膝襕之上，工料昂贵，每匹可抵普通纱料十余匹。况且五毒纹袍仅用于端午一日，其他时间并不穿用，可谓铺张靡费。大臣对织造五毒纹袍甚为反感，兵部尚书王恕称其"淫巧奇怪，古所未闻"，认为"此毒物人皆见之，必以为不祥而憎恶之，今织之于衣，非至尊所宜服，亦非宫中所可服。"但王恕错将五毒解释为"艾虎、蜈蚣、虾蟆、蛇、蝎也"[184]卷五，其实艾虎是用来制毒的，并非五毒之列，可见大臣对这种民间习俗并不了解，也不赞赏。

五毒是典型的民间吉祥图案，之所以在宫廷流行，恐怕是因为来自民间的内臣宫眷喜爱使用，久之竟成惯例。故宫藏有一件万历间的红地奔虎五毒纹妆花纱经面，织有五毒及虎衔艾叶，虽花纹不完整，却可看出造型活泼生动，成化间所织大红五毒纱或许就是此类。现存的应景图案丝绸多来自佛经裱封，有灯笼、葫芦、玉兔等纹样（图 5.68），它们原本应是宫中过时的应景袍服或帷幔之类。

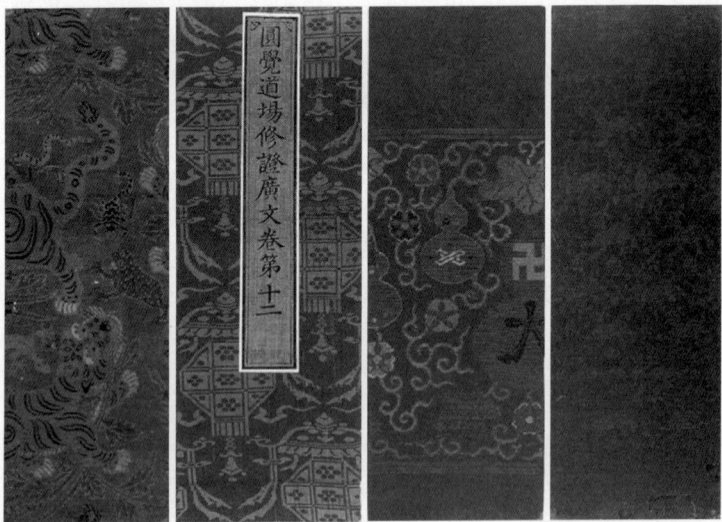

图 5.68 应景丝绸经面四种（五毒艾虎、灯笼、葫芦、玉兔）

从文献和实物来看，应景花样最迟在成化间已经开始织造和使用，万历时已流行于宫廷，帝后袍服上出现的应景补子是对图案的强化。天启时，应景补子的使用范围扩大到内臣宫眷。织绣应景花样是为顺应天时，其图案复杂琐碎，常糅合文字，是明末宫廷丝绸的典型风格。虽装饰效果未必理想，却最能体现皇家"祈寿于经纬、求福于丝纶"的愿望。

明代吉祥图案还有一个新的特征，即图案与文字的结合。丝绸上出现文字的历史不晚于汉代，大致来说，织绣文字都是出于祈福的目的。明代宫廷和民间的吉祥图案中不仅有大量文字，并且文字的尺寸显著增加，甚至超过图案，成为最显眼的装饰。定陵出土的帝后衣服上，有不少织绣而成的文字，其中"寿"字最多，其他多是"喜""佛""圣寿无疆""万寿福喜"等。孝靖皇后的"红织金缠枝牡丹妆花纱夹衣"缝有前后两块方补，前有"洪福"，后有"齐天"，皆用金线盘蹙绣成，字形硕大，十分醒目（图5.69、图5.70）。据刘若愚所记，万寿圣节之时，内臣在帽子上佩戴应景的"洪福齐天"铎针[92]170，而根据"袍带花纹按景成"的习惯，袍服上也应有相应的文字和图案。尽管内臣与帝后服饰有很大差别，但从补子的文字来看，在使用应景图案上，二者却有共同之处，这件衣服应该是为皇后的千秋节特别制作的。

图5.69　孝靖皇后夹衣补子（前）　　　图5.70　孝靖皇后夹衣补子（后）

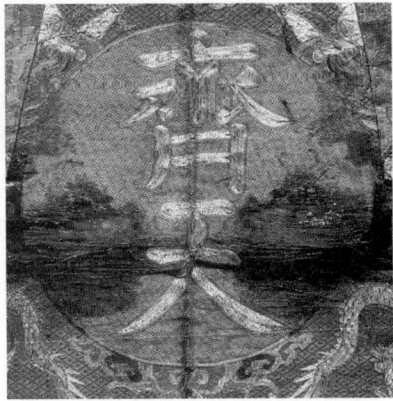

吉祥图案中织出的文字往往形成大小不同、错落有致的搭配，万历帝的交领夹龙袍上织有"万寿福喜"字样，布满整件衣料，其中"寿""喜"为大字，"万""福"为小字，间隔排布，连绵不断（图5.71）。有些文字以变形的方式出现，变化最多的仍是"寿"字，字体可方可圆，可为楷书，也有篆书、梵文等。"万"字的变体为"卍"，常出现在丝绸图案中，如排布成致密连绵的地纹，则称为"卍字地"（图5.72）。

图 5.71　交领夹龙袍"万寿福喜"
地纹摹绘图

图 5.72　织金缎夹龙袍地纹
摹绘图

5.2　构　　图

就丝绸本身而言,纹样是平面化的,构图主要涉及图案的大小、疏密和
排布关系。然而丝绸总是要制成衣服、巾帽、帐幔之类,使用时便也具有了
立体形态,其构图就须考虑具体的用途,循形设计。从构图的角度讲,明代
丝绸分为两类,一类无明确用途,图案多为连续纹样,可自由裁制;另一类
有专门用途,图案与款式结合,必须依照既定的样式裁剪使用,否则会造成
图案的残缺。前者主要以图案式构图来组织纹样,后者则依照用途,专门设
计图案,其构图也就具有灵活性和不确定性。

5.2.1　图案式构图

明代丝绸最常使用的构图方式是连续式,单则纹样依照一定的规律排
列,形成满地花纹的效果。以这种方法织成的整幅丝绸,在明代称为"匹
料",大部分匹料的图案为四方连续,极少数情况下,单则纹样尺寸达到了幅
宽,则为二方连续。匹料因单则纹样的大小、造型以及纹样排布疏密的不
同,呈现出千差万别的效果。有些匹料单则纹样界限清晰、互不相连,呈现
出严整规矩的秩序感,类于宋元时的"团窠"或"答子",明代多见的是团花
(图 5.73)、朵梅纹、樗蒲纹(图 5.74)等。小折枝花卉图案多见于暗花丝绸,
格调素雅清新,应是对宋元散答花图案的继承(图 5.75)。这类小折枝中间
往往还点缀着一些杂宝、文字等,使构图更加满密,符合明代的审美风尚
(图 5.76)。也有些匹料,整幅图案连绵缠绕、浑然一体,难以分出单则纹样

的轮廓，如缠枝纹（图 5.77）、连云纹（图 5.78）等。

图 5.73　灰绿地朵梅潞绸

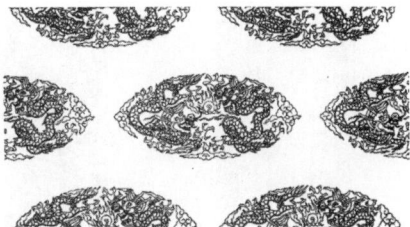

图 5.74　织金妆花樗蒲纹纱匹料纹样
摹绘图

图 5.75　绿地折枝花卉暗花缎

图 5.76　木红地折枝花卉杂宝两色缎

图 5.77　黄绸圆领夹龙袍纹样
摹绘图

图 5.78　绿绸交领龙袍 W299 地纹

　　缠枝花卉是明代最为普遍的丝绸装饰纹样，其中有蔓草状的小缠枝花，清秀细碎，有摹仿宋元之意（图 5.79），也有枝蔓粗壮的大缠枝花，丰硕规整，更具明代时风（图 5.80）。缠枝花卉在明代演变出了新的形式，圆形环绕花朵的缠枝花卉在中期以后的出土文物中出现率提高了许多，成为典型的花卉图案样式。[339]明代缠枝图案花头饱满硕大者较多，又常有龙凤、杂宝、文字等点缀其间,构图多满密,充满欢庆吉祥气氛(图5.81)。

图5.79 红地平安竹
闪缎

图5.80 绿地黄缠枝莲纹
二色缎

图5.81 墨绿地龙凤
穿花织金缎

　　一般来说,单则花纹的尺寸越大,丝绸的规格就越高,明代官府禁止民间使用的"大西番莲、大云花样"应该都是单则图案特别硕大的。北京艺术博物馆收藏了一件缠枝花二色缎经面(长34厘米,宽12厘米),其上缠枝莲和牡丹的花头硕大,纹样虽有欠完整,但看上去单则图案至少超过了35厘米×25厘米,属于较大的缠枝纹样(图5.82)。类似大缠枝纹二色缎经面还有不少(图5.83),花纹极大,配色又鲜明,应为宫廷专用的丝绸。

图5.82 藏蓝地缠枝莲牡丹八
吉祥二色缎

图5.83 木红地缠枝宝相花
两色缎

几何纹在明代丝绸中应用得极为广泛,既有醒目的八答晕、球路纹,也有细密的锁子纹、曲水纹等。织锦中使用几何纹尤其多,正统元年(1436 年),明政府赐给日本国王及王妃的丝绸中就有"球纹花青""球纹花红"两种几何纹锦,还有几何纹和花卉纹组合而成的"球纹宝相花青"锦。景泰五年(1454 年),又赐日本"大红龟胜团花锦""深色球纹花锦"。[250]381-383 球纹,即今所称球路纹;龟胜,即今所称龟背纹。这些几何纹锦被记录在赐物的最前列,显然是高贵的品种,应该就是明人所称的"宋锦"。

明代宋锦的构图特点是层次丰富,以大几何形组成整体骨架,再往骨架的间隙中填充细小地纹,在规整中又有丰富的变化,装饰效果极佳。因骨架构成的几何形状不同,视觉效果差别很大,有稳固贯通的八答晕[35]图08.04、重叠交错的盘绦纹(图 5.84)、动感强烈的球路纹(图 5.85)等。明代宋锦竭力追求繁复细腻的效果,最常见的方法是将其他纹样与几何纹样相互补充。[340]19 于是,花卉、动物等图案被嵌入几何纹,形成"锦上添花"的效果。故宫藏有一件香色地织五彩团龙天华锦(图 5.86),球纹中又织出盘龙纹,加上满地规矩纹,达到了远观明快醒目、近观细腻华美的效果。

图 5.84　木红地莲花盘绦纹锦

图 5.85　绿地龟背球路纹锦

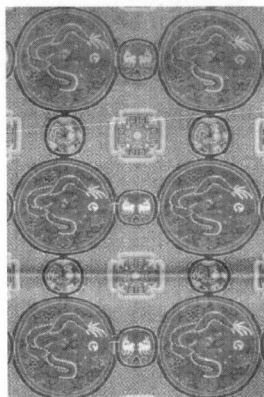

图 5.86　香色地织五彩团龙天华锦

图案式构图中还有一类适合纹样,是指将图案的设计符合一定外形限制的纹样。明代最常见的适合纹样是圆形,如圆补(图 5.87)、团花(图 5.88)等。

适合纹样本身可以作为一个单则纹样来循环使用,也可以和缠枝、几何纹等组合,形成更为丰富的装饰效果。

图 5.87 凤纹圆补

图 5.88 黄地团花纹织金缎

5.2.2 绘画式构图

绘画式构图是相对于图案式构图而言的,其图案写实,独幅而不循环。北宋以来,绘画式构图常常与文人趣味密切关联,自那时起,文人士子虽不必人人能画、工画,但知画已成了他们重要的修养,赏画已成了他们风流高雅的重要标志。[308]255 在明代丝绸中,绘画式构图主要用于观赏性刻丝和刺绣,二者多以书画为底本,风格清隽雅致。

在实用性织绣中,绘画式构图也时有出现,这或许更值得关注。山东博物馆藏有一件白罗绣花裙(图 5.89),在织有暗花的罗地上,绣出竹石、花蝶、小桥流水等,清隽可爱。绣者必是一位懂画之人,连贯起伏的山石仅用轮廓表现,其后隐约现出小桥一角、栏杆蜿蜒、鲜花数枝。绣作虽不满密,却极富画意,分外引人遐想。此裙原为孔府旧藏,衍圣公府内有此清雅之制,实属合情合理。

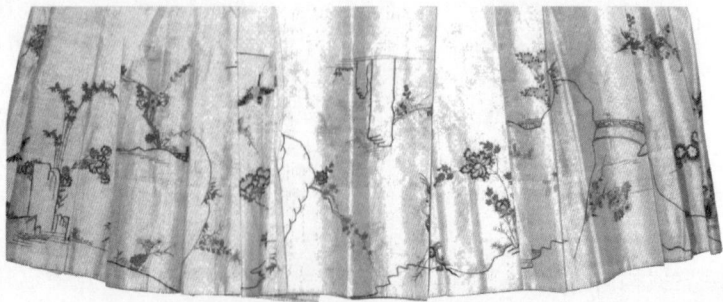

图 5.89 孔府旧藏白罗绣花裙

居室中的围屏、门帘、桌围之类,有的以刻丝或刺绣制成,因幅面较宽,常织绣为图画。前文中提到的刻丝凤凰牡丹纹片(图 3.29)便属此类,上有云气,下有湖石,中间一对鸾凤,四周有牡丹团簇,是典型的绘画构图。

明代帝王喜爱百子图,宫中瓷器上便有此类装饰[341]447,这种喜好在定陵孝靖皇后百子衣上体现得更为典型。为了表现童子的活泼顽皮,衣服的衣襟与袖子被分成多个区域,绣出 40 组场景,全部是绘画式构图。

另外,明代的品官补子、应景补子以及宫廷的袍服,也有不少以绘画式构图织绣而成。贺祈思藏有一件月兔补子[234]图82,图中满月当空,一只喜鹊腾空飞起,玉兔回首张望,这个情景令人联想到崔白的《双喜图》。北京艺术博物馆收藏的金地刻丝灯笼仕女袍料(图 5.90)是一件宫廷色彩浓重的刻丝制品,图案中的仕女形象典雅娴静,颇有仇英的人物画风。

图 5.90　金地刻丝灯笼仕女袍料(局部)

5.2.3　织成的设计

织成是个统称,泛指按服用之需,设计、织造其形状和图案的各类高档织物,以它裁造衣物,无须尺量,仅需剪裁和缝缀。[342]50 织成出现很早,这个名称也是来自早期文献,而明人多依照用途或款式称其为"袍料""帐料""圆领""通袖膝襕"等。

《隋书·礼仪志》中规定:"(皇太子衮服)旧章用织成,降以绣。……自王公以下,章服皆绣为之。"[343]268 可见,织成的等级要高于绣,这也正是明代皇室大量使用织成袍料的原因。万历《大明会典》中对宫廷使用的丝绸等级逐一作了规定,使用织成的有:皇帝衮服及皮弁服、皇后礼服、皇太子衮服、皇太子妃礼服、亲王衮服、世子衮服、郡王衮服、文武官朝服中的佩绶、郊祀制帛。

宋应星曾描述过上用龙袍的织造方法:"凡上供龙袍,我朝局在苏、杭。其花楼高一丈五尺,能手两人扳提花本,织过数寸即换龙形。各房斗合,不出一手。"[102]38 由此可见,织成的设计与织造极为费工,须预先设计好整件龙袍的衣片及图案,然后挑花结本,再将衣片织于同一匹丝料之上。这样设计织造的袍料为"专样专用",图案与款式都十分规范,既遵循了冠服制度,又保证了穿着美观。

已知最早的明代织成袍料是朱檀墓出土的织金龙袍，从中可以推想明初高档织成袍服的样貌。明代织成袍料的使用是一个由严谨到宽松、由克制到放纵的过程。明初，除了皇室使用之外，主要赏赐番夷首领，明代中期之后，亲贵、官员、富商等也开始大量占有织成袍料。《天水冰山录》中所记的各种补服、过肩蟒等段匹、孔府旧藏的飞鱼服、蟒衣、女衣等多是用织成料裁制的。北京艺术博物馆收藏的金地灯笼仕女袍料（图 5.91）是一件尚未缝制的刻丝料，胸背及两肩织成柿蒂形，类于瓷器中的"开光"，

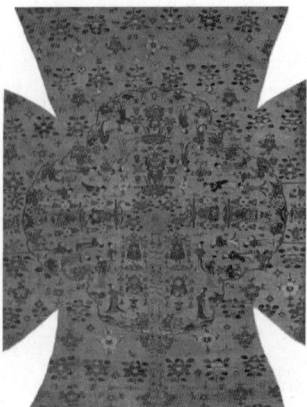

图 5.91　金地刻丝灯笼仕女袍料

内织捧花果仕女和灯笼纹，柿蒂之外的部分填以各色花卉。整件袍料图案依照前后左右的位置而分为四个方向，穿在身上自然下垂，人物、花卉形象皆成正立。

织成袍料的设计与普通段匹不同，考虑的不仅是图案，还有裁制成衣之后的穿着效果，与器物纹样类似，因此也就有了立体设计的意义。织成衣料的主要图案分布在胸背部，多为动物纹、璎珞纹等，两袖、膝襕也可有相同题材的带状装饰。在明人容像中，可看到大量的织金妆花袍料裁制成的衣服（图 5.92），传世品中这类衣裙也有不少（图 5.93）。

图 5.92　女像轴

图 5.93　孔府旧藏红四兽罗袍及局部

　　赵丰认为,中国青铜时代中期礼器上开始出现"双层设计"图案,是受到几何纹暗花织物上加以动物主题刺绣的影响所致。[35]26 这种"双层设计"在后世的陶瓷、漆器、铜胎掐丝珐琅等工艺美术门类中都有广泛的应用。而就丝绸纹样本身来说,图案的层次可以更多,装饰效果也可极为繁密。有些织成袍料为暗花织物,在细密的几何形地纹上浮有本色花卉,胸背又有织金妆花的动物纹,形成了地纹、浮纹、主纹三层图案的复杂装饰。一般来说,主纹是动物,浮纹为花卉,地纹为几何纹。另外,一幅织成衣料常有多条装饰带(图 5.94、图 5.95),题材有区别、花纹分明暗,织纹上又可施以刺绣,形成多层次、多题材、多手法的繁复装饰面貌。随着织成袍料设计的成熟,一些花纹渐渐成为固定的样式,用以分割图案或装饰衣服下缘,称为边纹,如回纹、卍字纹、璎珞纹(图 5.96、图 5.97)等。

图 5.94　折枝花卉纹缎地织金妆
云凤纹裙(下摆部分)

图 5.95　孔府旧藏织金妆花蓝缎裙

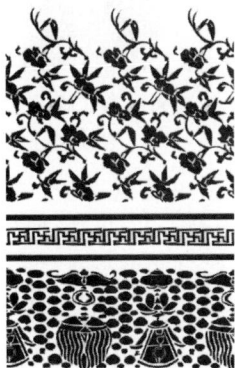

图 5.96　卍字璎珞纹织金绸
裙襕纹样摹绘图

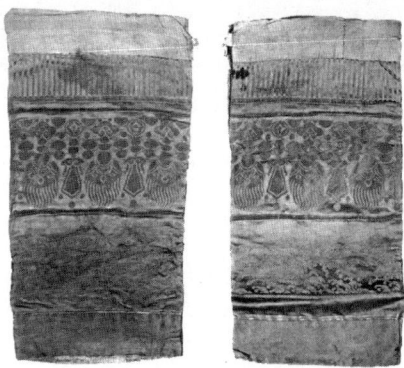

图 5.97　璎珞纹暗花缎裤裹

除了袍料以外,还有些织成是用于头巾、装裱或包裹什物之类。明代湖州双林镇盛产包头绢,妇女将其作为首饰使用,隆庆、万历之后,包头绢名目繁多,"有重至十五六两,有轻至二三两,有连为数丈,有开为十方,方自三四五尺至七八尺,其花有四季花、西湖景、百子图、百寿、双胡蝶、十二鸳鸯、福禄寿喜、八宝龙凤、云鹤、盆景、花篮等样"[188]621。中国丝绸博物馆藏有一件深紫色五枚暗花缎团龙头巾[35]227,上有带状分布的回纹、卍字纹、团龙纹等,并有"南京局造""声远斋记"织款,应是用南京出产的织成料所制。

明代大藏经上装裱的丝绸,大部分为宫中旧衣,但也有些为专门的织成装裱料(图 5.98)。织成装裱料应是批量织出,用来装裱整套佛经,以求整齐统一。以旧衣装裱的经面,花纹常残缺不全,这是"专样未专用"造成的结果(图 5.99)。明人宋懋澄曾有"胡儿不识蚕桑苦,蟒段教裁绣裲裆"[344]44-45 的诗句,讲的也正是类似的例子。

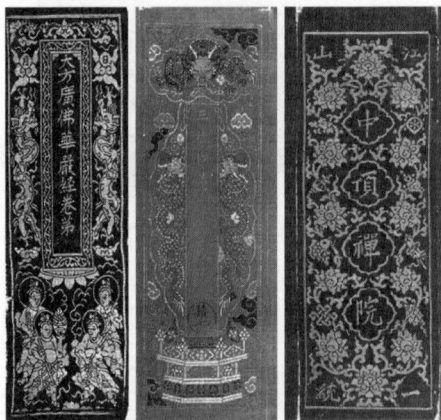

图 5.98　织成大藏经面三种

图 5.99　普蓝地云龙纹加金妆花纱经面

明代丝绸装饰中多种题材常糅合使用,一幅织物之上,花卉、动物、几何图形、文字等交错排布,形成装饰带,具有层次多样、意涵丰富的特点。这种图案设计方式与织成料的大量使用有密切关系,妆花工艺则为其提供了技术保障。明代织成中最重要的显然是袍料,因为袍服中包含品级花样,是等级制度的一部分。织成袍料的批量化生产可以规范袍服花色、维护冠服制度。织成袍料的流行对动物纹样影响较大,缠身龙蟒等袍料上,动物图案阔大,细节刻画深入,才能实现丰富的配色和对质感的模仿。然而在实际使用中,由于铺张之风蔓延朝野,花样鲜明的高档袍服总被僭用,甚至成为助长奢靡的工具。

5.3　小　　结

延续唐宋以来的趋势,明代丝绸的图案题材仍以花卉为主,花卉组合流行。动物图案因补服制度的确立而繁荣发展,一些原本没有政治色彩的形象,如犀牛、鹭鸶、鸂鶒等,由于成为品官花样而带有了等级意义。蟒龙、飞鱼、斗牛等图案,虽非补子花样,却因帝王的特赐而为世人所重。仿古风气在织绣上体现为博古题材的流行,器物纹样复杂琐碎,虽装饰效果欠佳,却是对文人喜好的反映。世俗文化对丝绸图案影响极大,到明末几近泛滥,各类题材大都糅合了吉祥纹样或文字,丝绸图案的祈愿含义甚至超越了审美功能。这些现象说明,明代丝绸图案中的意蕴内涵大大提升,装饰意义则相对减弱,时间愈晚,就愈明显。明代上层大量使用织成袍料,袍料上动物纹较多,尤其是蟒龙等图案,往往织为缠身胸背,花样硕大张扬,成为主纹,本色提花的几何纹和云纹等则常作地纹。织成的设计对丝绸的装饰风格有显著影响,分区域、有主次的构图方式更近于器物纹样设计,能够将多种题材相互糅合,具有多层次、多意涵的特点。

第6章 结 语

6.1 演进与格局

明代历时近三百年,丝绸的生产、风貌、使用都有显著的变化,其发展可概括为时间和地域两条线索。

在时间上,洪武至宣德可视为早期,其间,丝绸生产从战乱中恢复并确立早期面貌;正统至正德为中期,丝绸面貌及使用都处于急剧变化之中,并没有形成典型风格;嘉靖开始,进入晚期,丝绸艺术风格逐渐稳定,并在万历间表现得最为典型(表6.1)。明代丝绸艺术有前后两种典型风貌,前为永宣,后为嘉万。永宣时,丝绸质地精良,颜色鲜明,图案典雅端庄,一些样式成为后代的典范。嘉万时,丝绸质量下降,但装饰繁丽,图案欢快热烈。相比之下,嘉万风格更具时代特点,最能代表明代丝绸。

表 6.1 明代丝绸发展分期

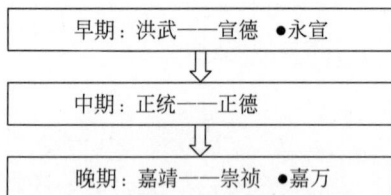

早期:洪武——宣德 ●永宣
⇩
中期:正统——正德
⇩
晚期:嘉靖——崇祯 ●嘉万

在地域上,明代丝绸生产呈现出"北弱南强、西弱东强"的格局。自唐中期以后,中国经济便开始了重心南移的过程,明代,手工业重心已在经济最发达的东南地区。明代气候转冷,灾害天气影响了北方桑蚕生产,加速了丝织业分布的南倾,时代愈晚,这种格局愈清晰。官府生产主要聚集于苏、松、杭、嘉、湖五府,宫廷使用的高档丝绸主要产自苏州、杭州、南京。三地造作各有特色,苏州工匠机巧,擅制刻丝、刺绣,杭州以纱、绢等轻薄织物见长,南京的妆花技术最佳,产品质量上乘,这种格局一直延续至清代。就品种而言,南北差异较大,北方主要织绸和绒,往往质料厚实,保暖性更佳,南方的

织物品种丰富,有纻丝、绫、罗、纱、䌷、绢、改机、绒等。

明代丝织业出现了前所未有的"官弱民强"局面,这是手工业发展的必然结果。明初的匠籍制度限制了手工业者的自由,这种落后的生产关系是生产力发展的阻碍。嘉靖末,轮班匠全部实行纳银代役,对民间手工业具有极大的推动作用。与陶瓷业"官搭民烧"的现象类似,民间机户以"领织"的方式,完成官府交付的任务。从生产关系来说,这是种进步,但丝绸生产却失去了监督辨验的规范流程,质量参差不齐。"领织"带动了民间丝织业的发展,并由府城向周围扩散,形成专业的丝织城镇,如苏州府盛泽镇、湖州府双林镇、嘉兴府濮院镇等。江苏、浙江、福建、四川、山西、陕西等省均有地方性的丝绸品种,这些产品通过民间贸易而转运四方、相互影响。

6.2 风貌与成因

明代丝绸的整体风貌可概括为四点。

第一,高档丝绸增多。丝绸的高下主要体现在品种和装饰。品种上,明代额设岁造段匹中,纻丝占据近九成,加派、改织也以高档品种为主,这大体是赏用丝绸的情况,而御用和宫廷供用丝绸的规格更高。从装饰上看,织金织物增多,万历《大明会典》所定"二分织金、八分光素"的岁造比例被打破。妆花工艺成熟并被广泛应用于各类丝绸,䌷、绢等普通品种也因华丽装饰而成为高档织物,主要原因是棉织物的竞争。明代棉花种植遍及南北,棉花属于草本植物,对北方寒冷气候适应性较强,灾害后易于恢复。因此棉织业在明代迅速发展,棉布成为民间最普及的服用面料。丝绸在价廉耐用方面无法和棉布相比,转而向高档化、精致化发展,主要为上层服务。

第二,延续华夏传统。就艺术风格而言,无论是宫廷造作还是民间制品,都保持了华夏传统,较少受到外来影响。故宫收藏的"白地织金胡桃纹锦"颇具异域风情,曾一度被认定为明代改机,但经研究者的深入分析,认为它属于清代回回锦中的高档品,并非原本认定的双层织物,更不是明代的改机。[345]明代的绒织物与外来文化联系较多,但主要体现在工艺,而纹彩仍保持着典型的华夏之风,这与唐代、元代的情形很不同。一般来说,外来工艺总会携带着异域文化,进而影响织物的装饰风格。然而在明代,西北出产丝毛混纺的羊绒,织造技术源自西域,却要调遣南京挑花匠人,制为"织金妆花之丽,五彩闪色之华",使之符合宫廷审美趣味,适应上层服用要求。这种对外来织物的改造颇有意味,南匠北调、科买湖丝,诸多周折,若非帝王授意,如此靡费绝无可能实现。

对外来文明的改造,是朱元璋"肃清胡风、归复华夏"意志的延续,这在明代各工艺美术门类都有体现,但丝绸的表现更为典型。永宣、正德时代青花瓷器上的伊斯兰纹样,并未发现于同期的丝织物,这是由于丝绸作为服用面料,体现着礼制,标识着身份,其纹彩意义非同一般。明代官造丝绸等级性强,不易受到异域文化影响。海禁政策阻断了海外贸易的发展,民间织造业处于封闭的环境中,即使偶有"倭锦"[346]2626 等外来织物的影响,但终究未能形成风气,丝绸纹彩始终保持着传统中国风格。

第三,世俗纹彩流行。明代,吉祥图案广泛使用于衣服、器用、建筑,晚期有滥用之势,是装饰世俗化的表现。丝绸图案常糅合多种物象,组合出吉祥意味,却未必美观,这种现象在宫廷、民间都很普遍,甚至在体现文人趣味的织绣中也屡屡出现吉祥图案。宫廷袍服上,"佛"字和"万寿"搭配出现,佛教八吉祥、卍字等纹样的宗教含义淡化,成为吉祥纹样的一类。世人求福纳吉的强烈意愿已经超越了对审美的关注,这是世俗文化泛滥的结果。丝绸色彩也有"去朴从艳"的世俗化倾向,且在平民、士人阶层体现得尤为明显。万历时,南京士大夫的鞋履"红、紫、黄、绿,无所不有"[347]23,东南郡邑的读书人家常制"红紫之服"[348]817,犹如女衣。这种以光鲜耀目为美的服用风气被大臣、文人斥为"服妖",虽招来"服之不衷,身之灾也"的谴责,却仍在民间蔓延。世俗化的丝绸纹彩不仅流行于民间,还进而影响上层,这种现象较为特殊,不同于风气多自上而下传布的规律,显示了明代世俗文化的蓬勃发展。

世俗纹彩在宫廷的流行与内臣有密切关系,内库若缺乏御用段匹,往往由司礼监、尚衣监或内织染局内臣题造,花样由内织染局上呈,钦定之后,内臣携花样至地方,组织匠人挑花织造,并负责监督管理。这种做法在明代中期便已常见,嘉靖之后几成惯例。宫廷节令所用应景丝绸、帝王特赐的袍料花样,皆由内官拟定。内官往往出身社会底层,多喜夸耀,权宦甚至自创新样、擅改服饰。明代晚期宫廷吉服色彩绚丽、民俗意味浓重,与内臣的喜好有较大关系。织造内臣为饱私囊,时常克扣料银,工匠便偷工减料,致使段匹纸薄、颜色浅淡。因此明代晚期丝绸虽样貌繁华,但品质远不及永宣时代,尽管技术走上高峰,艺术却已衰落。

第四,服用风气奢僭。以补子花样区别等级是明代冠服制度的重要内容,袍服补子图案成为代表身份的符号,服色似乎更为制度化。明代官造丝绸中,织成袍料的比例较高,袍料的色彩和图案均有等级意味。帝王特赐的蟒龙等袍服,虽不在品级花样之列,却是亲贵身份的象征,最初仅作为高级赐服,赏给番夷首领。中期之后,帝王用度铺张,时时打破常规,对亲贵、重臣赐以逾级的高档袍料,促成上层的奢侈服用之风。官宦之家的仆婢习染奢风,传之亲邻,[283]201-201 于是民间也追慕风尚,僭用高档丝绸。官民服色花样在禁令屡下和不断僭越的矛盾中渐趋混乱,最终导致明末丝绸服用制度名存实亡。帝王不断禁限,却又特赐连连,看似自相矛盾,其实皆有政治意图。严格的章服之法是为了划分等级、巩固帝王统治;逾级的特殊赏赐是为了笼络臣下、安抚外夷、维稳王朝,二者的最终目的是一致的。禁限与赏赐在实施中确实收到了一定成效,但随着官僚机构渐趋庞大、藩王宗族人口增多,导致赏赐的数量逐年递增,高档丝绸的使用也就成为惯常。

民间丝绸的僭越也很普遍。奢侈风气自天顺始,兴于成化,到了弘治、正德间,倡优下贱人等身穿绫缎,市井光棍之流以锦绣缘袜,工匠任意织作,殊不畏惮。尽管官府屡下禁令,而奢靡僭用风气已成。[349]272 至嘉靖时,江南富足之地"庶人之妻多用命服,富民之室亦缀兽头"[115]173,即便是负贩之徒,也希望穿华彩衣服。[350]60 嘉万之时,奢僭之风已积弊日久,难以革除,引发了一些地区的丝绸畸形消费,为害民生,还会导致投机性生产,造成大量浪费。但也应看到其中的积极因素:首先,民众对高档丝绸的喜好促进了民间丝织水平的提高,也推动了丝绸贸易的发展。其次,禁限失去效力,则意味着等级制度的松懈,正是在这种较为宽松的风气之下,丝绸蕴含的文化艺术才得以打破等级和地域的界限,广为传播。

6.3 交流与影响

丝绸的展示性、流动性极佳,丝绸纹彩可以随着人的活动而四处传播,影响其他的工艺美术门类。明代陶瓷纹样大半取自于丝绸[351]25,掐丝珐琅上的花卉效果类于织金妆花,"锦纹"作为一种地纹,时常出现在漆器、家具中,而在织成袍料的构图设计中,也能看到对器物装饰的借鉴。

清代丝织业继承明代格局,形成了苏州、杭州、江宁三织造。明代的补服制度也被清代沿用,仍为文禽武兽。清代的丝绸大体延续明代风格,又有极端的发展。金彩交织的妆花织物在清代演变成更为繁丽的"金宝地",清代苏绣吸收了顾绣的针法及配色特点,丝绸吉祥图案的使用在清代也近乎泛滥。

　　明代前期的海外交流频繁,郑和下西洋途经亚非三十多个国家,逐渐建立起明王朝和藩属国的稳定关系。藩属国的朝贡和明王朝的赏赐是官方贸易的一种形式,交流的物品中包括丰富的纺织品。藩属国舶来的基本是棉、麻、毛织物,而中国输出的几乎全部是丝绸。藩属国获得的丝绸,一部分用于满足内需,另一部分则作为与其他国家进行贸易的物品,从而将中国的服饰式样和装饰风格传播到更多的国家和地区。[62]480 丝绸不仅反映出时人的审美观念,还折射出社会制度、纺织科技、风俗习尚等,是物化了的时代精神。输出的丝织品总是受到当地人的欢迎,在进入人们生活的时候,丝绸纹彩也必然传播着华夏文明。

参 考 文 献

[1] 尚刚.中国工艺美术史新编[M].北京：高等教育出版社,2007.

[2] 中国社会科学院考古研究所,定陵博物馆,北京市文物工作队.定陵[M].北京：文物出版社,1990.

[3] 江西省博物馆,等.江西明代藩王墓[M].北京：文物出版社,2010.

[4] 山东省博物馆.发掘明朱檀墓纪实[J].文物,1972(5)：25-36.

[5] 宁夏文物考古研究所,中国丝绸博物馆,盐池县博物馆.盐池冯记圈明墓[M].北京：科学出版社,2010.

[6] 赵丰.明代兽纹品官花样小考[A]//宁夏文物考古研究所,中国丝绸博物馆,盐池县博物馆.盐池冯记圈明墓.北京：科学出版社,2010：148-159.

[7] 阙碧芬.从出土文物看明代丝织技术[A]//宁夏文物考古研究所,中国丝绸博物馆,盐池县博物馆.盐池冯记圈明墓.北京：科学出版社,2010：160-172.

[8] 万芳.冯记圈杨氏家族墓三号墓出土两件丝织品名物考 兼谈明代女子的裹髻巾与缠头巾[A]//宁夏文物考古研究所,中国丝绸博物馆,盐池县博物馆.盐池冯记圈明墓.北京：科学出版社,2010：173-181.

[9] 徐峥.潞绸与杨氏家族墓出土的斜纹提花丝织物[A]//宁夏文物考古研究所,中国丝绸博物馆,盐池县博物馆.盐池冯记圈明墓.北京：科学出版社,2010：182-190.

[10] 赵丰.纺织品考古新发现[M].香港：艺纱堂/服饰工作队,2002：175-203.

[11] 北京市文物工作队.北京南苑苇子坑明代墓葬清理简报[J].文物,1964(11)：45-47.

[12] 袁俊卿,阮国林.明徐达五世孙徐俌夫妇墓[J].文物,1982(2)：28-33.

[13] 苏州市博物馆.苏州虎丘王锡爵墓清理纪略[J].文物,1975(3)：51-56.

[14] 黄炳煜,肖均培.江苏泰州市明代徐蕃夫妇墓清理简报[J].文物,1986(9)：1-15.

[15] 叶定一.江苏泰州明代刘湘夫妇合葬墓清理简报[J].文物,1992(8)：66-77.

[16] 王为刚.江苏泰州森森庄明墓发掘简报[J].文物,2013(11)：36-49.

[17] 武进市博物馆.武进明代王洛家族墓[J].东南文化,1999(2)：28-36.

[18] 吴海红.嘉兴王店李家坟明墓清理报告[J].东南文化,2009(2)：53-62.

[19] 何继英.上海明墓[M].北京：文物出版社,2009：59-65.

[20] 上海市文物保管委员会.上海市卢湾区明潘氏墓发掘简报[J].考古,1961(8)：425-434.

[21] 孙维昌,倪文俊.上海市郊明墓清理简报[J].考古,1963(11)：620-62.

[22]　郭亶伯.明代户部尚书马森墓出土丝织品的研究[J].丝绸,1985(10)：7-10；
　　　　1985(11)：8-10；1985(12)：5-7.

[23]　黄文宽.戴缙夫妇墓清理报告[J].考古学报,1957(3)：109-118.

[24]　湖北省文物考古研究所.张懋夫妇合葬墓[M].北京：科学出版社,2007.

[25]　宗凤英.明清织绣[M].上海：上海科学技术出版社,2005.

[26]　单国强.织绣书画[M].上海：上海科学技术出版社,2005.

[27]　故宫博物院.经纶无尽——故宫藏织绣书画[M].北京：紫禁城出版社,2006.

[28]　杨玲.明代大藏经丝绸裱封研究[M].北京：学苑出版社,2013.

[29]　辽宁省博物馆.宋明织绣[M].北京：文物出版社,1983.

[30]　辽宁省博物馆.华彩若英——中国古代缂丝刺绣精品集[M].沈阳：辽宁人民出
　　　　版社,2009.

[31]　上海博物馆.海上锦绣：顾绣珍品特集[M].上海：上海古籍出版社,2007.

[32]　徐湖平.织绣[M].上海：上海古籍出版社,1999.

[33]　龚良,杨海涛.南京博物院珍藏大系·历代织绣[M].南京：江苏美术出版
　　　　社,2013.

[34]　山东博物馆.斯文在兹——孔府旧藏服饰[M].济南：山东博物馆,2012.

[35]　赵丰.织绣珍品[M].香港：艺纱堂/服饰工作队,1999.

[36]　黄能馥,陈娟娟.中国丝绸科技艺术七千年——历代织绣珍品研究[M].北京：中
　　　　国纺织出版社,2002.

[37]　梅宁华,陶信成.北京文物精粹大系·织绣卷[M].北京：北京出版社,2000.

[38]　常沙娜.中国织绣服饰全集1·织染卷[M].天津：天津人民美术出版社,2004.

[39]　常沙娜.中国织绣服饰全集2·刺绣卷[M].天津：天津人民美术出版社,2004.

[40]　常沙娜.中国织绣服饰全集3·历代服饰卷(下)[M].天津：天津人民美术出版
　　　　社,2004.

[41]　黄能馥.中国美术全集·工艺美术编7·织绣印染(下)[M].北京：文物出版
　　　　社,1987.

[42]　旦增朗杰.西藏博物馆[M].北京：中国大百科全书出版社,2001.

[43]　彭措朗杰.扎什伦布寺[M].北京：中国大百科全书出版社,2010.

[44]　西藏博物馆.金色宝藏——西藏历史文物选粹[M].北京：中国藏学出版
　　　　社,2001.

[45]　台北故宫博物院.缂丝[M].东京：学习研究社,1970.

[46]　台北故宫博物院.刺绣[M].东京：学习研究社,1970.

[47]　石守谦,葛婉章.大汗的世纪——蒙元时代的多元文化与艺术[C].台北：台北故
　　　　宫博物院,2001.

[48]　中国国家博物馆.中国国家博物馆馆藏文物研究丛书·绘画卷·风俗画[M].上
　　　　海：上海古籍出版社,2006.

[49]　台北故宫博物院.故宫藏画大系·十一[M].台北：台北故宫博物院,1995.

[50]　杨东胜.(仇英绘)清明上河图[M].天津：天津人民美术出版社,2008.

[51]   王光镐.明代观音殿彩塑[M].台北:艺术图书公司,1994.

[52]   田自秉.中国工艺美术史[M].上海:东方出版中心,1985.

[53]   朱新予.中国丝绸史[M].北京:纺织工业出版社,1992.

[54]   赵丰.中国丝绸通史[M].苏州:苏州大学出版社,2005.

[55]   钱小萍.中国传统工艺全集·丝绸织染[M].郑州:大象出版社,2005.

[56]   范金民,金文.江南丝绸史研究[M].北京:农业出版社,1993.

[57]   赵承泽.中国科学技术史·纺织卷[M].北京:科学出版社,2002.

[58]   阙碧芬.明代提花丝织物研究[D].上海:东华大学,2005.

[59]   穆朝娜.明代丝织品的发现、收藏与研究[A]//杨玲.明代大藏经丝绸裱封研究.
        北京:学苑出版社,2013:3-13.

[60]   穆朝娜.明代大藏经丝绸裱封的图案[A]//杨玲.明代大藏经丝绸裱封研究.北
        京:学苑出版社,2013:24-48.

[61]   王淑珍,刘远洋.明代大藏经丝绸裱封的织物种类[A]//杨玲.明代大藏经丝绸
        裱封研究.北京:学苑出版社,2013:49-64.

[62]   王熹.明代服饰研究[M].北京:中国书店,2013.

[63]   董进.图说明代宫廷服饰(一)~(九)[J].紫禁城,2011(4),(6),(8),(10),(12);
        2012(3),(4),(6),(10).

[64]   王渊.补服形制研究[D].上海:东华大学,2011.

[65]   吴明娣.明代丝绸对藏区的输入及其影响[J].中国藏学,2011(1):58-63.

[66]   朱鹏.试论明代前期中国与东南亚的丝绸贸易[J].怀化学院学报,2002(4):
        32-34.

[67]   包铭新,李甍,沈雁.闪缎[J].东华大学学报,2004(3):33-36.

[68]   阙碧芬.明代起绒织物探讨[J].东华大学学报,2006(3):1-3.

[69]   赵丰.天鹅绒[M].苏州:苏州大学出版社,2011.

[70]   芦苇.潞绸技术工艺与社会文化研究[D].上海:东华大学,2012.

[71]   薛雁.明代丝绸中的四合如意云纹[J].丝绸,2001(6):44-46.

[72]   廖军.试论明代锦缎纹样的艺术形式及发展[J].苏州大学学报,2000(4):94-96.

[73]   包铭新."天鹿锦"或"麒麟补"[J].故宫博物院院刊,2012(5):146-150.

[74]   陈娟娟.明缂丝《瑶池集庆图》[A]//陈娟娟.中国织绣服饰论集.北京:紫禁城出
        版社,2005:164-166.

[75]   王秀玲.明定陵出土丝织纹样[J].收藏家,2010(4):11-16;2010(5):47-52;
        2010(6):49-54.

[76]   王秀玲.明定陵出土丝织品种[J].收藏家,2008(7):19-24;2008(8):16-20.

[77]   王秀玲.定陵出土丝织品颜色[J].收藏家,2011(9):59-62.

[78]   何继英.上海明墓出土补子[J].上海文博论丛,2002(2):36-39.

[79]   [日]西村兵部.中国の染织[M].京都:京都芸草堂,1973.

[80]   [日]永积洋子.唐船输出入品数量一览1637—1833年[M].东京:创文社,1987.

[81]   "中央研究院"历史语言研究所.明实录[M].台北:"中央研究院"历史语言研究

所,1962.

[82]　(清)张廷玉,等.明史[M].北京:中华书局,1974.

[83]　(明)徐溥,等.正德大明会典[M].东京:汲古书院,1989.

[84]　(明)李东阳,申时行,等.万历大明会典[M].扬州:广陵书社,2007.

[85]　(明)李贤,等.大明一统志[M].西安:三秦出版社,1990.

[86]　(明)曹一麟,徐师曾,等.嘉靖吴江县志[M].台北:学生书局,1987.

[87]　(明)刘伯缙,陈善,等.万历杭州府志[M]//中国方志丛书·华中地方·第524号.台北:成文出版社,1983.

[88]　天一阁藏明代方志选刊[M].上海:上海古籍书店,1982.

[89]　天一阁藏明代方志选刊续编[M].上海:上海书店出版社,1990.

[90]　(明)张瀚.治世余闻/继世纪闻/松窗梦语[M].北京:中华书局,1985.

[91]　(明)沈德符.万历野获编[M].北京:中华书局,1959.

[92]　(明)刘若愚.酌中志[M].北京:北京古籍出版社,1994.

[93]　明代笔记小说大观[M].上海:上海古籍出版社,2005.

[94]　元明史料笔记丛刊[M].北京:中华书局,1980-1990.

[95]　笔记小说大观[M].扬州:广陵古籍刻印社,1983.

[96]　笔记小说大观丛刊[M].台北:新兴书局,1980.

[97]　(明)兰陵笑笑生.金瓶梅词话[M].梅节,校.香港:梦梅馆,1993.

[98]　(明)冯梦龙,凌濛初.三言二拍[M].天津:天津古籍出版社,2004.

[99]　(明)吴伟业.望江南一[A]//吴伟业,陈继龙.吴梅村词笺注.上海:上海古籍出版社,2008.

[100]　(明)吴伟业.望江南二[A]//吴伟业,陈继龙.吴梅村词笺注.上海:上海古籍出版社,2008.

[101]　(明)朱权,等.明宫词[M].北京:北京古籍出版社,1987.

[102]　(明)宋应星.天工开物[M].北京:商务印书馆,1933.

[103]　(明)王圻,王思义.三才图会[M].上海:上海古籍出版社,1988.

[104]　天水冰山录[M].北京:中华书局,1985.

[105]　秘殿珠林石渠宝笈合编[M].上海:上海书店出版社,1988.

[106]　朱启钤.丝绣笔记[M]//黄宾虹,邓实.美术丛书·四集第二辑.上海:神州国光社,1936.

[107]　朱启钤.存素堂丝绣录[M]//笔记小说大观·四十二编第10册.台北:新兴书局,1986.

[108]　"中央研究院"历史语言研究所.明太祖实录[M].台北:"中央研究院"历史语言研究所,1962.

[109]　(明)周嘉胄.装潢志[M].北京:中华书局,1985.

[110]　陈维稷.中国纺织科学技术史·古代部分[M].北京:科学出版社,1984.

[111]　竺可桢.中国近五千年来气候变迁的初步研究[J].考古学报,1972(1):15-38.

[112]　(明)徐光启.农政全书[M].北京:中华书局,1956.

[113]　(明)陈邦瞻.宋史纪事本末[M].北京：中华书局,1977.

[114]　[意]马可·波罗.马可·波罗游记[M].陈开俊,译.福州：福建人民出版社,1981.

[115]　(清)陈荀缵,等.乾隆吴江县志[M]//中国地方志集成·江苏府县志辑 20.南京：江苏古籍出版社,1991.

[116]　(明)卢熊.洪武苏州府志[M]//中国方志丛书·华中地方·第 432 号.台北：成文出版社,1983.

[117]　(清)尹继善.乾隆江南通志[M]//中国地方志集成·省志辑·江南 3.扬州：广陵书社,2010.

[118]　(明)王锜.寓圃杂记[M]//寓圃杂记/谷山笔尘.北京：中华书局.1985.

[119]　(明)王鏊.正德姑苏志[M]//天一阁藏明代方志选刊续编 11.上海：上海书店出版社,1990.

[120]　(明)杨循吉.嘉靖吴邑志[M].扬州：广陵书社,2006.

[121]　(明)张德夫 隆庆长洲县志[M]//天一阁藏明代方志选刊续编 23.上海：上海书店出版社,1990.

[122]　"中央研究院"历史语言研究所.明神宗实录[M].台北："中央研究院"历史语言研究所,1962.

[123]　(明)杨洵.万历扬州府志[M]//北京图书馆古籍珍本丛刊 25 史部·地理类.北京：书目文献出版社,2000.

[124]　(明)罗炌.崇祯嘉兴县志[M].北京：书目文献出版社,1991.

[125]　(明)冯梦龙.醒世恒言[M].天津：天津古籍出版社,2004.

[126]　(明)薛应旂.嘉靖浙江通志[M]//天一阁藏明代地方志选刊续编 26.上海：上海书店出版社,1990.

[127]　(明)田汝成.西湖游览志余[M]//中国方志丛书·华中地方·第 488 号.台北：成文出版社,1983.

[128]　(明)王士性.广志绎[M].北京：中华书局,1981.

[129]　(清)沈翼机.雍正浙江通志[M]//中国地方志集成·省志辑·浙江 5.南京：凤凰出版社,2010.

[130]　(明)莫尚简,张岳.嘉靖惠安县志[M]//天一阁藏明代方志选刊 43.上海：上海古籍书店,1982.

[131]　(明)张渊.成化湖州府志[M]//成化湖州府志/崇祯乌程县志/万历六安州志.北京：书目文献出版社,1990.

[132]　(明)朱国祯.涌幢小品[M].北京：中华书局,1959.

[133]　(清)丁宝书.光绪归安县志[M]//中国地方志集成·浙江府县志辑 27.上海：上海书店出版社,1993.

[134]　(明)刘沂春.崇祯乌程县志[M].北京：书目文献出版社,1991.

[135]　(明)刘应钶,沈尧中.万历嘉兴府志[M].上海：上海古籍出版社,2013.

[136]　夏辛铭.民国濮院志[M]//中国地方志集成·乡镇志专辑 21.上海：上海书店

出版社,1992.

[137] (明)李培.水西全集[M]//四库未收书辑刊・六辑 24 册.北京：北京出版社,1997.

[138] (明)李培,黄洪宪.万历秀水县志[M]//中国地方志集成・浙江府县志辑 31.上海：上海书店出版社,1993.

[139] (明)王诰.正德江宁县志[M]//北京图书馆古籍珍本丛刊 24 史部・地理类.北京：书目文献出版社,1990.

[140] (明)李侃,胡谧.成化山西通志[M]//四库全书存目丛书・史部 174.济南：齐鲁书社,1996.

[141] (明)马暾.弘治潞州志[M].北京：中华书局,1995.

[142] (清)张淑渠.乾隆潞安府志[M]//中国地方志集成・山西府县志辑 31.南京：江苏古籍出版社.2005.

[143] "中央研究院"历史语言研究所.明英宗实录[M].台北："中央研究院"历史语言研究所,1962.

[144] (清)张淑渠.乾隆潞安府志[M]//中国地方志集成・山西府县志辑 30.南京：江苏古籍出版社.2005.

[145] (明)周一梧.万历潞安府志[M].王连成,点校.太原：山西古籍出版社,2006.

[146] (清)张淑渠.顺治潞安府志[M].北京：中华书局,2002.

[147] "中央研究院"历史语言研究所.明孝宗实录[M].台北："中央研究院"历史语言研究所,1962.

[148] (明)贾三近.皇明两朝疏抄[M]//续修四库全书 465 史部・诏令奏议类.上海：上海古籍出版社.1996.

[149] (明)王命爵,李士登.万历东昌府志[M]//北京师范大学图书馆藏稀见方志丛刊续编・第十种.北京：学苑出版社,2009.

[150] (明)赵应式.嘉靖郾城县志[M]//天一阁藏明代地方志选刊续编 59.上海：上海书店出版社,1990.

[151] (明)黄景昉.国史唯疑[M].台北：正中书局,1982.

[152] (明)黄仲昭.八闽通志[M].福州：福建人民出版社,1989.

[153] (明)喻政.万历福州府志[M].福州：海风出版社,2001.

[154] (明)方以智.物理小识[M].北京：商务印书馆,1937.

[155] (明)蒋之翘.天启宫词一百三十六首[A]//明宫词.北京：北京古籍出版社,1987.

[156] (明)姚士麟.见只编[M].北京：中华书局,1985.

[157] (明)叶溥,张孟敬.正德福州府志[M].福州：海风出版社,2001.

[158] (明)王应山.闽大记[M].北京：中国社会科学出版社,2005.

[159] (明)王世懋.闽部疏[M]//泉南杂志/闽部疏.北京：中华书局,1985.

[160] (明)闵梦得.万历漳州府志[M].厦门：厦门大学出版社,2012.

[161] (明)吴维新.万历泉州府志[M]//中国史学丛书三编 38.台北：台湾学生书局,1987.

[162] "中央研究院"历史语言研究所.明宪宗实录[M].台北:"中央研究院"历史语言研究所,1962.

[163] (明)冯继科.嘉靖建阳县志[M]//天一阁藏明代方志选刊41.上海:上海古籍书店,1982.

[164] (明)范嵩.嘉靖建宁府志[M]//天一阁藏明代方志选刊38.上海:上海古籍书店,1982.

[165] (明)何宇度.益部谈资[M]//入蜀记/蜀都杂抄/益部谈资.北京:中华书局,1985.

[166] 范金民,夏维中.明代中央织染机构考述[J].明史研究,1994:44-50.

[167] (明)刘汝勉,等.南京工部执掌条例[M].国家图书馆善本阅览室藏清抄本.

[168] "中央研究院"历史语言研究所.明穆宗实录[M].台北:"中央研究院"历史语言研究所,1962.

[169] (明)骆问礼.恳乞圣明安大臣以固天命疏[A]//万一楼集.卷二三,清嘉庆活字本.

[170] (明)范钦.嘉靖事例[M]//北京图书馆古籍珍本丛刊51史部·政书类.北京:书目文献出版社,2000.

[171] (明)丁宾.丁清惠公遗集[M]//四库禁毁书丛刊·集部44.北京:北京出版社,1997.

[172] (清)王原.明食货志[A]//学庵类稿.国家图书馆古籍善本阅览室藏清刻本.

[173] (明)廖道南.楚纪[M]//北京图书馆古籍珍本丛刊7史部·杂史类.北京:书目文献出版社,2000.

[174] (明)陈汝锜.甘露园短书[M]//四库全书存目丛书·子部87.济南:齐鲁书社,1995.

[175] 罗丽馨.明代匠籍人数之考察[J].食货月刊,1988(17):1-20.

[176] 范金民.明代丝织品加派论述[J].中国社会经济史研究,1986(4):61-69.

[177] (明)吕坤.停止砂锅潞绸疏[A]//陈子龙.明经世文编.北京:中华书局,1962.

[178] (明)文徵明.重修织染局记[A]//孙珮.苏州制造局志.南京:江苏人民出版社,1959.

[179] (清)孙珮.苏州织造局志[M].南京:江苏人民出版社,1959.

[180] 金琳.从《经纶堂记》残碑看明代浙江官营织造[J].东方博物,2007(2):72.

[181] "中央研究院"历史语言研究所.明世宗实录[M].台北:"中央研究院"历史语言研究所,1962.

[182] (明)夏言.议处降答各夷敕书称谓疏[A]//陈子龙.明经世文编.北京:中华书局,1962.

[183] (明)徐一夔.始丰稿校注[M].徐永恩,校注.杭州:浙江古籍出版社,2008.

[184] (明)王恕.太师王端毅公奏议[M].上海:上海古籍出版社,1979.

[185] (明)王恕.王端毅公文集[M]//陈子龙.明经世文编.北京:中华书局,1962.

[186] (明)陆粲.庚巳编[M].北京:中华书局,1985.

[187]　(明)田艺蘅.留青日札[M].上海：上海古籍出版社,1985.

[188]　(清)宗源瀚,等.同治湖州府志[M]//中国地方志集成·浙江府县志 24. 上海：
上海书店出版社,1993.

[189]　(清)汪日桢.湖蚕述[M].北京：中华书局,1956.

[190]　(清)蔡蓉升.同治双林镇志[M]//中国地方志集成·乡镇志专辑 22 下. 上海：
上海书店出版社,1992.

[191]　(明)蒋以化.西台漫纪[M]//续修四库全书 1172 册. 上海：上海古籍出版社,
2002.

[192]　(明)陈继儒.崇祯松江府志[M].北京：书目文献出版社,1991.

[193]　(明)陈让,夏时正.成化杭州府志[M]//四库全书存目丛书·史部 175 册.济
南：齐鲁书社,1996.

[194]　(清)张玉书.康熙字典[M].上海：上海书店出版社,1985.

[195]　(明)牛若麟.崇祯吴县志[M]//天一阁藏明代方志选刊续编 17.上海：上海书
店出版社,1990.

[196]　(明)张卤.皇明嘉隆疏钞[M]//四库全书存目丛书·史部 72 册.济南：齐鲁书
社,1996.

[197]　江西省文物考古研究所.南昌明代宁靖王夫人吴氏墓发掘简报[J].文物,
2003(2)：19-34.

[198]　(明)南大吉.嘉靖渭南县志[M]//中国地方志集成·陕西府县志辑 13.南京：
江苏古籍出版社,2007.

[199]　(汉)许慎,说文解字注[M].(清)段玉裁,注.上海：上海古出版社,1981.

[200]　(明)陈洪谟.正德漳州府志[M].厦门：厦门大学出版社,2012.

[201]　(清)倪涛.六艺之一录(六)[M].上海：上海古籍出版社,1991.

[202]　(明)贾仲明.李素兰风月玉壶春[A]//徐征,等.全元曲·第 8 卷.石家庄：河北
教育出版社,1998.

[203]　白寿彝.中国通史.第 9 卷.中古时代明时期(上)[M].上海：上海人民出版
社,2007.

[204]　(明)孙世芳.嘉靖宣府镇志[M].台北：成文出版社,1970.

[205]　(明)蔡献臣.清白堂稿[M].厦门：厦门大学出版社,2012.

[206]　赵承泽,张琼."改机"及其相关问题探讨[J]//故宫博物院院刊,2001(2)：
34-43.

[207]　薛尧.江西南城明墓出土文物[J]//考古,1965(6)：318-320.

[208]　(明)周起元.周忠愍奏疏[M]//四库全书 430 册·史部 188 诏令奏议类.上海：
上海古籍出版社,1987.

[209]　(明)宋诩.宋氏家规部[M]//北京图书馆古籍珍本丛刊 61 子部·居家必用事
类全集.北京：书目文献出版社,1988.

[210]　(清)杨屾.豳风广义[M].北京：农业出版社,1962.

[211]　(明)刘麟.清惠集[M]//四库全书 1264 册·集部 203 别集类.上海：上海古籍

出版社,1987.

[212] "中央研究院"历史语言研究所.明太宗实录[M].台北:"中央研究院"历史语言研究所,1962.

[213] (明)宋濂.元史[M].北京:中华书局,1976.

[214] (明)莫旦.大明一统赋[M]//四库禁毁书丛刊·史部21.北京:北京出版社,1998.

[215] (明)何乔远.名山藏[M].福州:福建省文史研究馆,1993.

[216] (清)陈作霖.金陵琐志九种·金陵物产风土志·本境用物品考[M].南京:南京出版社,2008.

[217] (明)李时珍.本草纲目[M].太原:山西科学技术出版社,2014.

[218] (明)吴亮.万历疏抄[M]//续修四库全书468史部·诏令奏议类.上海:上海古籍出版社,1996.

[219] (明)诸葛元声.两朝平攘录[M]//壬辰之役史料汇编(下).北京:全国图书馆文献缩微复制中心,1990.

[220] (清)屈大均.广东新语[M].北京:中华书局,1985.

[221] (清)何璘,黄宜中.乾隆直隶澧州志林[M].清乾隆十五年刻本.

[222] (明)佚名.增补易知杂字全书[M]//增补易知杂字全书二卷附新镌幼学易知书札便览.东京:东京大学东洋文化研究所藏,明刊本.

[223] (清)郑沄.乾隆杭州府志[M]//续修四库全书702史部·地理类.上海:上海古籍出版社,1996.

[224] (宋)庄绰.鸡肋编[M].上海:上海书店出版社,1983.

[225] (明)张自烈,(清)廖文英.正字通[M].北京:中国工人出版社,1996.

[226] (明)吴宽.(鲍翁)家藏集[M].上海:上海古籍出版社,1991.

[227] (明)张应文.清秘藏[M]//黄宾虹,邓实.美术丛书初集第8辑.上海:神州国光社,1936.

[228] (明)孙矿.书画跋跋[M]//四库全书816子部122艺术类.上海:上海古籍出版社,1987.

[229] 文竹.西藏地方明封八王的有关文物[J].文物,1985(9):89-94.

[230] (清)于敏中.日下旧闻考[M].北京:北京古籍出版社,1985.

[231] James C. Y. Watt, Anne E. Wardwell. When Silk Was Gold:Central Asian and Chinese Textiles[M]. New York:The Metropolitan Museum of Art,1998.

[232] (明)吕种玉.言鲭[M]//四库全书存目丛书·子部98册.济南:齐鲁书社,1995.

[233] 陈娟娟.缂丝[J].故宫博物院院刊,1979(3):27-28.

[234] 香港艺术馆.锦绣罗衣巧天工[M].香港:香港市政局,1996.

[235] 朱启钤.清内府藏刻丝书画录[M]//黄宾虹,邓实.美术丛书·四集:第1辑.上海:神州国光社,1936.

[236] (明)曹昭,(明)王佐.新增格古要论[M].北京:中华书局,1985.

[237] （明）林云程.万历通州志[M]//四库全书存目丛书·史部 203.济南：齐鲁书社,1996.

[238] （明）刘兑,孙丕扬.万历富平县志[M].明万历刻本.

[239] （汉）刘熙.释名[M].北京：中华书局,1985.

[240] （明）张宁.方洲集[M]//四库全书 1247 集部 186 别集.上海：上海古籍出版社,1987.

[241] （明）陈威,顾清.正德松江府志[M]//天一阁藏明代地方志选刊续编 5.上海：上海书店出版社,1990.

[242] （明）汤日昭.万历温州府志[M]//稀见中国地方志汇刊 18 册.北京：中国书店,1992.

[243] （元）陶宗仪.南村辍耕录[M].北京：中华书局,1959.

[244] （宋）张敦颐.六朝事迹编类[M].南京：南京出版社,1989.

[245] （宋）蔡绦.铁围山丛谈[M].北京：中华书局,1983.

[246] （明）杨慎.谭苑醍醐[M].北京：中华书局,1985.

[247] （明）张懋修.墨卿谈乘[M]//四库未收书辑刊·三辑 28 册.北京：北京出版社,1997.

[248] 尚刚.元代工艺美术史[M].沈阳：辽宁教育出版社,1999.

[249] 赵丰.纺织品鉴定保护概论[M].北京：文物出版社,2002.

[250] ［日］释周凤.善邻国宝记[M]//丛书集成续编 44 册.上海：上海书店出版社,1994.

[251] "中央研究院"历史语言研究所.明武宗实录[M].台北："中央研究院"历史语言研究所,1962.

[252] （宋）宋敏求.唐大诏令集[M].上海：学林出版社,1992.

[253] （明）夏言.夏桂洲文集[M]//四库全书存目丛书·集部 74 册.济南：齐鲁书社,1997.

[254] （清）徐珂.清稗类钞[M].北京：中华书局,2010.

[255] （南朝）萧子显.南齐书[M].长沙：岳麓书社,1998.

[256] （宋）李昉.太平广记[M].北京：中华书局,1961.

[257] 徐仲杰.南京云锦史[M].南京：江苏科学技术出版社,1985.

[258] （西晋）陈寿.三国志[M].香港：中华书局香港分局,1971.

[259] （元）脱脱,等.宋史[M].北京：中华书局,1977.

[260] 陈彦姝.宋辽金的丝绸饰金[J].装饰,2011(12)：109-111.

[261] 元典章[M].北京：中国书店,1990.

[262] （明）郭正域.皇明典礼志[M]//续修四库全书 824 史部·政书类.上海：上海古籍出版社,1996.

[263] （清）彭定求,等.全唐诗[M].北京：中华书局,1960.

[264] （明）吕坤.吕坤全集[M].北京：中华书局,2008.

[265] 皇明制书.北京图书馆古籍珍本丛刊 46[M].北京：书目文献出版社,2000.

[266] (明)丘濬.大学衍义补[M].北京:京华出版社,1999.

[267] (明)焦周.焦氏说楛[M]//续修四库全书 1174 子部·杂家类.上海:上海古籍
       出版社,1996.

[268] (汉)孔安国,(唐)孔颖达.尚书注疏[M].长春:吉林出版集团,2005.

[269] (汉)毛亨,(汉)郑玄.毛诗注疏[A]//万有文库第二集七百种·毛诗注疏,商务
       印书馆,1935.

[270] (宋)苏轼.苏轼文集[M].孔凡礼点校.北京:中华书局,1986.

[271] (唐)白居易.绣观音菩萨赞并序[M]//(清)董诰,等.全唐文.北京:中华书
       局,1983.

[272] 朱启钤.刺绣书画录[M]//历代书画录辑刊 15 册.北京图书馆出版社,2007.

[273] (清)毛祥麟.墨余录[M].上海:上海古籍出版社,1985.

[274] (清)褚华.沪城备考[M]//中国方志丛书·华中地方 404 号.台北:成文出版
       社,1983.

[275] (明)姜绍书.无声诗史[M]//于安澜.画史丛书 3 册.上海人民美术出版社,1963.

[276] 上海博物馆.顾绣国际学术研讨会论文集[C].上海书画出版社,2010.

[277] 孙佩兰.明代刺绣欣赏品与文人画[J].丝绸,1993(7):49-53.

[278] 朱启钤.纂组英华[M].东京:座右宝刊行会,1935.

[279] (明)吴履震.五茸志逸随笔[M]//四库未收书辑刊·拾辑 12.北京:北京出版
       社,1007.

[280] (明)谭元春.谭友夏合集[M].台北:伟文图书出版社,1976.

[281] 刘刚.上海博物馆藏明《顾绣十六应真册》研究[A]//上海博物馆.顾绣国际学
       术研讨会论文集.上海:上海书画出版社,2010:194-206.

[282] 黄逸芬.顾绣新考[A]//上海博物馆.顾绣国际学术研讨会论文集.上海书画出
       版社,2010:20-41.

[283] (清)叶梦珠.阅世编[M].北京:中华书局,2007.

[284] (清)俞樾.同治上海县志[M]//中国方志丛书·华北地方·第 169 号.台北:成
       文出版社,1983.

[285] (清)宋琬.安雅堂未刻稿[M]//辛鸿义,赵家斌.宋琬全集.济南:齐鲁书
       社,2003.

[286] (清)李斗.扬州画舫录[M].北京:中华书局,1960.

[287] (明)徐树丕.识小录//丛书集成续编 89 册·子部[M].上海:上海书店出版
       社,1994.

[288] (清)王士禛.居易录[M]//笔记小说大观 15 编第 9 册.台北:新兴书局,1977.

[289] (清)李延昰.南吴旧话录[M].上海:上海古籍出版社,1985.

[290] (清)王崇炳.金华征献略[M]//四库全书存目丛书·史部 120 册.济南:齐鲁书
       社,1996.

[291] 洪亮.明女诗人倪仁吉的刺绣和发绣[J].文物参考资料,1958(9):21-23.

[292] (明)凌义渠.凌忠介集[M]//倪文贞集/外四种.上海:上海古籍出版社,1993.

[293] (明)罗炌.崇祯嘉兴县志[M].北京:书目文献出版社,1991.

[294] 朱启钤.存素堂丝绣录[M].1928年石印本.

[295] 赵丰.针法、绣法与绣种——中国刺绣技法中的若干理论问题[A]//上海博物馆.顾绣国际学术研讨会论文集.上海:上海书画出版社,2010:259-262.

[296] 朴文英.刺绣弥勒佛像考[A]//上海博物馆.顾绣国际学术研讨会论文集.上海:上海书画出版社,2010:207-216.

[297] 徐蔚南.顾绣考[M].上海:中华书局,1936.

[298] 常州市地方志编纂委员会.常州年鉴1998[M].北京:方志出版社,1998.

[299] 高霭贞.古代织物的印染加工[J].故宫博物院院刊,1985(2):79-88.

[300] 郑巨欣.中国传统纺织品印花研究[M].杭州:中国美术学院出版社,2008.

[301] (明)王世贞.弇山堂别集[M].北京:中华书局,1985.

[302] (明)杨慎.升庵集[M].上海:上海古籍出版社,1993.

[303] 陈娟娟.记"天鹿锦"[J].文物参考资料,1958(9):28.

[304] (明)谢肇淛.五杂俎[M].上海:上海书店出版社,2001.

[305] 戴立强."天鹿锦"与"天鹿补子"的用途及年代考[A]//辽宁省博物馆学术论文集·第2辑1985—1999.沈阳:辽海出版社,1999:633-638.

[306] 唐汉章,等.江苏江阴明代薛氏家族墓[J].文物,2008(1):35-42.

[307] 姚连红,等.明代布政使吴念虚夫妇合葬墓清理简报[J].文物,1993(2):77-82.

[308] (明)韩文.韩忠定公奏疏[M]//明经世文编.北京:中华书局,1962.

[309] 王怡萍."番莲花"纹释考[J].南方文物,2012(3):103-111.

[310] 尚刚.古物新知[M].北京:生活·读书·新知三联书店,2012.

[311] (明)张适.甘白先生张子宜诗文集[M]//四库全书存目丛书·集部25.济南:齐鲁书社,1996.

[312] (三国)王肃注.孔子家语[M].北京:商务印书馆,1936.

[313] (汉)史游,(唐)颜师古.急就篇[M].北京:中华书局,1985.

[314] (清)翟灏.通俗编[M].北京:商务印书馆,1958.

[315] (宋)吕大临.考古图序[A]//亦政堂重修考古图.乾隆黄晟亦政堂印本.

[316] 杨殿珣,容庚.宋代金石书考目[J].考古社刊,1936(4):191-203.

[317] 杨殿珣,容庚.宋代金石书佚目[J].考古社刊,1936(4):204-228.

[318] (宋)赵希鹄.洞天清禄集[M]//负暄野录/洞天清禄集.北京:中华书局,1985.

[319] (明)高濂.燕闲清赏笺[M]//遵生八笺.成都:巴蜀书社,1988.

[320] 杨涵.中国美术全集·绘画编11清代绘画·中[M].上海:上海人民美术出版社,1988.

[321] (明)董其昌.骨董十三说[M]//美术丛书·二集第8辑.上海:神州国光社,1936.

[322] (明)屠隆.考槃余事[M].北京:中华书局,1985.

[323] (明)袁宏道.瓶史[M].北京:中华书局,1985.

[324] (宋)刘敞.先秦古器记[M]//公是集.北京:商务印书馆,1935.

[325]　(元)陶宗仪.说郛[M]//笔记小说大观·二十五编.台北:新兴书局,1980.

[326]　陈娟娟.宫灯和灯笼锦[J].紫禁城,1981(1):40-41.

[327]　(明)陈洪谟.嘉靖常德府志[M]//天一阁藏明代方志选刊87.上海:上海古籍
　　　　出版社,1982.

[328]　李杏南.明锦[M].北京:人民美术出版社,1955.

[329]　(明)王彦泓.疑雨集·第2册[M].上海:扫叶山房书局,1926.

[330]　扬之水.从《孩儿诗》到百子图[J].文物,2003(12):56-66.

[331]　(明)刘侗,(明)于奕正.帝京景物略[M].北京:北京古籍出版社,1980.

[332]　沈从文.龙凤艺术[M].北京:北京十月文艺出版社,2013.

[333]　董进.图说明代宫廷服饰·九 后妃吉服与便服[J].紫禁城,2012(10):116-121.

[334]　陈琳.台北故宫博物院藏《元人戏婴图》及相关题材绘画断代研究[D].中央美术
　　　　学院硕士学位论文,2010.

[335]　庆丰年五鬼闹钟馗[A]//(清)王季烈.孤本元明杂剧·四.北京:中国戏剧出版
　　　　社,1958.

[336]　(宋)吴自牧.梦粱录[M].北京:中华书局,1985.

[337]　(宋)陈元靓.岁时广记[M].北京:中华书局,1985.

[338]　(清)袁栋.书隐丛说[M]//续修四库全书1137 子部·杂家类.上海:上海古籍
　　　　出版社,1996.

[339]　阙碧芬.明代宫廷丝绸设计与风格演变[J].故宫学刊,2012(1):123 131.

[340]　陈娟娟.明清宋锦[J].故宫博物院院刊,1984(4):15-25.

[341]　(清)朱彝尊.曝书亭集[M].上海:世界书局,1937.

[342]　尚刚.隋唐五代工艺美术史[M].北京:人民美术出版社,2005.

[343]　(唐)魏徵,等.隋书[M].北京:中华书局,1973.

[344]　(明)宋懋澄.九钥集[M]//续修四库全书1374 集部·别集类.上海:上海古籍
　　　　出版社,1996.

[345]　张琼.白地织金胡桃纹锦非改机说[J].故宫博物院院刊,2000(4):60-63.

[346]　(明)范濂.云间据目抄[M]//笔记小说大观22编:第5册.台北:新兴书
　　　　局,1974.

[347]　(明)顾起元.客座赘语[M]//庚巳编/客座赘语.北京:中华书局,1987.

[348]　(明)李乐.见闻杂记[M].上海:上海古籍出版社,1986.

[349]　(明)周玺.垂光集[M]//四库全书429册·史部187诏令奏议类.上海:上海古
　　　　籍出版社,1987.

[350]　(明)归有光.震川集[M]//摘藻堂四库全书荟要·集部74册,台北:世界书
　　　　局,1988.

[351]　(清)朱琰.陶说[M].济南:山东画报出版社,2010.

附录 A 《大明会典》中的赏赐

注：表格编类及顺序依照原文。

1. 皇帝登基

时间	赏赐事由	赏赐对象	等级	赏赐物	出处	备注
宣德十年（1435 年）	皇帝登基	侯、伯、驸马		银五十两	正德《大明会典》卷一〇〇	
		官员	一品、二品	银四十两		
			三品	银二十两		
			四品、五品	银递减五两		
			六品至九品	银递减二两		
			杂职	银三两		
		故侯、伯之家及未承袭者		银十两		
		将军、校尉、军匠人等		银二两		
		优给幼官并纪录幼军		各于其例减半		
		办事官、监生、生员、人材、吏典、阴阳医士、乐人		绢一匹		
		在京厢民、工匠、厨役、僧道人等		布一匹		
		营造山陵军人		钞一百贯，干鱼三斤		
		听选公差及四夷朝贡人员		各赐钞有差		

时间	赏赐事由	赏赐对象	等级	赏赐物	出处	备注
弘治十八年（1505年）	皇帝登基	公、侯、驸马、伯		银二十两	万历《大明会典》卷一一〇	
		官员	一品、二品	银十五两		
			三品	银十两		
			四品	银八两		
			五品	银六两		
			六品、七品	银五两		
			八品、九品	银四两		
			杂职	银三两		
		故侯、伯之家及未承袭者		各银五两		
		优给幼官，及鳏寡老疾军官	一品、二品	银六两		
			三品	银四两		
			四品、五品	银三两		
			六品以下	银二两		
			杂职	银一两		
		将军、旗校、军匠、驯象、养马人等及操备等项旗军		各银二两		
		优养军官母、妻见存者		各银二两		
		纪录幼军		各银一两		
		办事官、监生、生员、天文生、乐舞生、医生		各绢一匹		
		在京吏典、知印、承差、坊厢里老、民匠、厨役、乐人		各布一匹		
		听选公差官员人等		各赐钞有差		

时间	赏赐事由	赏赐对象	等级	赏　赐　物	出处	备注
正德十六年（1521年）	皇帝登基	公、侯、驸马、伯		银三十两	万历《大明会典》卷一〇〇	
		官员	一品、二品	银二十五两		
			三品	银十五两		
			四品	银十二两		
			五品及七品	银递减二两		
			八品、九品	银四两		
			杂职	银三两		
		优给幼官及鳏寡老疾军官	一品、二品	银八两		
			三品	银五两		
			四品	银四两		
			五品	银三两		
			六品以下	银二两		
			杂职	银一两		
		故侯、伯家，及优养军官母、妻以下		同弘治十八年例		
		会试中式举人		绢一匹		
隆庆元年（1566年）	皇帝登基	公、侯、驸马、伯		纻丝四表里	万历《大明会典》卷一一〇	
		文官	一品至九品	各给与应得诰敕。先已给领者，与进应得勋阶一等。品同职衔不同者，照见任改给。署职者与实授。试御史、试中书、候实授庶吉士，候授官之日，各补给。其有愿移封者听。若先已移封，今给与本等诰敕。		
		武官	一品、二品	三表里		
			三品	二表里		
			四品	一表里		
			五品、六品	各纻丝一匹		
			杂职	绢一匹		
		试镇抚、百户		各绢四匹		

时间	赏赐事由	赏赐对象	等级	赏 赐 物	出处	备注
隆庆元年（1566年）	皇帝登基	史馆官生、礼部铸印局儒士、顺天府学生、四夷馆译字生、锦衣卫听差并营操舍人、钦天监天文生、太常寺乐舞生、太医院医士、武学官生		每名绢一匹	万历《大明会典》卷一一〇	
		优给、优养官	一品、二品	银五两		
			三品	银四两		
			四品、五品	银三两		
			六品以下	银二两		
		优养军官、母妻		每口银二两		
		将军旗校、力士、军匠，驯象、养马及操备等项旗军，勇士并营操家丁		每名银二两		
		纪录旗校、力士、幼军		每名银一两		
		修理山陵官军官		照前给与表里绢匹，军每名二两		
		阴阳人、医生、顺天府坊厢里老、各衙门民匠及厨子、乐工		每名绵布一匹		
		各边军		每名银二两，差官往各镇颁给		

续表

时间	赏赐事由	赏赐对象	等级	赏赐物	出处	备注
隆庆六年（1571年）	皇帝登基	杂职，并太常寺冠带协律郎等官		每员绢二匹	万历《大明会典》卷一一〇	其余如隆庆元年
		东官带刀舍人		每员绢二匹		
		东官各卫侍卫舍人应袭，并书写应舍		每员绢一匹		
		翰林院习字生员、三大营侯、伯应袭舍人，及内官监冠带匠役		每员绢一匹		
		织染局种蓝军匠		每名银一两		

2. 修实录

时间	赏赐事由	赏赐对象	等级	赏赐物	出处及卷次	备注
永乐元年（1403年）	修实录	监修官		银一百两，彩币六表里，织金纱衣一套，鞍马一副	正德《大明会典》卷一〇〇	给赐一
		总裁官		银八十两，彩币五表里，织金纱衣一套，鞍马一副		
		纂修官		银五十两，彩币四表里，纱衣一套		
		催纂兼誊写官		银三十两，彩币二表里，纱衣一套		
		催纂官		银二十五两，彩币二表里，纱衣一套		
		誊写监生、生员、儒士		银十两，钞三十锭，彩币一表里		
		誊写吏		银八两，钞三十锭，彩币一表里		
		催督官		钞二十锭，绢二匹		
		办事吏		钞二十锭，绢一匹		

续表

时间	赏赐事由	赏赐对象	等级	赏 赐 物	出处及卷次	备注
弘治四年（1491 年）	修实录	监修并总裁官		银八十两,彩段四表里,罗衣一套,鞍马一副	正德《大明会典》卷一〇〇	
		副总裁		银八十两,彩段四表里,罗衣一套		
		纂修官		银三十两,彩段四表里,罗衣一套		
		催纂官		银二十两,彩段二表里,罗衣一套		
		誊录官		银十五两,彩段二表里,罗衣一套		
		收掌文籍官		银十两,彩段二表里		
		誊录监生		银五两,彩段一表里		
		办事吏典		钞二十锭,绢一匹		
		各色人匠		钞二十锭,布一匹		
嘉靖四年（1525 年）	修实录	纂修官		银三十两,彩段三表里,罗衣一套		其余如弘治四年例
		收掌文籍官		银十两,彩段一表里		
		誊录官		银五两,彩段一表里		
万历二年（1573 年）	修实录	收掌官		银十五两,彩币二表里、折衣罗三匹		赏如嘉靖四年例。其罗衣一套、折衣罗三匹
		史馆誊录官		银十两,彩币一表里		
		译字官生、生员		银五两,彩段一表里		
		史馆官吏及校尉		钞二十锭,绢一匹		
		贴写官吏		钞二十锭,布一匹		
万历五年（1576 年）	修实录	考参对官、内侍郎		银三十两,彩段四表里,罗衣一套	万历《大明会典》卷一一〇	增稽
		修撰等官		银十五两,彩币二表里、折衣罗三匹		增稽
万历四年（1575 年）	修玉牒	内阁元辅		银四十两、大红纻丝四表里、新钞五千贯		
		次辅		各银三十两、大红纻丝三表里、新钞三千贯		
		修校官		各银二十两、大红纻丝一表里、新钞二千贯		
		查对官		银十五两,大红纻丝一表里、新钞一千贯		
		誊录官		各银十两,大红纻丝一表里、新钞一千贯		

3. 经筵

时间	赏赐事由	赏赐对象	等级	赏赐物	出处及卷次	备注
条例，非事例	经筵	阁臣		蟒衣一袭	万历《大明会典》卷一一〇	特赐
		日讲官		各大红织金罗衣一袭，或冠带无常		特赐
		知经筵、同知经筵、侍班官		各赐银五十两、彩币四表里、钞五千贯		
		通政、大理侍班官、讲书官		各银三十两、彩币二表里、钞三千贯		
		展书官		各银二十两、彩币一表里		
		侍仪并写讲章官		各银十两、纻丝一表里，俱钞一千贯		
		大汉将军		各绢一匹		

4. 视学、陪祭扈从

时间	赏赐事由	赏赐对象	等级	赏赐物	出处及卷次	备注
成化元年（1465年）	驾幸太学	袭封衍圣公		大红织金麒麟纻丝衣一套，犀带一条，纱帽一顶	万历《大明会典》卷一一〇	后俱如例
		颜、孟二博士		青织金云鹭纻丝衣一套，玳瑁带一条，纱帽一顶		
		三氏族人		俱素纻丝衣一套		
		讲官、祭酒、司业		各照官品大红织金纻丝衣一套，罗衣一套		
		监丞以下		各青织金纻丝衣一套		
		监生		钞各五锭		
		吏典		钞各二锭		
	圣驾初祭南郊	陪祀官		大红织金纻丝衣		
	初谒陵大阅	内阁		蟒衣等服色及鸾带、金银瓢、绣袋无常		以后不赐。若阁臣初次不预，后扈从者补赐
		文武大臣、日讲官、侍从、供事官		彩币鸾带等物有差		

5. 赐王府

时间	赏赐事由	赏赐对象	等级	赏赐物	出处及卷次	备注
成化二十三年(1487年)	登基	亲王	一等	银三百两、纻丝十五表里、罗十五表里、纱十五匹、锦三匹、钞二万贯		
			二等	银三百两、纻丝十表里、罗十表里、纱十匹、锦三匹、钞二万贯		
			三等	银二百两、纻丝十表里、罗十表里、纱十匹、锦三匹、钞一万贯		
正德十六年(1521年)	登基	亲王	一等	银五百两、纻丝二十五表里、罗二十五表里、纱二十五匹、锦五匹、新钞二万贯		
			二等	银四百两、纻丝二十表里、罗二十表里、纱二十匹、锦四匹、新钞二万贯		
			三等	银四百两、纻丝十五表里、罗十五表里、纱十五匹、锦四匹、新钞二万贯		
			四等	银三百两、纻丝十五表里、罗十五表里、纱十五匹、锦四匹,新钞一万贯	万历《大明会典》卷一一〇	
嘉靖十二年(1532年)	皇子诞生	亲王	一等	大红织金五彩团龙常服纻丝一袭、纱一袭、罗一袭		
			二等	大红织金闪色团龙常服纻丝一袭、纱一袭、罗一袭		
			三等	大红织金团龙常服纻丝一袭		
嘉靖十五年(1535年)	皇子诞生	亲王	一等	织金五彩常服纻丝一袭,白金三百两、彩段十表里		
			二等	织金常服纻丝一袭、白金二百两、彩段八表里		
			三等	织金常服纱一袭、白金一百两、彩段六表里		
嘉靖十六年(1536年)	皇子诞生	亲王	一等	织金五彩常服罗一袭、白金一百两、彩段六表里		
			二等	织金常服罗一袭、白金八十两、彩段四表里		
			三等	织金常服罗一袭、白金五十两、彩段二表里		

时间	赏赐事由	赏赐对象	等级	赏　赐　物	出处及卷次	备注
万历十年 （1581年）	皇子诞生	亲王		各大红织金闪色团龙常服纻丝一袭、纱一袭、罗一袭		
		管理亲王府事者与靖江王		各大红织金团龙常服纻丝一袭		
成化十一年 （1475年）	册立东宫	亲王	一等	银二百两、纻丝八匹、纱八匹、罗八匹、锦四段、生熟绢十六匹、高丽布十匹、白氎丝布十匹、西洋布十匹		
			二等	银一百两、纻丝六匹、纱六匹、罗六匹、锦四段、生熟绢十二匹、高丽布六匹、白氎丝布六匹、西洋布六匹		
嘉靖十八年 （1538年）	册立东宫	亲王	一等	银三百两、纻丝十匹、纱十匹、罗十匹、锦四段、生熟绢三十匹、高丽布十匹、白氎丝布十匹、西洋布十匹	万历《大明会典》卷一一〇	
			二等	银二百两、纻丝八匹、纱八匹、罗八匹、锦四段、生熟绢十六匹、高丽布六匹、白氎丝布六匹、西洋布六匹		
			三等	银一百两、纻丝六匹、罗六匹、锦四段、生熟绢十二匹、高丽布六匹、白氎丝布六匹、西洋布六匹		
隆庆三年 （1568年）	册立东宫	亲王		各银二百两、纻丝八匹、纱八匹、罗八匹、锦四段、生熟绢十六匹、高丽布六匹、白氎丝布六匹、西洋布六匹		
		管理亲王府事者与靖江王		各银一百两、纻丝六匹、罗六匹、锦四段、生熟绢十二匹、高丽布六匹、白氎丝布六匹、西洋布六匹		

附录B 插图目录

注：加注版本的为古籍或有重名的书籍。

序号	名　称	出土地/收藏地	图片出处
2.1	《便民图纂》中的织机插图		《便民图纂》30～31页
2.2	《天工开物》中的织机插图		《天工开物》(崇祯十年涂绍煃刊本)卷上36～37页
2.3	定陵"大红闪真紫细花潞绸"	定陵出土	作者拍摄于首都博物馆2012年"回望大明——走近万历朝"展览
2.4	定陵潞绸墨书题记		《定陵山上丝织物题记》(《收藏家》2011年11期)图3
2.5	《经纶堂记》碑头拓片	杭州城南涌金门出土,杭州碑林藏	《从〈经纶堂记〉残碑看明代浙江官营织造》(《东方博物》2007年第2期)图2
2.6	《经纶堂记》碑文拓片		《从〈经纶堂记〉残碑看明代浙江官营织造》(《东方博物》2007年第2期)图1
2.7	"杭州局"机头	美国费城艺术博物馆藏	《从〈经纶堂记〉残碑看明代浙江官营织造》(《东方博物》2007年第2期)图4
2.8	"南京局造"款暗花缎	中国丝绸博物馆藏	《织绣珍品》图09.04
3.1	绿地织金细龙纻丝局部	北京艺术博物馆藏	《明代大藏经丝绸裱封研究》图3.41
3.2	定陵黄织金细龙纻丝局部	定陵出土	《定陵》(下)图版25

续表

序号	名 称	出土地/收藏地	图 片 出 处
3.3	永乐十一年(1413年)诰命局部	西藏博物馆藏	《金色宝藏：西藏历史文物选粹》37页
3.4	成化五年(1469年)诰命局部		作者拍摄
3.5	嘉靖四十一年(1562年)诰命局部		《金色宝藏：西藏历史文物选粹》39页
3.6	大红地缠枝莲两色缎	北京艺术博物馆藏	《明代大藏经丝绸裱封研究》图2.11
3.7	大红地桃实纹织金缎		《明代大藏经丝绸裱封研究》图2.53
3.8	蓝地缠枝花卉妆花缎		《明代大藏经丝绸裱封研究》图2.38
3.9	长安竹潞绸摹绘图	原件出自定陵	《定陵》(上)图106
3.10	长安竹潞绸	故宫博物院藏	《中国丝绸科技艺术七千年——历代织绣珍品研究》图8-65
3.11	木红地桃寿纹潞绸		《明清织绣》(上海科学技术出版社)图140
3.12	黑素绒忠静冠	苏州虎丘王锡爵墓出土，苏州博物馆藏	作者拍摄
3.13	蓝色单面绒方领女夹衣	定陵出土	《定陵》(下)图版92
3.14	黄双面绒绣龙方补方领女夹衣		《定陵》(下)图版29
3.15	黄色无纹天鹅绒	京都国立博物馆藏	京都国立博物馆官方网站 http://www.kyohaku.go.jp/
3.16	灰色无纹天鹅绒		
3.17	(光绪)月白地暗花漳绒	故宫博物院藏	《明清织绣》(上海科学技术出版社)图27
3.18	(乾隆)黄地织彩漳绒		《明清织绣》(上海科学技术出版社)图26
3.19	赭红凤纹绒料	京都国立博物馆藏	京都国立博物馆官方网站 http://www.kyohaku.go.jp/
3.20	仙鹤云寿纹绒料		
3.21	故宫藏乾隆蓝地织彩漳缎	故宫博物院藏	《明清织绣》(上海科学技术出版社)图28

续表

序号	名　　称	出土地/ 收藏地	图片出处
3.22	宣德九年(1434年)释迦也失刻丝像	色拉寺藏	《宝藏：中国西藏历史文物》图55
3.23	刺绣大威德金刚曼荼罗局部	大都会博物馆藏	大都会博物馆官方网站 http://www.metmuseum.org/
3.24	刻丝《崔白三秋图》	辽宁省博物馆	《华彩若英——中国古代缂丝刺绣精品集》图13
3.25	刻丝《崔白花卉图》	台北故宫博物院藏	《台北故宫博物院·缂丝》图50
3.26	吴圻摹织沈周《蟠桃图》		《台北故宫博物院·缂丝》图86
3.27	刻丝圆补局部的长短戗	大都会博物馆藏	大都会博物馆官方网站 http://www.metmuseum.org/
3.28	刻丝《群仙献寿图》局部的凤尾戗	台北故宫博物院藏	《台北故宫博物院·缂丝》图41
3.29	凤凰牡丹纹刻丝	北京艺术博物馆藏	《北京文物精粹大系·织绣卷》图112
3.30	鸾凤牡丹刻丝	扎什伦布寺藏	《扎什伦布寺》(中国大百科全书出版社)58页
3.31	刻丝孔雀牡丹圆补	大都会博物馆藏	大都会博物馆官方网站 http://www.metmuseum.org/
3.32	刻丝鸾凤牡丹圆补		
3.33	刻丝金地鸾凤牡丹圆补	清华大学藏	《中国美术全集·工艺美术编7织绣印染》(下)图47
3.34	云蟒宝相纹椅披	北京艺术博物馆藏	《北京文物精粹大系·织绣卷》图113
3.35	刻丝蟒凤百花袍	北京艺术博物馆藏	《北京文物精粹大系·织绣卷》图107、图108
3.36	刻丝《万寿图》	台北故宫博物院藏	《台北故宫博物院·缂丝》图34
3.37	万寿福喜缎龙袍局部	定陵出土	《定陵出土文物图典》卷一图279
3.38	女夹衣纹样局部线描图	实物出自定陵	《定陵》(上)图151
3.39	"万寿"嵌宝石金簪	定陵出土	《定陵出土文物图典》卷一图84
3.40	刻丝驼色荷花白鹭袖套摹绘图	贵州思南张守宗墓出土	《贵州思南明代张守宗夫妇墓清理简报》(《文物》1982年第8期)图7

续表

序号	名　　称	出土地/收藏地	图片出处
3.41	紫白落花流水锦	故宫博物院藏	《中国丝绸科技艺术七千年——历代织绣珍品研究》图 8-113
3.42	仇英《汉宫春晓图》中的龟背纹宋锦裙	台北故宫博物院藏	《中国传世人物画》卷三 203 页《汉宫春晓图》之六
3.43	戏曲版画《投桃记》中装裱宋锦的屏风		《金陵古版画》225 页
3.44	明代命妇像中的宋锦椅披		《明清肖像画》(上海科学技术出版社)图 44
3.45	明代妇人像中的宋锦椅披		《明清肖像画》(上海科学技术出版社)图 48
3.46	盘绦四季花卉纹宋锦	故宫博物院藏	《明清织绣》(上海科学技术出版社)图 37
3.47	紫地八答晕花卉纹锦		《中国织绣服饰全集 1·织染卷》图 358
3.48	绛色蟠螭球路纹锦		《中国织绣服饰全集 1·织染卷》图 359
3.49	月白地曲水折枝花卉暗花绫织物组织	北京艺术博物馆藏	《明代大藏经丝绸裱封研究》图 3.110
3.50	花绫巾	江苏泰州徐蕃夫妇墓出土	《江苏泰州市明代徐蕃夫妇墓清理简报》《文物》1986 年第 9 期》图 40
3.51	杂宝云纹绫织金麒麟胸背圆领袍局部	宁夏盐池冯记圈明墓出土	《盐池冯记圈明墓》彩版三七
3.52	孔府旧藏罗衣及局部	山东博物馆藏	《斯文在兹——孔府旧藏服饰》14 页
3.53	定陵红织金孔雀羽妆花纱龙袍料复制品局部	南京云锦博物馆藏	作者拍摄
3.54	普蓝地缠枝花卉两色纱	北京艺术博物馆藏	《明代大藏经丝绸裱封研究》图 2.40
3.55	鹅黄地四合如意连云织金纱		《明代大藏经丝绸裱封研究》图 2.101
4.1	洪武本与永乐本《碎金》中的色彩种类与数量变化		作者制图

续表

序号	名　　称	出土地/收藏地	图片出处
4.2	仇英《清明上河图》中的民间染坊	辽宁省博物馆藏	《清明上河图》(天津人民美术出版社)长卷不分页
4.3	仇英《汉宫春晓图》局部	台北故宫博物院藏	《中国传世人物画》卷三 203 页《汉宫春晓图》之六
4.4	大藏经裱封丝绸四种	北京艺术博物馆藏	《明代大藏经丝绸裱封研究》图 2.35、图 2.52、图 2.119、图 2.157
4.5	暗花丝织经面四种		《明代大藏经丝绸裱封研究》图 2.17、图 2.104、图 2.118、图 2.131
4.6	《唐白云夫人像》及局部	安徽博物院藏	《徽州容像艺术》6 页
4.7	蓝地缠枝莲二色缎及细节图	北京艺术博物馆藏	《明代大藏经丝绸裱封研究》图 3.31
4.8	七珍图二色缎及摹绘图	故宫博物院藏	《中国丝绸科技艺术七千年——历代织绣珍品研究》图 8-247、图 8-248
4.9	米黄色地盘绦花卉纹锦	清华大学藏	《中国丝绸科技艺术七千年——历代织绣珍品研究》图 8-109
4.10	方棋朵花纹锦	浙江省图书馆藏	《中国丝绸科技艺术七千年——历代织绣珍品研究》图 8-254
4.11	《王鏊像》	南京博物院藏	《明清肖像画》(天津美术出版社)27 页
4.12	绿地云蟒纹妆花缎织成袍料局部	故宫博物院藏	《中国美术全集·工艺美术编 7 织绣印染(下)》图 30
4.13	红地艾虎五毒纹妆花纱		《明清织绣》(上海科学技术出版社)图 148
4.14	妆金团凤纹鞠衣局部	江西南昌宁靖王夫人墓出土	《南昌明代宁靖王夫人吴氏墓发掘简报》(《文物》2003 年第 2 期)图 26
4.15	璎珞纹云肩织金妆花缎上衣局部		《纺织品考古新发现》图 74
4.16	璎珞纹云肩织金妆花缎上衣云肩部分展开复原图		《纺织品考古新发现》182 页图 74 图案复原

续表

序号	名　　称	出土地/收藏地	图 片 出 处
4.17	妆金麒麟圆领绫袍及局部	宁夏盐池冯记圈明墓出土	《盐池冯记圈明墓》彩版 36、38
4.18	四季花凤狮纹织金妆花缎裙局部摹绘图		《盐池冯记圈明墓》图 52
4.19	《明宣宗行乐图》局部	故宫博物院藏	作者拍摄
4.20	《明宪宗元宵行乐图》局部	国家博物馆藏	《中国国家博物馆馆藏文物研究丛书·绘画卷·风俗画》（上）图四
4.21	《入跸图》局部	台北故宫博物院藏	《故宫藏画大系·十一》（台北故宫博物院）54 页
4.22	嘉靖五彩鱼藻纹盖罐	国家博物馆藏	《中国陶瓷全集 13 明（下）》102 页
4.23	嘉靖五彩云鹤纹罐	故宫博物院藏	《中国陶瓷全集 13 明（下）》105 页
4.24	织金妆花龙襕缎直身龙袍料前后襟肩及下摆右侧接片	定陵出土	《定陵》（上）图 66（A）、图 66（B）
4.25	织金妆花龙襕缎直身龙袍料接袖局部（复制品）	原件出自定陵，南京云锦博物馆复制	《万历帝后的衣橱：明定陵丝织集锦》19 页
4.26	孔雀羽线	南京云锦博物馆陈列	作者拍摄
4.27	红无极灵芝纹地织金妆花孔雀羽四团龙罗袍料复制品局部	原件出自定陵，南京云锦博物馆复制	作者拍摄
4.28	红菱形纹地织金八宝小团龙纱裙纹样线描图	原作出自定陵	《定陵》（上）图 199
4.29	香黄地四合如意朵云团龙织金妆花缎经面局部	北京艺术博物馆藏	《明代大藏经丝绸裱封研究》图 2.71
4.30	《出警图》局部一	台北故宫博物院藏	《故宫藏画大系 十一》（台北故宫博物院）39 页图 419 局部
4.31	《出警图》局部二		《故宫藏画大系 十一》（台北故宫博物院）37 页图 419 局部

续表

序号	名　　　称	出土地/ 收藏地	图片出处
4.32	《镇朔将军唐公像》	故宫博物院藏	《明清肖像画》(上海科学技术出版社)图 33
4.33	蓝地妆花蟒袍料柿蒂及龙襕部分	中国丝绸博物馆藏	《织绣珍品》图 09.05、图 09.05b
4.34	绿地仙人祝寿图妆花缎		《明清织绣》(上海科学技术出版社)图 90
4.35	杏黄地海水云龙纹妆花缎		《明清织绣》(上海科学技术出版社)图 87
4.36	黄地兔衔花纹妆花纱	故宫博物院藏	《明清织绣》(上海科学技术出版社)图 146
4.37	红地莲花牡丹纹妆花纱		《明清织绣》(上海科学技术出版社)图 147
4.38	洪武十七年(1384 年)写本《妙法莲华经》经帙及局部	台北故宫博物院藏	《大汗的世纪——蒙元时代的多元文化与艺术》图Ⅳ-80
4.39	宣德五年(1430 年)写本《大般涅槃经》函套及局部		《大汗的世纪——蒙元时代的多元文化与艺术》图Ⅳ-84
4.40	红地织金云蟒纹妆花缎织成帐料	北京艺术博物馆藏	《中国织绣服饰全集 1·织染卷》图 349
4.41	黄刻丝十二章福寿如意衮服复制品	原件出自定陵	《定陵》(下)彩版 67
4.42	刻丝浑仪博古图局部	辽宁省博物馆藏	《华彩若英——中国古代缂丝刺绣精品集》97 页图 22 局部
4.43	刻丝仕女人物图局部	首都博物馆藏	《北京文物精粹大系·织绣卷》图 115
4.44	红四合云纹暗花缎绣八团龙圆领夹龙袍补子残片	定陵出土	《万历帝后的衣橱》图 42
4.45	压金彩绣云霞翟纹霞帔局部	江西南昌宁靖王夫人吴氏墓出土	《南昌明代宁靖王夫人吴氏墓发掘简报》(《文物》2003 年第 2 期)图 25
4.46	盘金绣云凤纹霞帔	江西南城益宣王墓出土	《江西明代藩王墓》彩版 74
4.47	刺绣大慈法王唐卡	西藏博物馆藏	《西藏博物馆》(中国大百科全书出版社)41 页图 3

序号	名　　称	出土地/ 收藏地	图 片 出 处
4.48	《出警图》中的销金伞	台北故宫博物院藏	《故宫藏画大系 十一》（台北故宫博物院）44 页图 420-6
4.49	印金"设"字丝织片	首都博物馆藏	《北京文物精粹大系·织绣卷》图 15
4.50	印金"监"字丝织片		《北京文物精粹大系·织绣卷》图 16
4.51	朱檀墓龙袍及局部	山东邹县朱檀墓出土，山东博物馆藏	《大羽华裳：明清服饰特展》图 6
4.52	妆金云凤纹缎裙	宁靖王夫人吴氏墓	《南昌明代宁靖王夫人吴氏墓发掘简报》（《文物》2003 年 2 期）图 32
4.53	兔纹金襕	东京国立博物馆藏	东京国立博物馆官方网站 http：//www.tnm.jp/
4.54	二重蔓牡丹唐草纹样印金丝织物	京都国立博物馆藏	京都国立博物馆官方网站 http：//www.kyohaku.go.jp/
4.55	缪氏绣《枯木竹石》	上海博物馆藏	《海上锦绣：顾绣珍品特集》35 页
4.56	韩希孟绣《松鼠葡萄》局部	故宫博物院藏	《海上锦绣：顾绣珍品特集》31 页
4.57	顾绣《松鼠葡萄》局部	上海博物馆藏	《海上锦绣：顾绣珍品特集》47 页
4.58	韩希孟绣《扁豆蜻蜓》局部	故宫博物院藏	《海上锦绣：顾绣珍品特集》31 页
4.59	文俶《花卉图》局部	故宫博物院藏	《明代花鸟珍赏》230 页
4.60	韩希孟《萱花蝴蝶》	辽宁省博物馆藏	《海上锦绣：顾绣珍品特集》109 页
4.61	顾绣《东山图》	上海博物馆藏	《海上锦绣：顾绣珍品特集》156-157 页
4.62	顾绣《东山图》局部		《海上锦绣：顾绣珍品特集》156 页
4.63	顾绣《十六应真图册》之十三	故宫博物院藏	《海上锦绣：顾绣珍品特集》68 页

序号	名　　称	出土地/ 收藏地	图片出处
4.64	丁云图《罗汉图》	台北故宫博物院藏	《故宫宝笈 名画(二)》图 154
4.65	韩希孟绣《洗马图》	故宫博物院藏	《海上锦绣：顾绣珍品特集》33 页
4.66	韩希孟绣《藻虾》	上海博物馆藏	《海上锦绣：顾绣珍品特集》101 页
4.67	韩希孟绣《藻虾》墨书款及绣印		
4.68	顾绣《蓉江浴鹊》	辽宁省博物馆藏	《海上锦绣：顾绣珍品特集》122 页
4.69	《十竹斋书画谱》中的花鸟册页	剑桥大学图书馆藏	崇祯六年胡正言彩色套印本《十竹斋书画谱》不分页
4.70	顾绣《射猎》	辽宁省博物馆藏	《海上锦绣：顾绣珍品特集》55 页
4.71	顺治间戏曲版画		《明清戏曲版画》304 页
4.72	韩希孟绣《瑞鹿》	故宫博物院藏	《海上锦绣：顾绣珍品特集》29 页
4.73	顾绣《仙鹿》	辽宁省博物馆藏	《海上锦绣：顾绣珍品特集》49 页
4.74	顾绣《鹿》	台北故宫博物院藏	《顾绣国际学术研讨会论文集》403 页图 20
4.75	倪仁吉绣《春富贵图》	义乌市博物馆藏	《义乌市文物精粹》图 207
4.76	倪仁吉发绣《大士像》	义乌季梅园藏	《明女诗人倪仁吉的刺绣和发绣》(《文物参考资料》1958 年第 9 期)23 页
4.77	孙熊《倦绣图》	浙江省博物馆藏	《传神阿堵：明清人物画精品展》281 页
4.78	百子衣复制品	原件出自定陵，首都博物馆复制	《首都博物馆馆藏纺织品保护研究报告》图 70
4.79	百子衣复原件绣地局部		《首都博物馆馆藏纺织品保护研究报告》图 14
4.80	百子衣局部一：孔雀羽线绣绒帽		《首都博物馆馆藏纺织品保护研究报告》图 28
4.81	百子衣局部二：盘金绣铜锣		《首都博物馆馆藏纺织品保护研究报告》图 30
4.82	百子衣局部三：网绣衣服花纹		《首都博物馆馆藏纺织品保护研究报告》图 59
4.83	百子衣局部四：堆金绣龙鳞		首都博物馆编：《首都博物馆馆藏纺织品保护研究报告》图 32

序号	名 称	出土地/收藏地	图 片 出 处
4.84	粤绣博古图围屏（部分）	台北故宫博物院藏	《中国织绣服饰全集 2·刺绣卷》图 148
4.85	粤绣博古图围屏局部		《中国织绣服饰全集 2·刺绣卷》图 148 局部二
4.86	顾绣《弥勒佛像》	辽宁省博物馆藏	《海上锦绣：顾绣珍品特集》76 页
4.87	顾绣《弥勒佛像》百衲袈裟局部		《海上锦绣：顾绣珍品特集》77 页
4.88	顾绣《弥勒佛像》蒲团局部		
4.89	团花纹刺绣被套局部	江西南昌宁靖王夫人墓出土	《纺织品考古新发现》图 83
4.90	团花纹刺绣被套细节		《纺织品考古新发现》195 页图 83 局部
4.91	包梗绣花卉纹素缎鞋局部	宁夏盐池冯记圈明墓出土	《盐池冯记圈明墓》彩版 42
4.92	环编绣残片	常州武进王洛家族墓出土，常州市武进区博物馆藏	作者拍摄
4.93	环编绣片	东京国立博物馆藏	东京国立博物馆官方网站 http://www.tnm.jp/
4.94	绿绸画云蟒纹袍	山东博物馆藏	《斯文在兹——孔府旧藏服饰》44 页
4.95	绿绸画云蟒纹袍前襟局部		
4.96	绿地花果纹五彩夹缬绢	故宫博物院藏	《中国美术全集 工艺美术编 7 织绣印染》（下）图 41
4.97	胜乐金刚坛城唐卡及佛帘局部	布达拉宫藏	作者拍摄于 2012 年国家博物馆西藏唐卡艺术展
4.98	释迦牟尼净土唐卡及佛帘局部	西藏博物馆藏	
5.1	《三才图会》中的十二章纹样		《三才图会》（上海古籍出版社）1507 页
5.2	兴献王朱佑杬像	故宫博物院藏	《明清肖像画》（上海科学技术出版社）图 1
5.3	织金天鹿补子摹绘图	原件出自南京徐俌墓	《明徐达五世孙徐俌夫妇墓》（《文物》1982 年 2 期）图版 3

序号	名　　　称	出土地/ 收藏地	图　片　出　处
5.4	戳纱绣天鹿补子	故宫博物院藏	《织绣书画》图 38
5.5	织金麒麟补子摹绘图	原件出自南京徐俌墓	《明徐达五世孙徐俌夫妇墓》《文物》1982 年 2 期)图版 3
5.6	万历《大明会典》中的麒麟补子花样		《大明会典》(广陵书社)1059 页
5.7	孔府旧藏蟒衣		《斯文在兹：孔府旧藏服饰》42 页
5.8	孔府旧藏飞鱼服	山东博物馆藏	《斯文在兹：孔府旧藏服饰》50 页
5.9	孔府旧藏斗牛服		《斯文在兹：孔府旧藏服饰》54 页
5.10	茶色绸平金团蟒袍局部		《斯文在兹：孔府旧藏服饰》61 页
5.11	赭红凤补女袍补子部分	山东博物馆藏	《斯文在兹：孔府旧藏服饰》23 页
5.12	大云纹二色缎	清华大学藏	《中国丝绸科技艺术七千年——历代织绣珍品研究》图 8-20
5.13	大威德金刚唐卡	西藏博物馆藏	作者拍摄
5.14	墨绿地缠枝宝相花二色罗	北京艺术博物馆藏	《明代大藏经丝绸裱封研究》图 2.22
5.15	四季寿庆暗花缎	中国丝绸博物馆藏	《织绣珍品》图 07.10
5.16	红地缠枝四季花织金绸	故宫博物院藏	《中国美术全集·工艺美术编 7 织绣印染》(下)图 46
5.17	莲池水禽纹样金襕	京都国立博物馆藏	京都国立博物馆官方网站 http://www.kyohaku.go.jp/
5.18	宣德青花五彩莲池鸳鸯纹碗	萨迦寺藏	《中国陶瓷全集 13 明(下)》图 90
5.19	万历《大明会典》中的鹭鸶花样		《大明会典》(广陵书社)1061 页
5.20	织金鹭鸶补子	上海打浦桥明墓出土	《上海明墓出土补子》《上海文博论丛》2002 年第 2 期)39 页

序号	名　称	出土地/收藏地	图片出处
5.21	绿地缠枝松竹梅闪缎	北京艺术博物馆藏	《明代大藏经丝绸裱封研究》图2.59
5.22	黄地柳枝寿纹水仙花绫	福州马森墓出土	《明代户部尚书马森墓出土丝织品的研究》(《丝绸》1985年第10期)图12
5.23	"笹蔓缎子"	东京国立博物馆藏	东京国立博物馆官方网站 http://www.tnm.jp/
5.24	日本当代丝绸中的"笹蔓"图案三种		作者拍摄
5.25	刻丝《浑仪博古图》	辽宁省博物馆藏	《中国织绣服饰全集1·织染卷》图379
5.26	刻丝《浑仪博古图》局部		
5.27	粤绣博古图围屏(部分)	台北故宫博物院藏	《台北故宫博物院·刺绣》图27
5.28	粤绣博古图围屏局部(一)		《台北故宫博物院·刺绣》图28
5.29	粤绣博古图围屏局部(二)		《台北故宫博物院·刺绣》图29
5.30	至大重修《宣和博古图》		《古色：十六至十八世纪艺术的仿古风》图版Ⅱ.05
5.31	杜堇《玩古图》		《中国绘画全集11·明2》图201
5.32	杜堇《玩古图》局部		
5.33	仇英《清明上河图》中的古玩店铺	辽宁省博物馆藏	《清明上河图》(天津人民美术出版社)长卷不分页
5.34	仇英《清明上河图》中的古玩摊贩		
5.35	土黄地落花流水纹花绫	福州马森墓出土	《明代户部尚书马森墓出土丝织品的研究》(《丝绸》1985年第10期)图11
5.36	黑色落花流水纹花绫		《明代户部尚书马森墓出土丝织品的研究》(《丝绸》1985年第10期)图9
5.37	粉红地落花流水闪缎	上海博物馆藏	《明代大藏经丝绸裱封研究》图2.117
5.38	木红地落花流水棉锦		《明代大藏经丝绸裱封研究》图2.116
5.39	韩希孟绣《花溪渔隐》	故宫博物院藏	《海上锦绣——顾绣珍品特集》32页

续表

序号	名　　称	出土地/收藏地	图片出处
5.40	倪元璐《山水图册》	上海博物馆藏	《中国绘画全集 17·明 8》图 208
5.41	文嘉仿倪瓒山水图册		《顾氏画谱》(第四册,文物出版社)无页码
5.42	顾绣《葡萄松鼠》	台北故宫博物院藏	《顾绣国际学术研讨会论文集》401 页图 11
5.43	周之冕《葡萄松鼠图》		《中国美术全集·卷轴画 4》913 页
5.44	陈淳《花卉册》	上海博物馆藏	《中国花鸟画·元明卷》(上)图版 412
5.45	顾绣《荷蟹》	辽宁省博物馆藏	《海上锦绣——顾绣珍品特集》121 页
5.46	《明宪宗元宵行乐图》鳌山局部	国家博物馆藏	《中国国家博物馆馆藏文物研究丛书·绘画卷(风俗画)》图(八)
5.47	墨绿地灯笼纹两色绅	北京艺术博物馆藏	《明代大藏经丝绸裱封研究》图 2.150
5.48	《明宪宗元宵行乐图》宫灯局部	国家博物馆藏	《中国国家博物馆馆藏文物研究丛书·绘画卷(风俗画)》图(九)
5.49	刺绣灯景补子局部	贺祈思藏	《锦绣罗衣巧天工》图 96
5.50	绿地织金灯笼缎局部	故宫博物院藏	《明锦》图 15
5.51	嘎玛巴活佛唐卡裱边妆花缎局部	西藏博物馆藏	作者拍摄于 2012 年国家博物馆西藏唐卡艺术展
5.52	嘎巴玛活佛唐卡裱边妆花缎中持象灯童子		
5.53	《明宪宗元宵行乐图》中的持象灯童子	国家博物馆藏	《中国国家博物馆馆藏文物研究丛书·绘画卷(风俗画)》图(四)
5.54	蓝地葫芦灯笼纹双层锦	北京艺术博物馆藏	《明代大藏经丝绸裱封研究》图 2.152
5.55	蓝地葫芦灯笼纹双层锦局部		
5.56	百子衣(复制件)蹴鞠图	原件出自定陵,首都博物馆复制	《首都博物馆馆藏纺织品保护研究报告》图 54
5.57	百子衣(复制件)观鱼图		《首都博物馆馆藏纺织品保护研究报告》图 44
5.58	百子衣(复制件)金纽扣		作者拍摄于首都博物馆 2012 年"回望大明——走近万历朝"展览

序号	名　称	出土地/收藏地	图片出处
5.59	刺绣《迎春图》局部	大都会博物馆藏	When Silk Was Gold：Central Asian and Chinese Textiles（《丝绸价如黄金时》）图 59
5.60	元人《婴戏图》局部	台北故宫博物院藏	《清代宫藏书画集·元代卷》162 页
5.61	刻丝加绣《九阳消寒图》局部	故宫博物院藏	《织绣书画》图 126
5.62	骑羊人物春梅折枝纹样金襕	京都博物馆藏	京都博物馆官方网站 http://www.kyohaku.go.jp/
5.63	绛紫地折花童子骑羊二色缎	北京艺术博物馆藏	《明代大藏经丝绸裱封研究》图 2.148
5.64	绵羊太子二色缎	故宫博物院藏	《中国丝绸科技艺术七千年》图 8-183
5.65	绵羊太子纹金饰物	北京董四墓村明墓出土	《北京文物精粹大系·金银器卷》图 183、图 188、图 205
5.66	五毒艾虎补子摹绘图	原件出自定陵	《定陵》(上)图 233-1
5.67	洒线绣五毒纹经面	故宫博物院藏	《明清织绣》(上海科学技术出版社)图 193
5.68	应景丝绸经面四种(五毒艾虎、灯笼、葫芦、玉兔)	北京艺术博物馆藏	《明清织绣》(上海科学技术出版社)图 148,《明代大藏经丝绸裱封研究》图 2.149、图 2.49、图 2.97
5.69	孝靖皇后夹衣补子(前)	定陵出土	《定陵出土文物图典》图 356
5.70	孝靖皇后夹衣补子(后)		《定陵出土文物图典》图 357
5.71	交领夹龙袍"万寿福喜"地纹摹绘图	原件出自定陵	《定陵》(上)图 112
5.72	织金缎夹龙袍地纹摹绘图		《定陵》(上)图 117
5.73	灰绿地朵梅潞绸	北京艺术博物馆藏	《明代大藏经丝绸裱封研究》图 2.9
5.74	织金妆花樗蒲纹纱匹料纹样摹绘图	原件出自定陵	《定陵》(上)图 81
5.75	绿地折枝花卉暗花缎	北京艺术博物馆藏	《明代大藏经丝绸裱封研究》图 2.31
5.76	木红地折枝花卉杂宝两色缎		《明代大藏经丝绸裱封研究》图 2.45

续表

序号	名　　称	出土地/ 收藏地	图片出处
5.77	黄绸圆领夹龙袍纹样摹绘图	原件出自定陵	《定陵》(上)图 119
5.78	绿绸交领龙袍 W299 地纹		《定陵》(上)图 120
5.79	红地平安竹闪缎	北京艺术博物馆藏	《明代大藏经丝绸裱封研究》图 2.61
5.80	绿地黄缠枝莲纹二色缎	故宫博物院藏	《明清织绣》(上海科学技术出版社)图 110
5.81	墨绿地龙凤穿花织金缎	北京艺术博物馆藏	《明代大藏经丝绸裱封研究》图 2.88
5.82	藏蓝地缠枝莲牡丹八吉祥二色缎		《明代大藏经丝绸裱封研究》图 2.34
5.83	木红地缠枝宝相花两色缎		《明代大藏经丝绸裱封研究》图 2.20
5.84	木红地莲花盘绦纹锦	北京艺术博物馆藏	《明代大藏经丝绸裱封研究》图 2.164
5.85	绿地龟背球路纹锦	故宫博物院藏	《明清织绣》(上海科学技术出版社)图 34
5.86	香色地织五彩团龙天华锦		《中国织绣服饰全集 1·织染卷》图 359
5.87	凤纹圆补	大都会博物馆藏	大都会博物馆官方网站 http://www.metmuseum.org/
5.88	黄地团花纹织金缎	国家博物馆藏	《中国织绣服饰全集 1·织染卷》图 351
5.89	孔府旧藏白罗绣花裙	山东博物馆	《斯文在兹——孔府旧藏服饰》76 页
5.90	金地刻丝灯笼仕女袍料(局部)	北京艺术博物馆藏	《北京文物精粹大系·织绣卷》图 111
5.91	金地刻丝灯笼仕女袍料	北京艺术博物馆藏	《北京文物精粹大系·织绣卷》图 109
5.92	女像轴	故宫博物院藏	《明清肖像画》(上海科学技术出版社)图 39
5.93	孔府旧藏红四兽罗袍及局部	山东博物馆藏	《斯文在兹——孔府旧藏服饰》46 页

序号	名　　称	出土地/ 收藏地	图 片 出 处
5.94	折枝花卉纹缎地织金妆云凤纹裙(下摆部分)	宁靖王夫人吴氏墓出土	《南昌明代宁靖王夫人吴氏墓发掘简报》(《文物》2003年第2期)图33
5.95	孔府旧藏织金妆花蓝缎裙	山东博物馆藏	《斯文在兹——孔府旧藏服饰》59页
5.96	卍字璎珞纹织金绸裙襕纹样摹绘图	嘉兴李湘墓出土	《嘉兴王店李家坟明墓清理报告》(《东南文化》2009年2期)图10
5.97	璎珞纹暗花缎裤裹	邗江杨庙公社明墓出土,南京博物院藏	《南京博物院珍藏大系·历代织绣》63页
5.98	织成大藏经面三种	北京艺术博物馆藏	《明代大藏经丝绸裱封研究》图2.78、图2.110、图2.170
5.99	普蓝地云龙纹加金妆花纱经面		《明代大藏经丝绸裱封研究》图2.75

后　记

　　这本书的原稿完成于 2016 年 4 月,是我在清华大学美术学院艺术史论系提交的博士学位论文。书稿行将付梓之际,深感于多年来师长学友们对我的关怀,在此略作感言,以表谢意。

　　在清华大学美术学院求学的五年里,我的导师尚刚教授始终是我最景仰、最亲近的师长。2007 年仲夏,我初次聆听先生讲学,便深深折服,先生的讲演激起了我对学术的向往。课后,寻来先生的著作细读,但见文字简洁精辟,寥寥数语,便把诸多信息梳理清楚。读完更是震惊——看似冷僻的古代工艺美术史研究,竟渊深海阔。

　　那些年,我唯一的梦想,就是跟随先生读书。

　　尚师治学严谨,尤恶史料乏弱却妄断是非,对学生要求也颇为严格。先生每学期例行召集数场报告会,在读的硕博生都要做研究报告。旁听者针对报告内容,逐一发问,先生最后做点评。密集的"板砖"之下,汇报者无不战战兢兢,甚至寝食难安。经过此般严格训练,学生们都恪守"有几分史料说几分话,有多少史料出多少活儿"的师训,老实读书、静心写作。

　　每逢例会收场,先生一定会请大家聚餐,席间欢声笑语,其乐融融。挨批的学生原是神色戚戚,此时,情绪又由阴转晴。在张弛有度的亲密气氛中读书,在追求真知中收获愉悦和满足,是我对读博生活最真切的记忆。

　　先生为学生批阅论文从不惜力,从字词增删、语气调整,到表述规范、标点使用,一一改过。学生对比原文,反复品读,会大有收获,但先生必然极为苦累。这份对学生、对学术的责任感,令我由衷地敬佩。

　　清华大学美术学院艺术史论系各位老师的教诲与勉励,给了我前行的勇气。陈池瑜、张夫也、张敢等诸位老师在本文开题、中期汇报、预答辩时提出不少建议;杨泓、齐东方、方晓风、任万平老师拨冗审阅本文并给予指点,在此一并致谢。感谢史论系陈彦姝老师、故宫博物院韩倩老师对我的诸多帮助。张健、张燕芬、张北霞、李骐芳、高宗帅等诸位同门与我分享资料、互通有无,让原本艰苦的研究工作变得快乐而充实。

　　这篇论文获得了 2016 年清华大学优秀博士学位论文一等奖,有幸被清华大学出版社收入"清华大学优秀博士学位论文丛书"。感谢梁斐、高翔飞老师对书稿耐心细致的编审工作,帮助我解决了不少问题。由于不便排版,只得忍痛将原文后所附的明代出土丝绸的总表和古籍引文删去,待有合适的机会再做发表。

本书对前辈同仁们的研究成果多有借鉴,虽已在参考文献中注出,这里仍要向他们表示诚挚谢意。

深深感谢我的父母,他们一直以来的无私付出、全力支持,是我完成这段学业的动力。

熊　瑛

2020 年 7 月 20 日

华东师范大学闵行校区樱桃河畔